普通高等教育"十四五"规划教材

无机化学实验

（第 2 版）

主　编　张　霞　孟　皓
副主编　桑晓光　王　赟　孙忠乔

北　京
冶金工业出版社
2025

内 容 提 要

本书保留了第 1 版较为典型的基础实验项目，增加了很多前沿科研领域的研究成果转化的实验项目，主要包括：元素及化合物性质研究的实验项目、化合物制备的实验项目、多学科交叉融合的综合性实验项目，以及虚拟仿真实验项目。此外，还增加了前沿的表征方法和仪器设备的介绍，如傅里叶红外光谱仪、热分析系统、X 射线衍射仪和扫描电子显微镜等。

本书可作为高等院校，特别是以工科为主的综合性院校无机化学课程的教学用书，也可供有关专业的工程技术人员参考。

图书在版编目 (CIP) 数据

无机化学实验 / 张霞，孟皓主编 . —2 版 . —北京：冶金工业出版社，2021.8（2025.1 重印）

普通高等教育"十四五"规划教材

ISBN 978-7-5024-8849-9

Ⅰ.①无…　Ⅱ.①张…　②孟…　Ⅲ.①无机化学—化学实验—高等学校—教材　Ⅳ.①O61-33

中国版本图书馆 CIP 数据核字（2021）第 115159 号

无机化学实验（第 2 版）

出版发行	冶金工业出版社	电　话	（010）64027926
地　址	北京市东城区嵩祝院北巷 39 号	邮　编	100009
网　址	www.mip1953.com	电子信箱	service@ mip1953.com

责任编辑　高　娜　美术编辑　彭子赫　版式设计　郑小利
责任校对　李　娜　责任印制　禹　蕊
三河市双峰印刷装订有限公司印刷
2009 年 2 月第 1 版，2021 年 8 月第 2 版，2025 年 1 月第 5 次印刷
787mm×1092mm　1/16；13.25 印张；319 千字；195 页
定价 **39.00 元**

投稿电话　（010）64027932　投稿信箱　tougao@cnmip.com.cn
营销中心电话　（010）64044283
冶金工业出版社天猫旗舰店　yjgycbs.tmall.com
（本书如有印装质量问题，本社营销中心负责退换）

第 2 版前言

"十四五"期间，国家新一轮科技革命、产业革命和教育革命加速会聚，全人教育思潮引领全球教育变革，国家更加呼唤德才兼备、全面发展的时代新人，努力构建和形成更高水平的人才教育和人才培养体系。作为教育强国的基础和高等教育的起点，本科教育是凝聚人心、完善人格、开发人力、培育人才、造福人民的重要一环，也是奠定大学生知识、能力、素质和人格的关键一站。学科大类人才培养是近年来国内高校在高等教育大众化、社会人才需求多样化的客观要求下，呈现的一种新的人才培养模式。学生按照大类专业进校后，以学科大类统一制定教学计划，经过1~2年的基础课教学培养后，学生再结合就业、兴趣选择具体专业方向。大类招生培养政策坚持以"厚基础，宽口径"为指导原则。根据人才培养目标要求，以市场需求为导向，以地方、行业经济结构变化为依据，以支柱产业和高新技术产业发展为重点，强化人格素质和职业能力的基础培养。

随着东北大学大类招生培养模式的不断推进，新的通识教育理念正在兴起。新通识教育更加强调传授宽厚的知识、锻炼卓越的能力、培育全面的素质、塑造健全的人格，同时要求知识的广度和学习的深度、跨学科思考和解决问题的能力，指引学生既要学会开放协作，又要善于自我突破。在培养人才的知识结构上，以"坚、宽、深、交"为目标，加强基础学科、基础理论课程和学科交叉的课程模块的建构，努力培养理论基础厚、综合能力强、人文修养底蕴深厚的复合型人才。

实验教学是实施人才战略的重要手段，充分发挥实验教学环节在学生知识储备和能力培养过程中的重要作用，是实施素质教育、培养创新人才、促进知识向能力转化的重要途径。化学是一门以实验为基础的自然科学。化学实验教学不仅要使学生巩固理论知识、获取新知识，同时更注重的是激发兴趣、启迪思维、培养创新精神，获得获取新知识的方法。实验课程也是化学教学的重要环节。无机化学课程是全校的公共基础课，面向的学生人数较多，涉及专业较广，在学校的理工科学生的化学能力培养和化学思维训练过程中发挥重要作用。近年来，无机化学实验教学体系的改革设计更加注重学生化学能力培养和化学思维训练。在实验项目的优化与设计过程中，以各个大类学科需求为出发点，对于原有的实验课程和实验项目进行整合和创新，科学合理设计新的实验教学体系，夯实学生基础实验技能；同时，增强学生灵活应用实验技术解决问题的能力；结合多样化的实验教学模式，充分发挥虚拟仿真实验教学的辅助功能；依托化学学科资源，将教师的科研成果转化为实验教学内容，鼓励学生完成研究性的实验教学过程，满足东北大学人才培养战略需求，为东北大学"双一流"建设奠定人才培养的基础。

本书在第 1 版基础上，增加了研究型实验，将科研成果转化为实验项目，如水热法合成 NaA 型分子筛及粉末 X 射线衍射表征，浸渍–提拉法制备 SiO_2 薄膜及红外表征；增加了常用大型分析设备的原理及操作方法，如 X 射线衍射仪、扫描电子显微镜等；增加了虚拟仿真实验项目：水热法制备八面体四氧化三铁、三草酸合铁（Ⅲ）酸钾的制备。本教材的编写分工为：孟皓负责第 1、9章，王赟负责第 6、7 章，桑晓光负责第 4、5 章，孙忠乔负责第 2、3 章，张霞负责第 8 章及全书统稿。

由于作者的水平所限，书中难免有不妥之处，望读者批评指正。

作 者
2021 年 3 月

第 1 版前言

近年来，国家对于创新型、研究型的高素质人才的需求越来越高，实验课程在本科教育体系中的重要性也逐渐提高。众所周知，化学是一门以实验为基础的科学，许多化学的理论和规律都是从实验中总结出来的，同时对任何理论的应用和评价，也都要依据实验的探索和检验，所以化学教学离不开实验教学。无机化学实验是无机化学教学的重要组成部分，是学生动手能力、实践能力的重要培养环节。随着学科的发展，实验内容、实验技术和教学方式也在不断进行改革与创新。无机化学实验课的目的，是使学生通过亲自动手做实验，对实验现象的观察和实验数据、实验结果的处理和总结，进一步加深对无机化学基本概念和理论的理解，掌握化学实验的基本操作技能，培养学生独立工作和独立思考的能力，实事求是的科学态度，理论联系实际的科学方法以及准确、细致、整洁等良好的科学习惯，使学生具有较高的科学实验素质，为以后的专业学习和科学研究工作打下坚实的基础。

东北大学无机化学实验课程面向冶金工程、环境工程、应用化学等理工科专业，由于专业之间有一定差异，因此对化学实验课程的教学要求也各不相同。化学实验课程在建设过程中始终坚持"以学生为本，知识传授、能力培养、素质提高、协调发展"的教育理念，在重视基础实验技能传授的基础之上，采取灵活多变的教学方式，激发学生自主学习的兴趣，培养学生综合实验素质。在这种教育理念的指导下，确定了无机化学实验教学改革思路：在实验教学内容改革方面，合理设计实验教学内容；在完成基础实验技能传授前提下，增加研究性、设计性和综合性实验的比例，提高学生的创新能力；在设计性实验中，充分发挥学生自主学习能力，自主设计实验方案和解决实验中的问题；在实验方法和手段改革上，调动学生的实验积极性，提高学生主动获取知识、查阅资料、综合解决实验问题的能力，使科学教育与人文教育相结合；在实验指导方式上，以开放实验教学为主，发挥实验教学的灵活性。

IV

本教材结合了我校近年来的无机化学实验教学改革实践经验，本着基础实验技能训练与综合实验素质提高并重的原则，在内容的编排上，力争涵盖学生实验能力培养的各个阶段，改革了原有的基础实验项目，加强了元素及其化合物的性质相关实验内容，增加了研究性、设计性及联系生活实际的实验内容。并在此基础上安排了系统的综合性实验。每个综合实验由 3~5 个小实验组成，要求学生在查阅相关的文献资料，制订实验方案后才能完成相应实验内容，同时由于实验内容之间的关联性，要求学生必须具有严谨认真的学习态度。在综合性实验项目中，增加一些较先进的实验技术，如微波合成技术等。第 6 章生活中的化学实验可极大提高学生的学习兴趣和研究兴趣，可作为文科专业学生开放实验。

参加本书的编写和实验工作的有张霞、王林山、李光禄、王毅、徐君莉、王育红、张庆功、范有静等同志。各章的具体内容和作者分别为：第 1 章，化学实验基础知识（王毅）；第 2 章，常用实验仪器工作原理及操作（李光禄）；第 3 章，基本操作与基本原理实验（王毅）；第 4 章，元素及化合物的性质（徐君莉）；第 5 章，无机化合物的合成与提纯（王林山）；第 6 章，生活中的化学实验（李光禄）；第 7 章，综合性实验（张霞，徐君莉）。全书由张霞统稿。

本书可作为高等院校，特别是以工科为主的综合性大学无机化学基础课的实验用书。

由于作者的水平所限，书中难免有不妥之处，望读者批评指正。

作　者
2008 年 9 月

目　　录

1 化学实验基础知识

1.1 化学实验室安全守则及实验室准入机制

1.1.1 化学实验室安全守则

在进行化学实验时，经常使用水、电、煤气，以及一些有毒、腐蚀性或者易燃、易爆的物品，不正确的操作可能造成火灾、爆炸和其他不幸的事故。发生事故不仅危害个人的生命安全，还可能危害周围的人或环境安全，使国家财产受到损失，影响工作的正常进行。因此，重视安全操作，掌握实验室的安全知识是非常必要的。每个同学都需要在思想上高度重视安全问题，实验前应充分了解实验相关安全方面的知识。实验时要有条有理，井然有序，严格遵守操作规程，避免安全事故的发生。以下是化学实验室的安全守则。

（1）一切盛有药品的试剂瓶都应有标签。剧毒药品布设专柜并加锁保管，制定保管和使用制度，并严格遵守。挥发性有机药品应放在通风良好的处所、冰箱或药品柜内。爆炸性药品，如高氯酸、高氯酸盐、过氧化氢以及高压气体等，应放在阴凉处保管，不得与其他易燃物放在一起，移动时不得剧烈震动。高压气瓶的减压阀严禁油脂污染。

（2）严禁将玻璃器皿当作餐具，严禁试剂入口（包括有毒的和无毒的），严禁在实验室内饮食、吸烟。有毒试剂不得接触皮肤和伤口，更不能进入口内。用移液管吸取有毒样品（如铬盐、钡盐、铅盐、砷化物、氰化物、汞及汞的化合物等）及腐蚀性药品（如强酸、强碱、浓氨水、浓过氧化氢、冰醋酸、氢氟酸和溴水等）时，应用洗耳球操作。废液不允许未经处理倒入下水管道，应回收后集中处理。

（3）实验过程如果产生有毒、有刺激性气体，如 H_2S、Cl_2、Br_2、NO_2、CO 等，或者使用 HNO_3、HCl、$HClO_4$、H_2SO_4 等浓酸以及汞、磷、砷化物等有毒物质时，应在通风橱内进行。当需要嗅闻气体的气味时，严禁用鼻子直接对着瓶口或试管口，而应当用手轻轻扇动瓶口或管口，并保持适当距离进行嗅闻。

（4）开启易挥发的试剂瓶时（尤其在夏季），不可使瓶口对着他人或自己的脸部，防止开启瓶口时有大量气体冲出，引起伤害事故。

（5）使用浓酸、浓碱等具有强腐蚀性试剂时，应戴上防护眼镜和橡胶手套，切勿溅在皮肤和衣服上。稀释浓硫酸时，需要在耐热容器内进行，应将浓硫酸慢慢倒入水中，而不能将水倒入浓硫酸，以免迸溅。溶解 $NaOH$、KOH 等发热样品时，必须在耐热容器内进行。将浓酸和浓碱中和时，必须先进行稀释。

（6）使用易燃的有机试剂（如乙醇、丙酮等）时，必须远离火源，且用完立即盖紧瓶塞。钾、钠、白磷等在空气中易燃烧的物质，应隔绝空气存放。钾、钠保存在煤油中，白磷保存在水中，取用时用镊子夹取。

（7）加热和浓缩液体的操作应十分小心。不能俯视正在加热的液体，更不能将正在加热的试管口对着自己或别人，以免液体溅出伤人。浓缩溶液时，特别是有晶体出现之后，要不停地搅拌，避免液体迸溅，溅入眼睛、皮肤或溅到衣服上。

（8）实验中如需加热易燃药品或用加热的方法排除易燃组分时，应在水浴或电热板上缓缓地进行，严禁用电炉或火焰直接加热。腐蚀性物品严禁在烘箱内烘烤。

（9）加热试管应使用试管夹，不允许手持试管加热。加热至红热的玻璃器件（玻璃棒、玻璃管、烧杯等）不能直接放在实验台上，必须放在石棉网上冷却。由于灼热的玻璃与冷玻璃在外表上没什么区别，因此特别注意不要错握热玻璃端，以免烫伤。

（10）对于性质不明的化学试剂，严禁任意混合。严禁氧化剂与可燃物一起研磨，严禁在纸上称量 Na_2O_2 或性质不明的试剂，以免发生意外事故。

（11）玻璃管（棒）的切割、玻璃仪器的安装或拆卸、塞子钻孔等操作，往往容易割破手指或弄伤手掌，应戴手套并遵照玻璃仪器的安全使用操作规程。玻璃管或玻璃棒在切割后应立即烧圆。往玻璃管上安装橡皮管时，应先用水或甘油浸润玻璃管，再套橡皮管。实验产生的玻璃碎片要及时清理。

（12）实验室所有药品不得携出室外，用剩的有毒药品应立即交还给老师。

（13）实验完毕后，应关闭水、电、煤气，并整理好实验用品，把手洗净，方可离开实验室。

1.1.2　化学实验室准入机制

（1）所有实验室负责人、实验指导教师、实验技术人员及学生必须接受相关的化学实验室安全知识培训，了解化学实验中心安全规章制度，熟悉意外事件和化学安全事故的应急处理原则和上报程序。

（2）所有实验室工作人员应熟练掌握与本实验室实验内容相关的标准操作规程，熟悉化学药品的正确使用方法，以及所需仪器设备的正确操作规程。

（3）各实验室安全负责人有责任对进入实验室的学生进行化学实验安全和环保知识教育，并严格考核，考核合格后才能进入实验室工作。对于实验过程中出现违反安全管理规章制度的学生，实验室负责人有权终止其实验过程。

（4）实验室工作人员身体出现如下情况，如需进入实验室工作需经实验室负责人同意。

1）身体出现开放性损伤。

2）患发热性疾病。

3）呼吸道感染或其他导致抵抗力下降的情况。

4）正在使用免疫抑制剂或免疫耐受。

5）处于妊娠期。

（5）学生进入实验室后应严格遵守实验室的安全规章制度和操作规程。

1）实验课前，应认真预习，明确实验目的要求、方法、步骤和注意事项，完成实验预习报告。

2）进入实验室不要穿露趾凉鞋或者拖鞋，女生不能梳披肩发，长发要束紧。

3）进入实验室须保持肃静、整洁，不得高声谈笑、打闹，不准在实验室内抽烟、进食和饮水、会客或举行非教学实验的活动。

4）使用化学药品时，按照规范进行操作。强酸、强碱等使用时不要溅在皮肤、衣服或鞋袜上；有刺激性或有毒气体实验，应在通风橱内进行。嗅闻气体时注意方法。挥发和易燃物质实验，必须远离火源；加热试管时，不要将试管口对着自己或他人，也不要俯视正在加热的液体；实验试剂要严禁入口内或接触伤口，有毒物不能随便倒入水槽，应倒入回收瓶回收处理；禁止随意混合各种试剂药品，以免发生意外事故。

1.2　化学意外事故紧急处理办法

实验室一旦发生意外事故，应积极采取以下措施进行救护。

（1）割伤。被玻璃割伤时，伤口内若有玻璃碎片，需先挑出，然后用消毒棉棒清洗伤口，或用生理盐水或硼酸液擦洗，涂上紫药水或撒些消炎粉包扎。必要时送医院治疗。

（2）烫伤。若伤势较轻，可用10% $KMnO_4$ 溶液擦洗烫伤处；若伤势较重，涂敷烫伤膏或万花油并用油纱绷带包扎，切勿用冷水冲洗。必要时送医院治疗。

（3）酸或碱腐蚀伤害皮肤或眼睛时，可用大量的水冲洗。冲洗时水流不要直射眼球，也不要揉搓眼睛。酸腐蚀致伤可用饱和碳酸氢铵、3%~5%碳酸氢钠或稀氨水冲洗，然后再用水冲洗，并涂抹凡士林油膏。对于碱腐蚀致伤可用大量清水冲洗，直至无滑腻感；也可用食用醋、5%醋酸或3%硼酸冲洗，最后用水冲洗。如果碱液溅入眼内，立即用大量水冲，再用3%硼酸溶液淋洗，最后用蒸馏水冲洗。严重时到医院救治。

（4）吸入刺激性或有毒气体（如氯、氯化氢）时，可吸入少量酒精和乙醚的混合蒸气解毒。因吸入硫化氢气体感到不适（头晕、胸闷、欲吐）时，立即到室外呼吸新鲜空气。

（5）溴腐伤。若遇溴腐伤，可用乙醇或10%硫代硫酸钠溶液洗涤伤口，再用水冲洗干净，并涂敷甘油。

（6）磷灼伤。用5%硫酸铜溶液洗涤伤口，并用浸过硫酸铜溶液的绷带包扎，或用1∶1000的高锰酸钾溶液湿敷，外涂保护剂并包扎。

（7）误食毒物。误食毒物，必须催吐、洗胃，再服用解毒剂。催吐时可喝少量1%硫酸铜或硫酸锌溶液（一般15~25mL，最多不超过50mL），内服后，用手指伸入咽喉部，促使呕吐，吐出毒物，然后立即送医院治疗。

（8）汞中毒预防。汞的可溶性化合物如氯化汞、硝酸汞都是剧毒物品。实验中（如使用温度计、压力计，汞电极等）应特别注意金属汞。金属汞易蒸发，蒸气有剧毒、无气味，吸入人体具有积累性，容易引起慢性中毒，所以切不可麻痹大意。为减少室内的汞蒸气，贮汞容器应是紧密封闭，汞表面加水覆盖，以防蒸气逸出。若不慎将汞洒在地上，它会散成许多小珠溅落到各处，分散成表面积很大的蒸发面，此时应立即用滴管尽可能将它收集，然后用锌皮接触使其形成合金，最后再撒上硫黄粉，使汞与硫反应产生不挥发的硫化汞；或用三氯化铁溶液处理。此外，废汞切不可倒入水槽冲入下水管道，因为它会积聚在水管套头处，长期蒸发，毒化空气。误洒入水槽的汞应及时消除，使用和贮存汞的房间应保持通风。

（9）不慎触电或发现严重漏电时，立即切断电源，再采取必要的处理措施。

（10）火灾。有机物着火应立即用湿布或沙扑灭，火势太大则用泡沫灭火器扑灭。电器着火，应立即切断电源，再用四氯化碳或二氧化碳灭火器扑灭，不能用泡沫灭火器。当身上衣服着火时，应立即脱下衣服，或就地卧倒打滚，或用防火布覆盖着火处。因药品引起的化学火灾应根据化学药品的性质选择灭火器。不能贸然用水，因水能和某些化学药品（如金属钠）发生剧烈反应而引起更大的火灾。

1.3　实验室常见玻璃仪器及使用

1.3.1　烧杯

烧杯以容积大小（mL）表示，一般规格为 50、100、150、200、250、400、500、600、1000、2000 等。主要用作反应容器、配制溶液、蒸发和浓缩溶液。加热时放在石棉网上（石棉网则放在铁三脚架上），一般不直接加热。使用时，反应液体体积不得超过烧杯容量的 2/3。

1.3.2　试管

试管分硬质试管、轻质试管、普通试管和离心试管。普通试管以管外径（mm）×长度（mm）表示，一般有 12×150、15×100、30×200 等规格。离心试管以容积（mL）表示，一般有 5、10、15、50 等规格。离心试管主要用于沉淀分离。试管可用于少量试剂的反应容器，使用时反应液体体积不超过试管容积的 1/2，加热时不超过 1/3。离心试管不可直接加热。

1.3.3　量筒

量筒以所能量取的最大容积（mL）表示。在准确度要求不是很高时，可用来量取液体。读数时，应使眼睛的视线和量筒内凹液面的最低点保持水平。量筒不可加热，不能用作反应容器，不可量热的液体。量筒读数方法如图 1.1 所示。

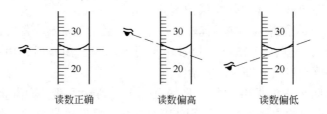

读数正确　　　　　读数偏高　　　　　读数偏低

图 1.1　量筒读数方法

1.3.4　蒸发皿

蒸发皿如图 1.2 所示，以口径（mm）或容积（mL）表示。材质有瓷质、石英或金属等制品，分有柄和无柄两种。随液体不同可选用不同质地的蒸发皿，可作反应容器、蒸发或者浓缩溶液用。它对酸、碱的稳定性好，可耐高温，但不宜骤冷，可以直接加热。使用蒸发皿时，将蒸发皿放在泥三角上，先用小火预热，后加大火焰。要用预热过的坩埚钳取拿热的蒸发皿，并把它放在石棉网上，不能直接放在台面上，以免烧坏台面。高温时不能用冷水去洗涤或冷却，以免破裂。

图 1.2　蒸发皿

1.3.5 坩埚和泥三角

坩埚如图 1.3 所示，以容积（mL）表示，材质有瓷、石英、铁、镍、铂等。灼烧固体用，一般忌骤冷、骤热，依试剂性质选用不同材质的坩埚。使用时注意事项与蒸发皿相同。泥三角（图 1.4）有大小之分，用铁丝拧成，外套瓷管，加热坩埚和蒸发皿用。

 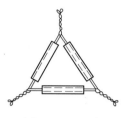

图 1.3　坩埚　　　　　　图 1.4　泥三角

1.3.6 坩埚钳

坩埚钳如图 1.5 所示，用铁或铜合金制造，表面镀镍或铬，有大小、长短的不同，用来夹持热的蒸发皿、坩埚及坩埚盖。夹持铂坩埚的坩埚钳尖端应包有铂片，以防高温时钳子的金属材料与铂形成合金，使铂变脆。坩埚钳用后，应尖端向上平放在实验台上。如温度很高，则应放在石棉网上。实验完毕后，应将钳子擦干净，放入实验柜中，干燥放置。

图 1.5　坩埚钳

1.3.7 称量瓶

称量瓶如图 1.6 所示，以外径（mm）×高（mm）表示。称量瓶为带有磨口塞的小玻璃瓶，用来精确称量试样或基准物的容器。称量瓶的优点是质量轻，可以直接在天平上称量，并有磨口塞，可以防止瓶中的试样吸收空气中的水分，因此称量时应盖紧玻璃塞。

图 1.6　称量瓶

使用称量瓶时，不能直接用手拿取，因为手的温度高而且有汗，会使称量结果不准确。因此拿取称量瓶时，应该用洁净的纸条将其套住，再用手捏住纸条。

1.3.8 干燥器

干燥器用来干燥或保存干燥的物品，如图 1.7 所示，以外径尺寸（mm）表示。干燥器分为普通干燥器和真空干燥器。干燥器内由一块有圆孔的瓷板将其分成上、下两室，下室放干燥剂，上室放待干燥物品。为防止物品落进下室，常在瓷板下衬垫一块铁丝网。

图 1.7　干燥器

装干燥剂前，先用干抹布将瓷板和内壁抹干净，一般不用水洗，因为不能很快地干燥。装干燥剂时，可用一张稍大的纸折成喇叭形，插入干燥器底，大口向上，倒入干燥剂，可使干燥器壁免受沾污。干燥剂装到下室的一半即可，装得太多容易沾污干燥物品。干燥剂一般用变色硅胶，当蓝色的硅胶变成红色（钴盐的水合物）时，即应将硅胶取出重新烘干。常用的干燥剂如表 1.1 所示。

表 1.1   常用的干燥剂

干燥剂	298K 时，1L 干燥后的空气中残留的水分/mg	再生方法
$CaCl_2$(无水)	$0.14 \sim 0.25$	烘干
CaO	3×10^{-3}	烘干
NaOH(熔融)	0.16	熔融
MgO	8×10^{-3}	再生困难
$CaSO_4$(无水)	5×10^{-3}	于 503~523K 加热
H_2SO_4(95%~100%)	$3 \times 10^{-3} \sim 0.30$	蒸发浓缩
$Mg(ClO_4)_2$(无水)	5×10^{-4}	减压下，于 493K 加热
P_2O_5	$< 2.5 \times 10^{-5}$	不能再生
硅胶	约 1×10^{-3}	于 383K 烘干

干燥器的沿口和盖沿均为磨砂平面，用时涂敷一薄层凡士林以增加其密闭性。开启或关闭干燥器时，用左手向右抵住干燥器身，右手握盖的圆把手向左平推盖（图 1.8）。取下的盖子应盖里朝上、盖沿向外放在实验台上。灼热的物体放入干燥器前，应先在空气中冷却 30~60s。放入干燥器后，为防止干燥器内空气膨胀将盖子顶落，反复将盖子推开一道细缝，让热空气逸出，直至不再有热空气排出时再盖严盖子。

搬移干燥器时，务必用双手拿着干燥器和盖子的沿口（图 1.9），以防盖子滑落打碎。应当注意，干燥器内并非绝对干燥，这是因为各种干燥剂均具有一定的蒸汽压。灼烧后的坩埚或沉淀若在干燥器内放置过久，则由于吸收了干燥器内空气中的水分而使质量略有增加，应严格控制坩埚在干燥器内的冷却时间。此外，干燥器不能用来保存潮湿的器皿或沉淀。

图 1.8   干燥器的开启和关闭   图 1.9   干燥器搬移

1.3.9 移液管和吸量管

要准确移取一定体积的液体时，常使用吸管。吸管有无分度吸管（又称移液管）和有分度吸管（又称吸量管）两种。移液管是中间有一大肚（称为球部）的玻璃管，球部上和下是均匀较细窄的管颈，上端管颈刻有一条标线。常用的移液管有 2mL、5mL、10mL、25mL、50mL 等规格。吸量管是具有分刻度的玻璃管，常用的吸量管有 1mL、2mL、5mL、10mL、20mL、25mL 等规格。

移液管和吸量管的操作如图 1.10 所示。移取溶液前，首先用滤纸将吸管尖端内外的水吸去，然后用待移取的溶液润洗 2~3 次，以确保所移取溶液的浓度不变。移取溶液时，用右手的拇指和中指拿住管颈上方，下端插入溶液中，左手拿吸耳球，先把球中空气压出，然后将球的尖端接在移液管口，慢慢松开左手使溶液吸入管内。当液面升高到刻度以上时，移去吸耳球，立即用右手的食指按住管口，将移液管下端提出液面，移动移液管时不可用力甩动。略为放松食指，用拇指和中指轻轻捻转管身，使液面平稳下降，直到溶液的弯月面与标线相切时，立即用食指压紧管口，使液体不再流出。取出移液管，以干净滤纸片擦去移液管末端外部的溶液，但不得接触下口。然后插入盛溶液的器皿中，管的末端靠在器皿内壁。此时移液管应保持竖直，承接的器皿倾斜，松开食指，让管内溶液自然地沿器壁流下，等待 10~15s 后，拿出移液管，残留在移液管末端的溶液，不可用外力使其流出，因移液管的容积不包括末端残留的溶液。

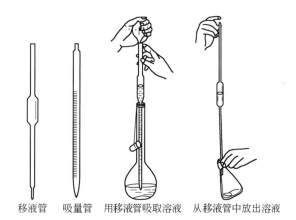

移液管　　吸量管　　用移液管吸取溶液　　从移液管中放出溶液

图 1.10　移液管、吸量管及其操作

1.3.10 容量瓶

容量瓶是一种细颈梨形的平底瓶，带有磨口塞。瓶颈上刻有环形标线，表示在所指温度下（一般为 20℃）液体充满至标线时的容积。容量瓶主要用来把精确称量的物质配制成标准浓度的溶液，或是将准确容积及浓度的浓溶液稀释成准确浓度及容积的稀溶液。常用的容量瓶有 25mL、50mL、100mL、250mL、500mL、1000mL、2000mL 等规格。

容量瓶使用前应检查是否漏水。检查的方法如下：注入自来水至标线附近，盖好瓶塞，右手托住瓶底，将其倒转，观察瓶塞周围是否有水渗出。如果不漏，再把塞子旋转 180°、塞紧、倒置，如仍不漏水，则可使用。使用前必须把容量瓶按容量器皿洗涤要求洗涤干净。容量瓶与瓶塞要配套使用，瓶塞需用尼龙绳系在瓶颈上，以防掉下摔碎。系绳不要很长，约 2~3cm，以可启开塞子为限。

　　配制溶液时，将精确称量的试剂放在小烧杯中，加入少量水，搅拌使其溶解（若难溶，可盖上表面皿，微热使其溶解，但必须放冷后才能转移）。沿玻璃棒把溶液转移入容量瓶中，如图 1.11（a）所示。然后用少量蒸馏水洗涤杯壁 3~4 次，每次的洗液按同样操作转移入容量瓶中。当溶液盛至容积的 2/3 时，应将容量瓶摇晃使液体初步混匀（注意不能倒转容量瓶）。在接近标线时，用滴管或洗瓶逐滴加水至弯月面最低点恰好与标线相切，盖紧瓶塞。用食指压住瓶塞，另一只手托住容量瓶底部，倒转容量瓶，使瓶内气泡上升到顶部，边倒转边摇动，如此反复倒转摇动 2~3 次，使瓶内溶液充分混合均匀，如图 1.11（b）所示。

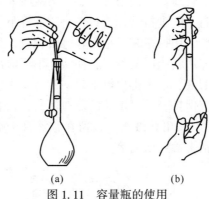

（a）　　　　　　　　（b）

图 1.11　容量瓶的使用

（a）转移溶液；（b）混匀溶液

　　注意：容量瓶是量器而不是容器，不宜长期存放溶液。如溶液需使用一段时间，应将溶液转移入试剂瓶中储存。试剂瓶先用该溶液润洗 2~3 次，以保证浓度不变。容量瓶不能受热，不能在其中溶解固体。

1.3.11　研钵

　　研钵如图 1.12 所示，由玻璃、瓷质、玛瑙或金属制造，以内径大小表示，主要用于研碎固体或固体物质的混合。可按固体的性质和硬度选用不同的研钵。使用中应注意，大块物质只能压碎，不能捣碎。放入研钵的物质的量不宜超过研钵容积的 1/3。易爆炸物质，如氯酸钾等，只能用药匙轻轻压碎，不能研磨。

图 1.12　研钵

1.3.12　滴瓶

　　滴瓶如图 1.13 所示，以容积（mL）表示。用于盛放试液或溶液。滴管不得互换，不能长时间放浓碱。

1.3.13　细口瓶和广口瓶

　　细口瓶和广口瓶如图 1.14 和图 1.15 所示，以容积（mL）表示，分别用于盛放液体试剂和固体试剂。

1.3.14 漏斗

漏斗如图 1.16 所示，分长颈漏斗和普通漏斗，以口径（mm）表示，用于过滤，不能加热。

图 1.13　滴瓶　　　图 1.14　细口瓶　　　图 1.15　广口瓶　　　图 1.16　漏斗

1.3.15 滴定管

传统滴定管分酸式和碱式两种，见图 1.17(a) 和（b）。常规滴定管为透明玻璃材质，如果试剂对于光照的敏感度较高，还可选择棕色玻璃材质的滴定管。酸式滴定管下端有一玻璃活塞，碱式滴定管下端用橡皮管连接一端有尖嘴的小玻璃管，橡皮管内装一个玻璃珠，以代替玻璃活塞。除了碱性溶液必须使用碱式滴定管之外，其他溶液都使用酸式滴定管。

随着新材料的广泛应用，聚四氟乙烯作为一种具有优良的化学稳定性，能耐强酸、强碱、水和各种有机溶剂的材料，取代了传统的玻璃材料用于制作活塞部分（图 1.17(c)）。这种类型的滴定管既可以用于酸溶液也可以用于碱溶液，使用方法与传统酸式滴定管一致。另外，由于聚四氟乙烯良好的密封性能，活塞处无须再涂抹凡士林，使用更加便捷。

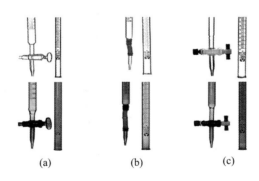

(a)　　　　　　(b)　　　　　　(c)

图 1.17　滴定管
（a）酸式；（b）碱式；（c）聚四氟乙烯滴定管

滴定管的使用方法如下。

（1）检漏。使用滴定管前应检查它是否漏水，活塞转动是否灵活。若酸式滴定管漏水或活塞转动不灵，应给活塞重新涂凡士林；碱式滴定管漏水，需要更换橡皮管或换个稍大的玻璃珠。

活塞涂凡士林方法：将管平放，取出活塞，用滤纸条将活塞和塞格擦干净，在活塞粗的一端和塞槽小口那端，全圈均匀地涂上一薄层凡士林。为了避免凡士林堵住塞孔，油层要尽量薄。将活塞插入槽内时，活塞孔要与滴定管平行。转动活塞，直至活塞与塞槽接触的地方呈透明状态，即表明凡士林已均匀。

（2）洗涤。根据滴定管的沾污情况，采用相应的洗涤方法洗净后，为了使滴定管中溶液的浓度与原溶液相同，最后还应该用待盛溶液润洗三次。每次溶液用量约为滴定管容积的1/5，润洗液由滴定管下端放出。

（3）装液及排气。将溶液加入滴定管时，要注意使下端出口管也充满溶液，特别是碱式滴定管，它下端的橡皮管内的气泡不易被察觉，这样就会造成读数误差。如果是酸式滴定管，可迅速地旋转活塞，让溶液急速流出带走气泡；如果是碱式滴定管，需要向上弯曲橡皮管，使玻璃尖嘴斜向上方，如图1.18所示，向一侧挤动玻璃珠，使溶液从尖嘴喷出，气泡便随之除去。排除气泡后，继续加入溶液至刻度"0"以上，再放出多余的溶液，调整液面在"0.00"刻度处。

（4）读数。常用的滴定管的容量为50mL，它的刻度分50大格，每一大格又分为10小格，所以每一大格为1mL，每一小格为0.1mL。读数应读到小数点后两位，即0.01mL。

注入或放出溶液后应稍等片刻，待附着在内壁的溶液完全留下后再读数。读数时，滴定管必须保持垂直状态，视线与液面在同一水平。对于无色或浅色溶液，读弯月面实线最低点的刻度。为了便于观察和读数，可在滴定管后衬一"读数卡"，该读数卡是一张黑纸或中间涂有一黑长方形（约3cm×1.5cm）的白纸。读数时，手持读数卡放在滴定管背后，使黑色部分在弯月面下约1mm处，弯月面反射成黑色（图1.19），读取此黑色弯月面最低点的刻度即可。若滴定管背后有一条蓝线（或蓝带），无色溶液就形成了两个弯月面，并且相交于蓝线的中线上，读数时就读此交点的刻度（图1.20）。对于深色溶液如高锰酸钾溶液、碘水等，弯月面不易看清，则读液面的最高点。

　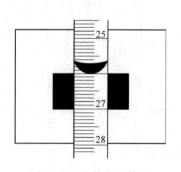　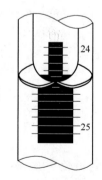

图1.18　排除气泡　　　图1.19　读数卡的使用　　　图1.20　滴定管读数

滴定时，最好每次都从0.00mL开始，这样读数方便，且可以消除由于滴定管上下粗细可能不均匀而带来的误差。

（5）滴定。使用酸式滴定管时，必须用左手的拇指、食指及中指控制活塞，旋转活塞的同时稍稍向内扣住，如图1.21所示。这样可避免把活塞顶松而漏液。要学会以旋转活塞来控制溶液的流速。

使用碱式滴定管时，应该用左手的拇指及食指在玻璃珠所在部位稍偏上处，轻轻地往一边挤压橡皮管，使橡皮管和玻璃珠之间形成一条缝隙，溶液即可流出（图 1.22）。调节手指用力的轻重来控制缝隙的大小，从而控制溶液的流出速度。

滴定时，将滴定管垂直地夹在滴定管架上，下端伸入锥形瓶口约 1cm，左手按上述方法操纵滴定管，右手的拇指、食指和中指拿住锥形瓶的瓶颈，沿同一方向旋转锥形瓶，使溶液混合均匀，如图 1.23 所示。不要前后、左右摇动。开始滴定时，滴液流出的速度可以快一些，但必须成滴而不是一股液流。随后，滴落点周围出现暂时性的颜色变化，但随着旋转锥形瓶，颜色很快消失。当接近终点时，颜色消失较慢，这时就应逐滴加入溶液，每加一滴后都要摇匀，观察颜色变化情况，再决定是否还要滴加溶液。最后应控制液滴悬而不落，用锥形瓶内壁把液滴沾下来，这样加入的是半滴溶液。用洗瓶以少量蒸馏水冲洗锥形瓶的内壁，摇匀。如此重复操作，直到颜色变化符合要求为止。

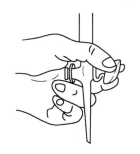  

图 1.21　左手旋转活塞手法　　图 1.22　碱式滴定管下端的结构　　图 1.23　滴定操作

滴定完毕后，滴定管尖嘴外不应留有液滴，尖嘴内不应留有气泡。实验结束后应将剩余溶液弃去，依次用自来水、蒸馏水洗涤滴定管。滴定管中装满蒸馏水，罩上滴定管盖，以备下次使用或将滴定管收起。

1.4　无机化学实验基本操作

1.4.1　玻璃仪器的洗涤

洗涤玻璃仪器的方法很多，应当根据实验要求、污物的性质和仪器性能来选用。一般说来，附在仪器上的污物有可溶性物质，也有尘土和其他不溶性物质，还有油污和某些化学物质。针对具体情况，可分别采用下列方法洗涤。

（1）刷洗。用毛刷刷洗仪器，既可以洗去可溶性物质，又可以使附着在器壁上的尘土和其他不溶性物质脱落。应根据仪器的大小和形状选用合适的毛刷。毛刷的种类如图 1.24 所示，注意避免毛刷的铁丝撞破或损伤仪器。

（2）用去污粉或合成洗涤剂刷洗。由于去污粉中含有碱性物质碳酸钠，它和洗涤剂都能除去仪器上的油污。水刷洗不净的污物，可用去污粉、洗涤剂或其他药剂洗涤。先把仪器用水湿润（留在仪器中的水不能多），再用湿毛刷沾少许去污粉或洗涤剂进行刷洗，最后用自来水冲洗，除去附在器壁上的去污粉或洗涤剂。

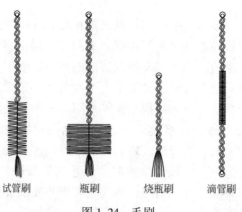

试管刷　　　瓶刷　　　烧瓶刷　　　滴管刷

图 1.24 　毛刷

（3）用浓硫酸-重铬酸钾洗液洗涤。精确的定量实验对仪器的洁净程度要求更高，所用仪器容积精确、形状特殊，不能用刷子刷洗，可用3%铬酸洗液清洗。这种洗液具有很强的氧化性和去污能力。

用洗液洗涤仪器时，往仪器内加入少量洗液（用量约为仪器总容量的1/5）。将仪器倾斜并慢慢转动，使仪器内壁全部为洗液润湿。再转动仪器，使洗液在仪器内壁流动，洗液流动几圈后，把洗液倒出，用水把仪器冲洗干净。用洗液浸泡仪器一段时间，或者使用热的洗液，洗涤效果更好。洗液有很强的腐蚀性，要注意使用安全。洗液可反复使用，直到它变成绿色（重铬酸钾被还原成硫酸铬的颜色），就失去了去污能力，不能继续使用。洗液瓶的瓶塞要塞紧，以防洗液吸水而失效。

能用别的洗涤方法洗干净的仪器，就不要用铬酸洗液洗，因为它具有毒性。使用洗液后，先用少量水清洗残留在仪器上的洗液，洗涤水不要倒入下水道，应集中统一处理。

（4）特殊污物的去除。根据附着在器壁上污物的性质、附着情况，采用适当的方法或选用能与它作用的药品处理。例如，附着器壁上的污物是氧化剂（如二氧化锰），可用浓盐酸等还原性物质除去。大多数不溶于水的无机物都可以用浓盐酸洗去。如灼烧过沉淀物的瓷坩埚，可先用热盐酸（1∶1）洗涤，再用洗液洗。若附着的是银，可用硝酸处理。如要清除活塞内孔的凡士林，可用细铜丝将凡士林捅出后，再用少量有机溶剂（如 CCl_4）浸泡。

（5）氢氧化钠-高锰酸钾洗液。可以洗去油污和有机物，洗后在器壁上留下的二氧化锰沉淀可再用盐酸洗。氢氧化钠-高锰酸钾洗液配制：将4g粗高锰酸钾溶于水中，再加入100mL 10%氢氧化钠溶液。

除以上洗涤方法外，还可以根据污物的性质选用适当试剂。如 AgCl 沉淀，可以选用氨水洗涤。硫化物沉淀可选用硝酸加盐酸洗涤。

用以上各种方法洗净的仪器，经自来水冲洗后，往往残留有自来水中的 Ca^{2+}、Mg^{2+}、Cl^- 等离子，如果实验不允许这些杂质存在，则应该再用蒸馏水（或去离子水）冲洗仪器2~3次。少量（每次用蒸馏水量要少）、多次（进行多次洗涤）是洗涤时应该遵守的原则。可用洗瓶使蒸馏水成一股细小的水流，均匀地喷射到器壁上，然后将水倒掉，如此重复几次。这样，既提高洗涤效率又节约蒸馏水。

洗净的器壁上不应附着不溶物、油污，水能顺着器壁流下，器壁上只留一层均匀的水膜，无水珠附着上面，表明仪器已经洗净。已经洗净的仪器，不能用布或纸去擦拭内壁，以免布或纸的纤维留在器壁上沾污仪器。

1.4.2　玻璃仪器的干燥

洗净的玻璃仪器如需干燥，可选用以下方法：

（1）晾干。适用于干燥程度要求不高又不急等用的仪器。可倒放在干净的仪器架或实验柜内，任其自然晾干。倒放还可以避免灰尘落入，但必须注意放稳仪器。

（2）吹干。急需干燥的仪器，可采用吹风机或"玻璃仪器气流烘干器"等吹干。使用时，一般先用热风吹玻璃仪器的内壁，干燥后，冷风吹使仪器冷却。

（3）烤干。有些构造简单、厚度均匀的小件硬质玻璃器皿，可以用小火烤干，以供急用。烧杯和蒸发皿可以放在石棉网上用小火烤干。试管可以直接用小火烤干，用试管夹夹住靠试管口一端，试管口略为向下倾斜，以防水蒸气凝聚后倒流使灼热的试管炸裂。烘烤时，先从试管底端开始，逐渐移向管口，来回移动试管，防止局部过热。烤到不见水珠后，再将试管口朝上，以便把水汽烘赶干净。烤热了的试管放在石棉网上放冷后才能使用。

（4）烘干。能经受较高温度烘烤的仪器可以放在电热或红外干燥箱（简称烘箱）内烘干。如果要求干燥程度较高或需干燥的仪器数量较多，使用烘箱就很方便。烘箱附有自动控温装置，烘干仪器上的水分时，应将温度控制在105～110℃之间。先将洗净的仪器尽量沥干，放在托盘里，然后将托盘放在烘箱的隔板上。一般烘1h左右，就可达到干燥目的。等温度降到50℃以下时，取出仪器。

（5）有机溶剂干燥。一般只在实验中临时使用。将仪器洗净后倒置、稍控干，注入少量（3～5mL）能与水互溶且挥发性较大的有机溶剂（常用无水乙醇、丙酮或乙醚），转动仪器，使内壁完全润湿，倾出溶剂（回收），擦干外壁，并用电吹风机将内壁残留的易挥发物赶出，使仪器迅速干燥。

仪器干燥时应注意：带有刻度的计量仪器不能用加热的方法进行干燥，因为热胀冷缩会影响测量的精密度；对于厚壁瓷质或玻璃仪器不能烤干，但可烘干。

1.4.3　加热用的器具和装置

加热是化学实验中常用的实验手段。实验室中常用的气体燃料是煤气，液体燃料是酒精。相应的加热器为具有各种型号的煤气灯、酒精灯和酒精喷灯。另外还有各种电加热设备，如电炉、管式炉和马弗炉等。

1.4.3.1　煤气灯

煤气灯是化学实验室常用的加热器具，它的式样虽多，但构造原理基本相同。最常用的煤气灯的构造如图1.25所示，它由灯管和灯座两部分组成。灯管下部内壁有螺纹，可与上端有螺纹的灯座相连。灯管的下端有几个圆孔，为空气入口。旋转灯管，即可关闭或不同程度地开启圆孔，以调节空气的进入量。灯座的侧面有煤气入口，用橡皮管把它和煤气龙头相连。灯座另一侧面（或下方）有一螺旋针阀，用来调节煤气的进入量。煤气灯的使用方法如下：

（1）旋转灯管，关小空气入口。先点燃火柴，再稍打开煤气灯开关，将点燃的火柴在灯管口稍上方将煤气灯点燃。调节煤气开关或灯座的螺旋针阀，使火焰保持适当高度。

（2）旋转灯管，逐渐加大空气进入量，使之形成正常火焰。

（3）使用后直接将煤气开关关闭。

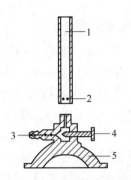

图 1.25　煤气灯的构造

1—灯管；2—空气入口；3—煤气入口；4—螺旋针阀；5—底座

当煤气和空气的比例合适时，煤气燃烧完全，这时火焰分为 3 层，称为正常火焰，如图 1.26 所示。正常火焰的最高温度区在还原焰顶端的氧化焰中，温度可达 800~900℃。实验时一般都用氧化焰加热。根据需要调节火焰的大小。如果空气或煤气的进入量调节得不合适，会产生不正常的火焰（图 1.27）。当空气的进入量过大或煤气和空气的进入量都很大时，火焰会脱离管口而临空燃烧，这种火焰称"临空火焰"；当煤气进入量很小（或中途煤气供应量突然减小）而空气的进入量大时，煤气会在灯管内燃烧，这时往往会听到特殊的噗噗声和看到一根细长的火焰，这种火焰称为"侵入火焰"。它将烧热灯管，此时切勿用手摸灯管，以免烫伤。当遇到临空火焰或侵入火焰时，均应关闭煤气开关，重新调节和点燃。当灯管空气入口完全关闭时，煤气燃烧不完全，部分分解产生碳粒，火焰呈黄色，不分层，温度不高，这种火焰称为"不分层火焰"。

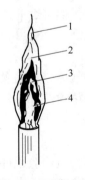

图 1.26　正常火焰

1—氧化焰；2—最高温区；3—还原焰；4—焰心

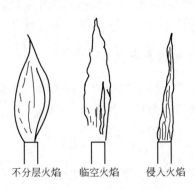

图 1.27　不正常火焰

1.4.3.2　酒精灯

酒精灯（图 1.28）以酒精为燃料，由灯体、灯芯管和灯帽组成。酒精灯的加热温度为400~500℃，适用于温度不太高的实验，特别是在没有煤气设备时经常使用。

图1.28　酒精灯

使用酒精灯时，先要检查灯芯，如果灯芯顶端不平或已烧焦，需要剪去少许使其平整，然后检查灯里有无酒精，灯里酒精的体积应大于酒精灯容积的1/4，少于2/3。在使用酒精灯时应注意：绝对禁止用酒精灯引烧另一盏酒精灯，而应用燃着的火柴或木条来引燃；用完酒精灯，必须用灯帽盖灭（要盖两下），不可用嘴去吹灭，否则可能将火焰沿灯颈压入灯内，引起着火或爆炸；不要碰倒酒精灯，万一洒出的酒精在桌上燃烧起来，应立即用湿抹布扑盖。

1.4.3.3　酒精喷灯

常用的酒精喷灯有挂式（图1.29）和座式（图1.30）两种，温度可达700~900℃。

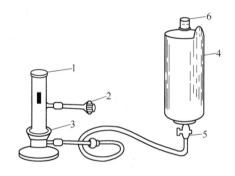

图1.29　挂式酒精喷灯
1—灯管；2—空气调节开关；3—预热盘；4—酒精储罐；5—开关；6—盖子

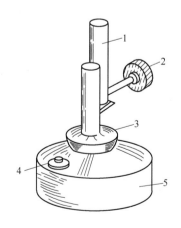

图1.30　座式酒精喷灯
1—灯管；2—空气调节器；3—预热盘；4—铜帽；5—酒精壶

挂式喷灯的灯管下部有一个预热盘，盘的下方有一支管，经过橡皮管与酒精储罐相通。使用时先将储罐挂在高处，将预热盘装满酒精并点燃。待盘内酒精近干时，灯管已被灼热，开启空气调节器和储罐下部开关，从储罐流进热灯管的酒精立即气化，并与由气孔进来的空气混合，在管口点燃。调节灯管旁的开关，可以控制火焰的大小。用毕，关闭开关使火焰熄灭。

座式酒精喷灯的酒精储罐在预热盘下面，当盘内酒精燃烧近干时，储罐中的酒精也因受热气化，与气孔进来的空气混合后在管口点燃。加热完毕后，用石棉板将管口盖上即可。

1.4.3.4　电加热装置

常用的电加热装置有电炉（图1.31）、管式炉（图1.32）和马弗炉（图1.33）等。

电炉可以代替煤气灯或酒精灯加热。容器和电炉之间要隔一块石棉网，以使溶液受热均匀，还能保护电热丝。目前实验室多采用封闭电炉或电陶炉代替传统电炉进行加热操作。

图1.31　电炉

（a）传统电炉；（b）封闭电炉；（c）电陶炉

图1.32　管式炉　　　　　　　　　　图1.33　马弗炉

管式炉是高温电炉的一种，利用电热丝或硅碳棒来加热，最高使用温度与炉体的构造有关。在管式炉中灼烧的样品，可装在耐高温的管状或舟状器皿中。如果被灼烧物在高温需要某种气氛保护，可将炉腔的瓷管或石英管抽真空或通入所需气氛。

马弗炉也是一种用电热丝或硅碳棒加热的高温电炉，炉膛是长方体，打开炉门可容易地放入要加热的坩埚或其他耐高温器皿。

测量管式炉和马弗炉的温度不能使用一般的水银温度计，需要使用热电偶和测温毫伏计配套组成的热电偶温度计。

1.4.3.5 微波辐射加热

实验室微波辐射加热的常用装置有常压微波化学反应仪、高压微波化学反应仪和微波快速马弗炉等，如图 1.34 所示。此类微波辐射设备的加热原理是利用磁控管将电能转换成高频电磁波导入微波腔，进入微波腔内的微波经搅拌器作用，均匀分散在各个方向。在微波辐射作用下，微波能量对反应物质的耗散通过偶极分子旋转和离子传导两种机理来实现。极性分子接受微波辐射能量后，通过分子偶极以每秒数十亿次的高速旋转产生热效应，此瞬间变化是在反应物质的分子级别进行，因此微波炉加热叫作内加热（传统靠热传导和热对流过程的加热叫外加热）。内加热具有加热速度快、反应灵敏、受热体系均匀以及高效节能等特点。

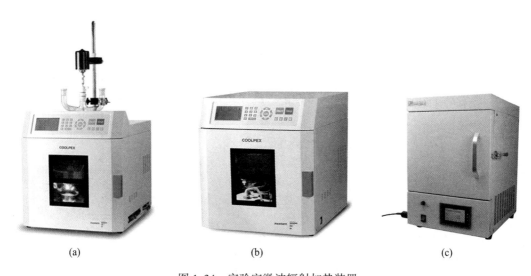

图 1.34 实验室微波辐射加热装置
（a）常压微波化学反应仪；（b）高压微波化学反应仪；（c）微波快速马弗炉

不同类型的材料对微波加热反应各不相同。金属因反射微波能量而不被加热。许多绝缘材料如玻璃、塑料等能被微波透过，故不被加热。一些介质如水、甲醇等，吸收微波并被加热。因此，反应物质常装在瓷坩埚、玻璃器皿或聚四氟乙烯制作的容器中，放入微波炉内加热。微波炉加热物质的温度不能用一般的水银温度计或热电偶温度计来测量。

微波炉使用过程的注意事项为：

（1）当微波炉操作时，请勿于门缝放置任何物品，特别是金属物体。

（2）不要在炉内烘干布类、纸制品类，因其含有容易引起电弧和着火的杂质。

（3）微波炉工作时，切勿贴近炉门或从门缝观看，防止微波辐射损坏眼睛。

（4）切勿使用密封的容器于微波炉内，以防容器爆炸。

（5）如果炉内着火，请紧闭炉门，并按停止键，然后拔下电源。

（6）经常清洁炉内，使用温和洗涤液清理炉门及绝缘孔网，切勿使用具有腐蚀性的清洁剂。

1.4.3.6 水浴、油浴和沙浴

当被加热的物质要求受热均匀，而温度又不超过 100℃时，可用水浴加热。图 1.35 为水浴锅，锅上面有配套的同心圆圈盖子。水浴加热时应尽可能增大器皿受热面积。例如蒸

发浓缩溶液，可将蒸发皿放在水浴锅的圆圈盖子上，把锅中的水煮沸，利用蒸气加热。有些实验，反应时间长，温度又不宜太高，希望溶液的蒸发速度慢一些，这时可选用锥形瓶在水浴中进行加热。锥形瓶的口小，蒸发速度慢。如果所用的加热容器是锥形瓶、小烧杯等，可直接浸入水浴中，但不能触及水浴锅的底部，以免受热不均，使容器破裂。无机化学实验中常用烧杯代替水浴锅。

实验室中还经常使用带有温度控制器的电热恒温水浴锅，如图1.36所示。电热丝安装在槽底的金属盘管内，槽身中间有一块多孔隔板，槽的盖板上开有双孔、4孔、6孔、8孔等，每个孔上均有几个可以移动的同心圆圈盖子。做完实验后，槽内的水可从槽身的水龙头放出。使用之前，加入水浴锅容量2/3的水，使用过程中一定要注意补充水分，否则会烧坏水浴锅。

当被加热的物质要求受热均匀，而温度又高于100℃时，可使用沙浴（图1.37）。它是一个装有均匀细沙的铁制器皿。沙浴可以放在电炉或煤气灯上加热，为了增大受热面积，可将受热器皿埋得深一点。沙浴的温度可达300~400℃，很适宜用来作熔矿的实验，缺点是上下层沙子有些温差。若要测量沙浴温度，可把触头式温度计插入沙中。

  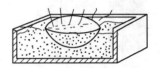

图1.35　水浴锅　　　图1.36　电热恒温水浴锅　　　图1.37　沙浴加热

当需要加热的温度超过100℃时，也可使用油浴，加热温度因油浴油的不同而有差别。油浴锅一般由生铁铸成，有时也可用大烧杯代替。常用的油浴油有：

（1）甘油，可以加热到140~150℃，温度过高分解。

（2）植物油，如菜油、蓖麻油和花生油，可以加热到220℃。常加入1%对苯二酚等抗氧化剂，延长使用时间。温度过高会分解，达到闪点可能燃烧。

（3）石蜡，能加热到200℃左右，冷到室温则成为固体，保存方便。

（4）液体石蜡，可加热到200℃左右，温度稍高并不分解，但较易燃烧。

（5）硅油，250℃时仍较稳定，透明度好，但是价格昂贵。

使用油浴应特别小心防止着火。当油受热冒烟时，应立即停止加热。油量应适量，不可过多，以免油受热膨胀而溢出。油浴锅外不能沾油，若外面有油，应立即擦去。如遇油浴着火，应立即切断热源，并覆石棉网等盖灭火焰，切勿用水灭火。

1.4.3.7　空气浴

沸点在80℃以上的液体原则上均可采用空气浴加热。最简单的空气浴制作可采用如下办法：取空的铁罐一只，罐口边缘剪光后，在罐的底层打数行小孔。另将圆形石棉布（直径略小于罐的直径2~3mm）放入罐中，使其盖在小孔上，罐的四周用石棉布包裹。另取直径略大于罐口的石棉板（厚2~4mm）一块，在其中挖一个洞（洞的直径略大于被加热容器的颈部直径），然后对切为二，加热时用以盖住罐口。使用时将此装置放在铁三脚架或铁支台的铁环上，用灯焰加热即可。注意蒸馏瓶或其他受热器皿切勿触及罐底，其正确的放置位置如图 1.38 所示。

1.4.3.8 电热套

电热套（图 1.39）是一种简便的热源，它是由玻璃纤维包裹着电热丝织成的半圆形的加热器，有控温装置可调节温度。由于它不是明火加热，因此，可以加热和蒸馏易燃有机物，也可加热沸点较高的化合物，适用的加热温度范围较广。

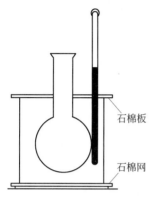

石棉板

石棉网

图 1.38　简易空气浴装置

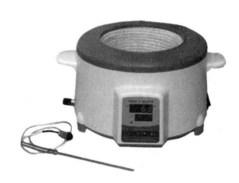

图 1.39　电热套

1.4.4　常用的加热操作

化学实验中使用的玻璃器皿，不能直接受热的有吸滤瓶、比色管、离心管、表面皿及一些量具（如量筒、容量瓶等）。加热时要隔以石棉网的有烧杯、锥形瓶等。试管是可以直接置火焰上加热的。有时也用陶瓷器皿（如蒸发皿、瓷坩埚）和金属器皿（如铁坩埚）加热，它们可耐受较高的温度。无论玻璃器皿或陶瓷器皿，受热前均应将其外壁的水擦干，它们都不能骤冷和骤热，否则会使器皿破裂。如果加热有沉淀的溶液，应不断搅拌（搅棒不应碰撞器壁），防止沉淀受热不均而溅出。

1.4.4.1　液体加热

（1）使用试管加热液体。在试管中加热液体时，液体量不应超过试管容积的 1/3。用试管夹夹持试管，管口稍向上倾斜，如图 1.40 所示。注意管口不能对着别人和自己，以免被沸腾的溶液喷出烫伤。加热时，应先加热液体的中上部，再加热底部，并上下移动，使各部分液体均匀受热。

（2）加热烧杯、烧瓶中的液体。加热时必须在仪器下面垫上石棉网（图 1.41），使仪器受热均匀。加热烧瓶时应该用铁夹将其固定。加热的液体量不应超过烧杯容积的 1/2 和烧瓶容积的 1/3。烧杯加热时还要适当加以搅拌以免暴沸，烧瓶加热时要视情况放入 1~2 粒沸石。

1.4.4.2　固体的加热

（1）在试管中加热固体。在试管中加热固体，应该用铁架台和铁夹固定试管或用试管夹夹持试管，管口略向下倾斜（图 1.42），以防止凝结在管口处的水珠倒流到灼热的管底使试管破裂。

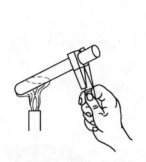
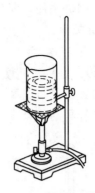

图 1.40　加热试管中的液体　　　　　图 1.41　加热烧杯中的液体

（2）灼烧固体。把固体物质加热到高温以达到脱水、分解、除去挥发性杂质等目的操作称为灼烧。灼烧时可将固体放在坩埚、瓷舟等耐高温的容器中，用高温电炉或高温灯进行加热。如果在煤气灯上灼烧固体，可将坩埚放在泥三角上，用氧化焰加热（图 1.43），不要使用还原焰以免坩埚外部结上碳黑。开始时，先用小火烘烧，使坩埚受热均匀，然后逐渐加大火焰灼烧。灼烧到符合要求后，停止加热，先在泥三角上稍冷，再用坩埚钳夹持坩埚置保干器内放冷。

要夹取高温下的坩埚，必须使用干净的坩埚钳，而且应把坩埚钳放在火焰上预热。坩埚钳使用后，应平放在石棉网上，钳尖向上，保证坩埚钳尖端洁净。

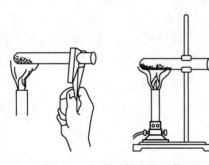
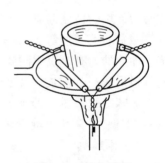

图 1.42　加热试管中的固体　　　　　图 1.43　灼烧坩埚

1.4.5　化学试剂的取用

取用药品前，应看清标签。取用时，注意勿使瓶塞污染。如果瓶塞的顶是扁平的，取出后可倒置桌上；如果不是扁平的，可将瓶塞放在清洁的表面皿上，绝不可将瓶塞横置台面上。

取用固体药品需用清洁、干燥的药匙，不能直接用手接触化学试剂。药匙的两端为大小两个匙，应根据需要取用试剂，不必多取。取完试剂后，一定要把瓶塞盖严，切忌将瓶塞"张冠李戴"。然后把试剂放回原处，保持实验台整齐干净。

液体药品根据取用量可采用量筒、量杯量取，滴管吸取或者移液枪移取。量筒量取液体时，应左手持量筒，并以大拇指指示所需体积的刻度处；右手持药品瓶（药品标签应在手心处），瓶口紧靠量筒口边缘，慢慢注入液体到所指刻度（图 1.44）。读取刻度时，视线应与液面在同一水平面上。如果不慎倾出了过多的液体，只能把它弃去或供给他人使用，不得倒回原处。

用滴管移取液体时，应用左手垂直地拿持试管，右手持滴管橡皮头将滴管放在试管口的正中上方，然后挤捏橡皮头，使液体恰好滴入试管中（图 1.45）。绝不可将滴管伸入试管中，否则滴管口易碰上试管壁，并可能沾上其他液体，再将此滴管放回药品瓶中会沾污药品。若所用的是滴瓶上的滴管，使用后应立即插回原来的滴瓶中。不得把沾有液体药品的滴管横放或倒置，以免液体流入滴管的橡皮头而被污染。

图 1.44　量筒量取液体

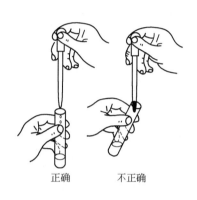

正确　　　　不正确

图 1.45　滴管滴加液体

用移液枪（又称微量加样器）移取少量试剂的方法如图 1.46 所示。首先要调节量程。在调节量程时，如果要从大体积调为小体积，旋转移液枪上部的按钮，使数字窗口出现所需体积的数字即可；但如果要从小体积调为大体积时，则需要先旋转旋钮到超过量程刻度，再反向调到设定的体积，这样可以保证量取的精度。在调节过程中千万不能旋出量程，否则会卡住内部机械装置而损坏移液枪。然后安装移液枪的枪头。将移液枪垂直插入枪头中，稍微用力微微左右转动即可。枪头卡紧的标志是移液枪的前端略微超过枪头的 O 形环，并可以看到连接部分形成清晰的密封圈。在安装枪头过程中不可用力敲击，这样会导致移液枪内部配件损坏，也不能用手触碰枪头，以免污染试剂。安装好后，便可以用移液枪移取试剂了。移液之前，要保证移液枪、枪头和试剂均在同一温度条件下。移取试剂时，四指并拢握住取液器上部，用拇指按住顶端的按钮，使移液枪竖直插入液面下 2~3mm 处。先吸放数次试剂以润湿枪头，尤其是在移取黏稠或密度与水不同的试剂时，这个步骤非常重要。润湿枪头后，用大拇指将按钮按下至第一停点（图 1.46A），将移液枪的枪头再次插入液面下，缓慢松开按钮回到原点（图 1.46B），待移液枪吸取试剂后，再停留1~2s（移取黏性大的溶液可以增加停留时间）。然后，将吸头沿器壁滑出容器，用吸水纸擦去吸头表面可能附着的液体。继续保持移液枪垂直状态，将枪头接触倾斜的容器内壁，先将按钮按至第一停点排出液体（图 1.46C），稍停片刻再按压到第二停点（图 1.46D），吹出枪头残余的试剂。然后松开按钮（图 1.46E），按下除枪头推杆，将枪头推入废物缸。

移液枪使用完毕后，应将刻度调节至最大，让弹簧回复原型以延长移液枪的使用寿命，然后将其竖直挂在移液枪架上，但要小心别掉下来。作为液体试剂操作过程中常用的

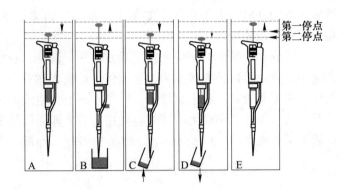

第一停点
第二停点

图 1.46　用移液枪移取液体

手动可调精密仪器，移液枪在使用过程中还需要注意以下几个问题：

（1）在移液枪没有安装枪头时，千万不能用于吸取试剂。

（2）吸取试剂的操作一定要缓慢平稳。松开拇指时，绝对不能突然松开，这样操作会导致溶液吸入过快而冲入移液枪内腐蚀柱塞而造成漏气。

（3）吸有试剂的移液枪不能平放或倒置，枪头内的试剂很容易污染移液枪内部而可能导致弹簧生锈。

（4）移液枪不能用于吸取有强挥发性、强腐蚀性的液体，如浓酸、浓碱、有机物等。

（5）不要用大量程的移液枪移取小体积的液体，以免影响准确度。

药品取用后，必须立即将瓶塞盖好。实验室中药品瓶安放有一定的次序和位置，不要任意更动。取用浓酸、浓碱等腐蚀性药品时，务必注意安全。如果酸、碱等洒在桌面上，应立即用湿布擦去。如果沾到眼睛或皮肤上，要立即用大量清水冲洗。

1.4.6　试纸和滤纸的使用

1.4.6.1　试纸

（1）常用 pH 试纸检验溶液的酸碱性。将小块试纸放在干燥清洁的点滴板上，用玻璃棒蘸取少量待测溶液，滴在试纸上，不能将试纸投入溶液中检验。观察试纸的颜色变化，将试纸呈现的颜色与标准色板颜色对比，判断溶液的 pH 值。pH 试纸根据测量范围分为两类：一类是广泛 pH 试纸，其变色范围为 1~14，用来粗略地检验溶液的 pH 值；另一类是精密 pH 试纸，用于比较精确地检验溶液的 pH 值。广泛 pH 试纸的变化为 1 个 pH 单位，精密 pH 试纸变化小于 1 个 pH 单位。精密试纸的种类很多，可根据不同的需求进行选用。

（2）使用试纸检验气体。用蒸馏水润湿试纸，并将其贴附在干净玻璃棒的尖端，将试纸放在试管口的上方（不能接触试管），通过观察试纸颜色的变化检验气体的性质。常用 pH 试纸或石蕊试纸检验反应所产生气体的酸碱性。用淀粉 KI 试纸检验 Cl_2，Cl_2 可将试纸上的 I^- 氧化为 I_2，I_2 与试纸上的淀粉作用，使试纸变蓝。用 $Pb(OAc)_2$ 试纸检验 H_2S 气体，H_2S 气体遇到试纸上的 Pb^{2+}，生成黑色 PbS 沉淀而使试纸呈黑褐色。用 $KMnO_4$ 试纸来检验 SO_2 气体。

1.4.6.2　滤纸

化学实验室中常用的有定量分析滤纸和定性分析滤纸两种。按过滤速度和分离性能的不同，又分为快速、中速和慢速三种类型滤纸。我国国家标准《化学分析滤纸》（GB/T 1914—2017）对定量滤纸和定性滤纸产品的分类、型号和技术指标以及试验方法等都有规定。滤纸产品按质量分为优等品、一等品与合格品。滤纸外形有圆形和方形两种。常用的圆形滤纸有 φ7cm、φ9cm、φ11cm 等规格，滤纸盒上贴有滤速标签。方形滤纸都是定性滤纸，有 30cm×60cm、30cm×30cm 等规格。在实验过程中，应当根据沉淀的性质合理地选用滤纸。

定量滤纸又称为无灰滤纸。以直径 12.5cm 定量滤纸为例，每张滤纸的质量约为 1g，在灼烧后其灰分的质量不超过 0.1mg（小于或等于常量分析天平的感量），在重量分析中可以忽略不计。

1.4.7 溶解、蒸发与结晶

1.4.7.1 溶解与熔融

将固体物质转化为液体，通常采用溶解与熔融两种方法。

（1）溶解。溶解就是把固体物质溶于水、酸、碱等溶剂中制备成溶液。溶解固体时，应依据固体物质的性质选择适当的溶剂，并用加热、搅拌等方法促进溶解。

（2）熔融。熔融是将固体物质与某种固体熔剂混合，在高温下加热，使固体物质转化为可溶于水或酸的化合物。酸熔法是用酸性熔剂分解碱性物质，碱熔法是用碱性熔剂分解酸性物质。熔融一般在高温下进行，根据熔剂的性质和温度选择合适的坩埚，如铁坩埚、镍坩埚、白金坩埚、刚玉坩埚等。将固体物质与熔剂在坩埚中混匀后，送入高温炉中灼烧熔融，冷却后用水或酸浸取溶解。

1.4.7.2 蒸发与浓缩

为了能从溶液中析出某物质的晶体或增大其浓度，需对溶液进行蒸发、浓缩操作。水溶液的蒸发一般用蒸发皿。在无机制备中，蒸发、浓缩一般在水浴上进行。若溶液很稀，物质对热的稳定性又较好时，可先放在低温电炉上或在石棉网上用煤气灯直接加热蒸发，然后再放在水浴上加热蒸发。蒸发皿内所盛放的液体不应超过其容量的 2/3。水分不断蒸发，溶液就不断浓缩。蒸发到一定程度后冷却，就可析出晶体。

1.4.7.3 结晶与重结晶

当溶液蒸发到一定浓度后冷却，即有晶体析出。物质在溶液中的饱和程度与物质的溶解度和温度有关。晶体的大小与溶质的溶解度、溶液浓度、冷却速度等因素有关。如果希望得到较大颗粒状的晶体，则不宜蒸发至太浓，此时溶液的饱和程度较低，结晶的晶核少，晶体易长大。反之，溶液饱和程度较高、结晶的晶核多，晶体快速形成，得到的是细小晶体。从纯度来看，缓慢生长的大晶体纯度较低，而快速生成的细小晶体纯度较高。因为大晶体的间隙易包裹母液或杂质，因而影响纯度。但晶体太小且大小不均匀时，易形成糊状物，夹带母液较多，不易洗净，也影响纯度。因此，晶体颗粒大小适中且均匀，才有利于得到纯度较高的晶体。

如果第一次结晶所得物质的纯度不符合要求，可进行重结晶。方法是在加热的情况下使被纯化的物质溶于尽可能少的水中，形成饱和溶液，趁热过滤，除去不溶性杂质。然后使滤液冷却，被纯化物质即结晶析出，而杂质则留在母液中，从而得到较纯净的物质。若一次重结晶还达不到要求，可以再次重结晶。重结晶是提纯固体物质常用的重要方法之一，它适用于溶解度随温度有显著变化的化合物的提纯。

1.4.8　固液分离

化学实验中经常会遇到沉淀和溶液分离或晶体与母液分离等情况，分离方法主要有倾析法、过滤法和离心分离等方法。

1.4.8.1　倾析法

如果沉淀的相对密度较大或晶体颗粒较大，沉淀很快沉降到容器底部，可用倾析法进行固液分离。操作方法是待沉淀完全沉降后，小心地将沉淀上层清液慢慢地倾入另一容器中，倾倒时用一洁净的玻棒引流（图1.47）。如果沉淀需要洗涤，则另加适量洗涤剂（如蒸馏水）搅拌、静置、沉降后再倾析，反复几次，直至符合要求为止。

图1.47　倾析法

1.4.8.2　过滤法

过滤法是最常用的一种固液分离方法。过滤法利用沉淀和溶液在过滤器上穿透能力的不同，使沉淀留在滤器上而溶液透过滤器进入接收器中，使沉淀和溶液分离。因沉淀的形状、大小的不同，可选用不同型号的滤纸、滤布、砂芯漏斗和滤膜等过滤器，采用常压、减压、热过滤等过滤方法。

A　常压过滤

当沉淀物为胶状或微细晶体时，常压过滤效果较好。常压过滤是将滤纸紧贴在60°角的圆锥玻璃漏斗上作为过滤器，过滤的步骤如下：

（1）准备过滤器。首先选一张半径比漏斗圆锥高度稍低的圆形滤纸（若为方形滤纸则要剪成圆形），然后把滤纸对折两次，将滤纸展开为60°角的圆锥，从三层滤纸一边下面两层撕去一小角（见图1.48），平整地放入干燥、洁净的漏斗中，使滤纸的圆锥面与漏斗相吻合。叠好的滤纸放入漏斗后用去离子水润湿，再以干净的玻棒（或手指）轻压滤纸，使之紧贴漏斗壁。其间不应有空气泡，以保证溶液能快速通过滤纸。一般滤纸边缘应低于漏斗边5mm。

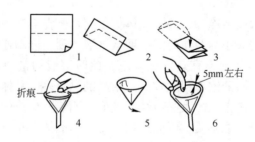

图1.48　滤纸的折叠方法及安装

（2）过滤。将准备好的漏斗放在漏斗架上，下边用烧杯或其他容器盛接滤液，漏斗颈末端紧贴在接收器的内壁，以加快滤液的流速。将玻璃棒指向滤纸三层的一边，用玻璃棒引流，让上层清液慢慢倾入过滤器（图1.49）。倾入液体的高度要注意比滤纸边缘低约0.5cm，待漏斗中的液体流尽时再逐次将液体倾入漏斗。溶液倾倒完后，用洗瓶挤少量水淋洗盛放沉淀的容器及玻璃棒（图1.50），并将洗涤水全部滤入接收器中。若需洗涤沉淀，则用洗瓶挤出洗涤液在滤纸的三层部分离边缘稍下的地方，自上而下洗涤。并借此将沉淀集中在滤纸圆锥体的下部（图 1.51），如此洗涤多次。

图 1.49　常压过滤

图 1.50　淋洗器皿

图 1.51　沉淀在漏斗中的洗涤

B　减压过滤（抽滤或吸滤）

减压过滤是采用水泵或真空泵抽气使滤器两边产生压差而快速过滤，并抽干沉淀的过滤方法。它不适于过滤细小颗粒的晶体沉淀和胶状沉淀，前者会堵塞滤纸孔而难于过滤，后者会透过滤纸堵塞滤纸孔。减压过滤装置如图 1.52 所示，它由吸滤瓶、布氏漏斗、安全瓶和玻璃抽气管组成。玻璃抽气管是一个简单的减压水泵，其内有一窄口，当水急速流经窄口时，把装置内的空气带出而形成一定的真空度，使吸滤瓶内的压力减小，瓶内与布氏漏斗液面间产生压差而使过滤速度大大加快。减压过滤的操作步骤如下：

（1）剪贴滤纸。将滤纸剪成比布氏漏斗略小但又能盖住瓷板上所有小孔的圆，平铺在瓷板上，以少量去离子水将滤纸润湿，微开水阀，轻轻抽吸，使滤纸紧贴在瓷板上。

（2）过滤。将滤液以玻璃棒引流倒入布氏漏斗中，开大水阀，抽滤至干，沉淀平铺在瓷板的滤纸上。注意：吸滤瓶内液面不能达到支管的水平位置，否则滤液会被水泵抽出。因此滤液过多时，中途应拔掉吸滤瓶上的橡皮管，取下漏斗，把吸滤瓶的支管口向上，从瓶口倒出滤液，再装好继续过滤。

（3）关闭水阀。在抽滤过程中不能突然关闭水阀。停止抽滤时应先拔掉吸滤瓶支管上

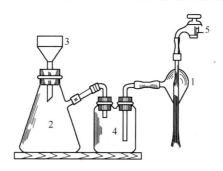

图 1.52　减压过滤装置

1—抽气管；2—吸滤瓶；3—布氏漏斗；4—安全瓶；5—水龙头

的橡皮管，使吸滤瓶与安全瓶脱离，然后再关闭水阀，否则水会倒吸。

　　当需要洗涤沉淀时，首先应停止抽滤，然后加入少量洗涤液，让它缓缓通过沉淀，再接上吸滤瓶的橡皮管，微开水阀抽吸，最后开大水阀抽干。此时，可用一个干净的平顶瓶塞挤压沉淀，帮助抽干。如此反复数次，直至达到要求为止。

　　(4) 沉淀的取出。沉淀抽干以后，先将吸滤瓶与安全瓶拆开，再关闭水阀。然后取下漏斗，将漏斗的颈口向上，轻轻敲打漏斗边缘，或在漏斗颈口用力一吹，即可使沉淀脱离漏斗，倾入预先准备好的滤纸或器皿上。干燥沉淀可用干燥滤纸将水分吸干或放入恒温烘箱内烘干。

　　目前，实验室常使用循环水真空泵代替玻璃抽气管来完成减压过滤的过程。循环水真空泵比玻璃抽气管的吸力更大，过滤效率高，而且在操作过程中水可以循环使用，节约资源。

　　C　热过滤

　　如果溶质的溶解度明显地随温度的降低而降低，但又不希望它在过滤过程中析出晶体时，可采用热过滤。其做法是把玻璃漏斗放在铜质的热漏斗内 (图1.53)，热漏斗内装热水以维持溶液的温度，趁热过滤。也可以在过滤前把玻璃漏斗放在水浴上用蒸气加热后快速过滤。

　　如过滤的溶液有强酸性或强氧化性，为了避免溶液和滤纸作用，应采用玻璃砂漏斗 (图1.54)。由于碱易与玻璃作用，所以玻璃砂漏斗不宜过滤强碱性溶液。过滤时，不能引入杂质，不能用瓶盖挤压沉淀，其他操作要求基本如上述步骤。

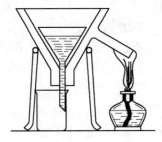

图1.53　热过滤

图1.54　玻璃砂漏斗

1.4.8.3　离心分离

　　离心分离是用离心机将少量沉淀和溶液分离的简便快速方法。实验中常用的电动离心机如图1.55所示。按照转数分类，离心机一般可以分为：低速离心机 (小于8000r/min)、高速离心机 (8000～30000r/min)、超速离心机 (30000～80000r/min) 和超高速离心机 (大于80000r/min)。在选择离心机时，可以根据实验目的和实验需要，选择不同容量、不同转速、不同温度控制的离心机。

　　离心分离时，选用大小相同、所盛混合物的量大致相等的离心试管，对称地放在离心机套筒内。如果只有一支要离心分离的试管，则可用另一支大小相同、盛有同量水的离心试管与之相配，保持离心机平衡，然后盖上离心机上盖。设定好转速及离心时间后，启动离心机。离心过程中离心机上盖处于锁死状态，切不可外力强行开启。如遇突发状况，须切断电源，让离心机自然停止后，再开启离心机上盖。

离心分离操作完毕后，轻轻取出试管，不要摇动，将一支干净的滴管排气后伸入离心管的液面下，慢慢吸取上清液。在吸取过程中吸管口始终不离开液面而又不接触沉淀（图1.56）。欲得较纯净的沉淀，还需将洗涤液加入沉淀中，用玻璃棒搅拌均匀后再离心分离，反复数次直至达到要求。

图 1.55 电动离心机   图 1.56 吸去上层溶液

1.4.9 气体的发生、净化和收集

1.4.9.1 气体的发生

制备不同的气体，应根据反应物的状态和反应条件，采用不同的方法和装置。在实验室取少量无机气体，常采用图 1.57~图 1.59 所示的装置。如果是不溶于水的块状（或粗粒状）固体与液体间不需加热的反应，例如制备 CO_2、H_2S 和 H_2 等气体，可使用启普发生器；如果反应需要加热，或颗粒很小的固体与液体，或液体与液体之间的反应，例如制备 Cl_2、SO_2、N_2 等气体，可采用如图 1.58 所示的装置；如果是加热固体制取气体，可采用如图 1.59 所示的装置。

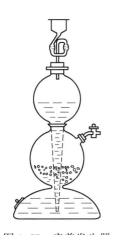
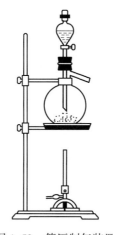
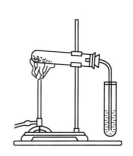

图 1.57 启普发生器   图 1.58 等压制气装置   图 1.59 固体加热制气装置

启普发生器由球形漏斗和葫芦状的玻璃容器组成。葫芦体的球形部分上侧有气体出

口，出口配有装上玻璃活塞的橡皮塞，利用活塞来控制气体流量。葫芦体的底座上有废液的排出口。如果用启普发生器制取有毒气体（H_2S），应在球形漏斗口装个安全漏斗，在它的弯管中加进少量水，水的液封作用可防止毒气逸出。固体药品放在葫芦体的圆球部分，固体下面垫一块有很多小孔的橡皮圈（或玻璃棉），以免固体掉入葫芦体底座内。液体从球形漏斗加入。使用时，只要打开活塞，液体下降至底座再进入中间球体内，液体与固体接触反应而产生气体。要停止使用时，关闭活塞，由于出口被堵住，产生的气体使发生器内压力增加，液体被压入底座再进入球形漏斗而与固体脱离接触，反应即停止。下次再用时，只要重新打开活塞，又会产生气体。气体可以随时发生或中断，使用起来十分方便。这是启普发生器的最大优点。

启普发生器的使用方法：

（1）装配。将一块有很多小孔的橡皮圈垫在葫芦体的细颈处，或在球形漏斗下端相应位置缠些玻璃棉，但不要缠得太多、过紧，以免影响液体流动的通畅。将球形漏斗与葫芦体的磨口接触处擦干，均匀地涂一薄层凡士林，然后转动球形漏斗，使凡士林涂抹均匀。

（2）检漏。检查启普发生器是否漏气的方法是先关闭活塞，从球形漏斗中加入水，静置一会儿。如果漏斗中的液面下降，说明漏气。检查可能漏气的地方，采取相应措施。

（3）装入固体和酸液。固体由气体出口处加入。所加固体的量，不要超过葫芦体球形部分容积的1/3。固体的颗粒不能太小，否则易掉进底座，造成关闭活塞后，仍继续产生气体。注意轻轻摇动发生器，使固体分布均匀。加酸时，先打开导气管活塞，再把酸从球形漏斗加入，在酸将要接触固体时，关闭活塞，继续加入酸液，直至充满球形漏斗颈部。酸量以打开活塞后，刚好浸没固体为宜。

（4）如何添加固体和更换酸液。如果在使用启普发生器过程中，想添加些固体，或使用时间长了，发生的气体变得很少，说明酸液已经很稀，需更换新的酸液，该如何操作呢？可关上活塞，使酸和固体脱离接触，用橡皮塞将球形漏斗上口塞住，取下带导气管的橡皮塞（这时球形漏斗的液面不会下降），然后将固体从这个出气口加入。如果想更换酸液，可将发生器稍倾斜，使废液出口稍向上，使下口附近无液体，再拔去橡皮塞倒出废液。这样，废液便不会冲出伤人，也不会流到手上。

（5）启普发生器使用完后，可按更换酸液的操作倒出酸液。固体可从葫芦体上口倒出。先将发生器倾斜，使固体全集中在球部的一侧，再抽出球形漏斗，避免固体掉进底座，倒出固体。也可根据具体情况，由出气口倒出固体。如果固体还可以再用，倒出之前，在启普发生器中用水将它们冲洗净。

启普发生器虽然使用方便，但它不能受热，装入的固体反应物必须是块状的。因此，当反应需要加热或反应放热较明显、固体颗粒很小时，就要采用图1.58的装置。固体装在蒸馏瓶内，固体的体积不能超过瓶容积的1/3，酸或其他液体加到分液漏斗中。使用时，打开分液漏斗下部的活塞，使液体均匀地滴加在固体上以产生气体，注意不宜滴加得太快、太多。当反应缓慢或不发生气体时，可以微微加热。必要时，可加回流装置。装进药品之前，应检查装置是否漏气。可用手或小火温热蒸馏瓶，观看洗气瓶中是否有气泡发生。如果有气泡（空气受热膨胀逸出），说明装置漏气，应找出原因。如果需要制备的气体量很少，可以用带导管的试管代替蒸馏瓶。

在实验室，也可以使用气体钢瓶直接获得各种气体。钢瓶中的气体是在工厂中充入的。使用时，通过减压阀有控制地放出气体。为了避免混淆钢瓶用错气体，除了钢瓶上写明瓶内气体名称外，通常还在钢瓶外面涂以特定的颜色，以便区别。我国钢瓶的颜色标志如表 1.2 所示。

表 1.2　我国气体钢瓶的颜色标记

气体名称	O_2	N_2	H_2	Cl_2	NH_3	其他气体
瓶身颜色	天蓝	黑	深绿	草绿	黄	红

1.4.9.2　气体的净化和干燥

由以上方法得到的气体往往带有酸雾和水汽等杂质，需要进行净化和干燥，这个过程通常在洗气瓶（图 1.60）和干燥塔（图 1.61）中进行。

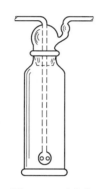

图 1.60　洗气瓶　　　　图 1.61　干燥塔

液体（如水、浓硫酸）装在洗气瓶内，固体（如无水氯化钙、硅胶）装在干燥塔内。连接洗气瓶时，必须注意使气体由长管进入，经过洗涤剂，由短管逸出。否则，气体会将洗液由长管压出。

根据气体和杂质的性质，选用不同的物质对气体进行净化，要求既能除去杂质又不损失所需的气体。常用的干燥剂有浓硫酸、无水氯化钙、硅胶、固体氢氧化钠等。用水可除去可溶性杂质和酸雾，用氧化性洗液除去还原性杂质，碱性气体不能用酸性干燥剂等。

1.4.9.3　气体的收集

收集气体的方法，通常有排水集气法（图 1.62）和排气集气法（图 1.63）。

（1）在水中溶解度很小，又不与水发生化学反应的气体，如 H_2、O_2、NO 等，可用排水集气法收集。用排水集气法收集气体时，当集气瓶充满后，要先将导气管从水中抽出，才能停止加热反应器，以免水倒吸。

（2）易溶于水、与空气不反应，密度与空气差别大的气体可用排空气集气法收集。待收集气体密度大于空气（相对分子质量大于 29）可用向上排气集法收集（图 1.63（a））；待收集气体密度小于空气（相对分子质量大于 29）可用向下排气集气法收集（图 1.63（b））。排气集气法收集气体时，应设法检查气体是否充满集气瓶。注意，最初排出的气体，混杂有系统中的空气，不应该收集。不宜用排气集气法收集大量易爆的气体，因为易爆气体中混合的空气达爆炸极限时，遇火即爆。

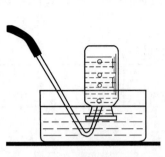

图 1.62　排水集气法

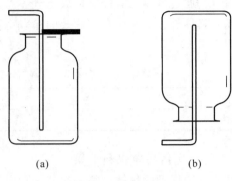

图 1.63　排气集气法

(a) 向上排气集气法；(b) 向下排气集气法

1.5　误差与有效数字处理

化学实验过程中经常使用仪器对一些物理量进行测量，从而对体系的化学性质和物理性质做出定量描述。但事实上，任何测量的结果（数据）只能是相对准确，或者说是存在某种程度上的不确定（不可靠）性，这种不确定（不可靠）被称为实验误差。之所以产生这种误差，是因为测量仪器、实验方法、实验条件以及实验工作者本人不可避免地存在一定局限性。对于不可避免的实验误差，实验者需了解其产生的原因、性质及有关规律，从而在实验中设法控制和减少误差，并对测量的结果进行适当处理，以达到可信的程度。

1.5.1　绝对误差与相对误差

测量中的误差，主要有两种表示方法：绝对误差与相对误差。

1.5.1.1　绝对误差

测量值与真实值之差称为绝对误差。若以 X 代表测量值，以 μ 代表真实值，则绝对误差 $\delta = X - \mu$。绝对误差以测量值的单位为单位，可以是正值，也可以是负值。即测量值可能大于或小于其真实值，测量值越接近真实值，绝对误差值越小；反之，越大。

1.5.1.2　相对误差

绝对误差与真实值的比值称为相对误差。

$$\frac{\delta}{\mu} = \frac{X - \mu}{\mu}$$

相对误差反映测量误差在测量结果中所占的比例，它没有单位，通常以%、‰表示。

例如，某物质的真实质量为 58.6156g，测量值为 58.6157g，则：

$$绝对误差 = 58.6157g - 58.6156g = 0.0001g$$

$$相对误差 = \frac{58.6157g - 58.6156g}{58.6156g} \times 100\% = 10^{-4}\%$$

而对于 0.1000g 物体称量得 0.1001g，其绝对误差也是 0.0001g，但其相对误差：

$$相对误差 = \frac{0.1001g - 0.1000g}{0.1000g} \times 100\% = 0.1\%$$

可见，对于上述两种物质称量，求得的绝对误差虽然相同，但被称物质的质量不同，相对误差在被测物质质量中所占份额并不相同。显然，绝对误差相同时，被测量的值愈大，相对误差愈小，测量的准确度愈高。

1.5.2 精密度与偏差

精密度表示同一条件下，对同一样品平行测量的各测量值之间相互接近的程度。各测量值间越接近，精密度就越高；反之，精密度越低。精密度可用各类偏差来表示。

（1）绝对偏差与相对偏差。测量值 x_i 与平均值 $\bar{x}$ 之差称为绝对偏差 d_i，它的量纲与测量值相同。绝对偏差与平均值之比称为相对偏差。绝对偏差和相对偏差都是用来衡量某个测量值与平均值的偏离程度。

$$绝对偏差 = d_i = x_i - \bar{x}$$

$$相对偏差 = \frac{d_i}{\bar{x}} \times 100\%$$

（2）平均偏差与相对平均偏差。平均偏差是各个偏差绝对值的平均值。相对平均偏差是平均偏差与平均值的比值。

$$平均偏差 = \bar{d} = \frac{|d_1| + |d_2| + \cdots + |d_n|}{n} = \frac{1}{n} \sum_{i=1}^{n} |x_i - \bar{x}|$$

$$相对平均偏差 = \frac{\bar{d}}{\bar{x}} \times 100\%$$

（3）标准偏差和相对标准偏差。用数理统计方法处理数据时，常用标准偏差 S 和相对标准偏差 S_r 来衡量精密度。

$$S = \sqrt{\frac{\sum (x_i - \bar{x})^2}{n-1}} = \sqrt{\frac{\sum d_i^2}{n-1}}$$

实际使用时常采用其简便的等效式：

$$S = \sqrt{\frac{\sum x_i^2 - (\sum x_i)^2/n}{n-1}} = \sqrt{\frac{\sum x_i^2 - n(\bar{x})^2}{n-1}}$$

$$S_r = \frac{S}{\bar{x}} \times 100\%$$

例如，四次测定某溶液的浓度，结果分别为 0.2041mol/L、0.2049mol/L、0.2039mol/L 和 0.2043mol/L。则平均值 $(\bar{x})$、平均偏差 $(\bar{d})$、相对平均偏差 $\left(\dfrac{\bar{d}}{\bar{x}}\right)$、标准偏差 (S) 及相对标准偏差 (S_r) 分别为：

$$平均值(\bar{x}) = (0.2041 + 0.2049 + 0.2039 + 0.2043)/4 = 0.2043mol/L$$

$$平均偏差(\bar{d}) = (0.0002 + 0.0006 + 0.0004 + 0.0000)/4 = 0.0003mol/L$$

$$相对平均偏差\left(\frac{\bar{d}}{\bar{x}}\right) = \frac{0.0003}{0.2043} \times 100\% = 0.15\%$$

$$标准偏差(S) = \sqrt{\frac{0.0002^2 + 0.0006^2 + 0.0004^2 + 0.0000^2}{4-1}} = 0.0004\text{mol/L}$$

$$相对标准偏差(S_r) = \frac{0.0004}{0.2043} \times 100\% = 0.2\%$$

精密度是保证准确度的前提条件，没有好的精密度就不可能有好的准确度。因为事实上，准确度是在一定的精密度下，多次测量的平均值与真实值相等的程度。测量值的准确度表示测量结果的正确性，测量值的精密度表示测量结果的重复性或再现性。

1.5.3　系统误差和随机误差

依据误差产生的原因及性质，误差可分为系统误差与随机误差。

1.5.3.1　系统误差

系统误差是由某些固定的原因造成的，使得测量结果总是偏高或偏低。实验方法不够完善、仪器不够精确、试剂不够纯以及测量者本人的习惯、仪器使用的理想环境达不到要求等因素都有可能产生系统误差。系统误差的特征：一是单向性，即误差的符号及大小恒定或按一定规律变化；二是系统性，即在相同条件下重复测量时，误差会再现。因此，系统误差可用校正等方法予以消除。常见的系统误差大致分为：

（1）仪器误差。所有的测量仪器都可能产生系统误差。例如，天平失于校准（不等臂性或灵敏度欠佳），磨损或腐蚀的砝码，移液管、滴定管和容量瓶等玻璃仪器的实际容积和标示容积不符，电池电压下降、接触不良造成电路电阻增加等因素都会造成系统误差。

（2）方法误差。由于测试方法不完善造成的误差，其中有化学和物理原理方面的原因，常常难以发现。因此，这是一种影响最为严重的系统误差。例如某些反应速率很慢或未定量地完成，干扰离子的影响，沉淀的溶解，共沉淀和后沉淀等都会系统地导致测定结果偏高或偏低。

（3）个人误差。该误差是一种由操作者本身的一些主观因素造成的误差。例如，在读取刻度值时，总是偏高或总是偏低。

1.5.3.2　随机误差

随机误差又称偶然误差，它指同一操作者在同一条件下对同一量进行多次测定，而结果不尽相对，以一种不可预测的方式变化着的误差。它产生的直接原因往往难以发现和控制。随机误差有时正、有时负，数值有时大、有时小，因而具有一定的不确定性。在各种测量中，随机误差总是不可避免地存在，并且不可能加以消除，它构成了测量的最终限制。随机误差对测定结果的影响通常服从统一规律，因而，可以采用在相同条件下多次测定同一量，再求其算术平均值的方法来克服。

1.5.3.3　过失误差

出于操作者的疏忽大意，没有完全按照操作规程实验等原因造成的误差称为过失误差。这种误差使测量结果与事实明显不合，有较大的偏离且无规律可循。含有过失误差的测量值，不能作为一次实验值引入数据处理。这种过失误差，需要通过加强责任心，仔细操作来避免。判断是否发生过失误差必须慎重，应有充分的依据，最好重复这个实验来检查。如果经过细致实验后仍然出现这个数，要依据已有的科学知识判断是否有新的问题，甚至有新的发现。

1.5.4 有效数字及运算法则

1.5.4.1 有效数字的定义

在科学研究过程中，各种物理量的测量值（观测值）的记录必须与测试仪器的精度相一致。通常情况下，任何一种仪器标尺读数的最低一位应该用内插法估计到两条刻度线间距的1/10，因而，任何一个测量值的最后一位数字应是有一定误差的，这种误差来自估计的不可靠性，有时称为不确定度，一般为±0.1分度。这种在不丧失测量准确度的情况下，表示某个测量值所需要的最小位数的数字称为有效数字。也就是说，有效数字就是实际能够测量到的数字，它总是和测量或测定联系在一起。有效数字的构成包括若干位确定的数字和一位不确定的数字。例如，253.8这个数有4位有效数字，用科学表示法写成$2.538×10^2$。若写成$2.5380×10^2$，就意味着它有5位有效数字。"0"是一个特殊的数字，当它出现在两个非零数字之间或小数点右方的非零数字之后时都是有效的。如10.0500g，其中每个0都是有效的，它有6位有效数字。而0.0280中，2之前的两个0都是无效的，因这两个0只是用来决定小数点的位置，取决于所用的单位，当用毫克计量时，可写成28.0mg，最后一个0仍是有效的。

但是，像83600这类数字的有效数字却含混不清，可能意味着下列情况之一：$8.36×10^4$，3位有效数字；$8.360×10^4$，4位有效数字；$8.3600×10^4$，5位有效数字。因此，像83600这类数值最好用上述科学表示法之一书写，以便准确地表示出它究竟有几位有效数字。

1.5.4.2 有效数字的运算规则

当计算涉及几个测量值，而它们的有效数字的位数不相同时，按有效数字运算规则进行计算，既节省计算时间、减少错误，又保证了数据的准确度。

A 加减运算

加减运算结果的有效数字的位数，应以运算数字中小数点后有效数字位数最少者决定。计算时可先不管有效数字，直接进行加减运算，运算结果再按数字中小数点后有效数字位数最小的作四舍五入处理。例如，2.25，3.4375，4.27502三个数相加，则：

$$2.25 + 3.4375 + 4.27502 = 9.96252 \rightarrow 9.96$$

也可以先按四舍五入的原则，以小数点后位数最少的为标准处理各数值，使小数点后位数相同，然后再计算，上例可以计算为：

$$2.25 + 3.44 + 4.28 = 9.97$$

B 乘除运算

几个数相除或相乘时的结果的有效数字位数应与各数中有效数字位数最少者相同，与小数点的位置或小数点后的位数无关。例如，1.262与4.77相乘：

$$
\begin{array}{r}
1.262 \\
\times \quad 4.77 \\
\hline
8834 \\
8834 \\
5048 \\
\hline
6.01974
\end{array}
$$

下划 "—" 的数字是不准确的, 故得数应为 6.02。计算时也可以先四舍五入后计算, 但在几个数连乘或连除运算中, 在取舍时应保留比最少位数多一位数字运算。例如, 0.98, 1.644, 46.4 三个数字连乘应为:

$$0.98 \times 1.64 \times 46.4 = 74.57 \rightarrow 75$$

先算后取舍为:

$$0.98 \times 1.644 \times 46.4 = 74.76 \rightarrow 75$$

两者的结果一致, 若只取最少位数的数相乘为:

$$0.98 \times 1.6 \times 46 = 72.13 \rightarrow 72$$

这样, 计算结果的误差扩大了。但是, 如果连乘或连除的数中被取舍的数字离 "5" 较远, 也可取最小位数的有效数字同化后再运算。

C　对数与反对数

对数尾数的有效位数应与真数的有效位数相同。例如:

$$\lg \underset{\text{真数}}{345} = \underset{\text{首数}}{2} . \underset{\text{尾数}}{538}$$

因此, 345 可写成 3.45×10^2, 它的对数的首数相应于 3.45×10^2 中 10 的幂, 起决定小数点位置的作用。又如, $c(H^+) = 6.6 \times 10^{-10}$ mol/L 的溶液, pH 值应为 9.18, 不是 9 或 9.2。将对数转换成反对数时, 有效数字位数则应与尾数的位数相同, 例如, $\lg 10^{-3.42}$ 的反对数为 $10^{-3.42} = 3.8 \times 10^{-4}$。

1.6　实验报告参考格式

能书写出一份合格的实验报告是大学生应具备的基本能力。实验报告没有固定的模式, 但一份合格的实验报告必须有下列几方面的内容: 完整的实验步骤, 正确无误的原始记录, 实验结果和结果讨论。

1.6.1　无机化学实验报告格式

实验目的:

实验用品:

实验原理:

思考题 (查找相关资料, 写出答案, 课前完成):

实验步骤:

结果与讨论 (实验现象、方程、数据处理等):

习题、问题、检查题:

数据记录:

教师签字:　　　　　　　　_____ 年 _____ 月 _____ 日

1.6.2 综合实验报告格式

摘要：

前言：

实验部分：

（1）实验试剂；

（2）实验仪器设备；

（3）实验步骤。

结果与讨论：

结论：

参考文献：

2　常用实验仪器工作原理及操作

2.1　电子天平

电子天平是精度高、可靠性强、操作简便的称量仪器。一般分为顶部承载式（吊挂单盘）和底部承载式（上皿式）两种结构，其中底部承载式的上皿天平较为常用。通常这种天平都装有小电脑，具有数字显示、自动调零、自动校准、扣除皮重、输出打印等功能。图2.1为实验室上皿式电子天平的外形结构及操作面板示意图。

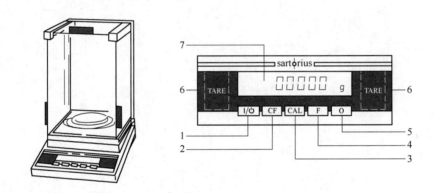

图2.1　电子天平外形结构及操作面板示意图
1—开/关键；2—清除键（CF）；3—校准/调整键（CAL）；4—功能键（F）；
5—打印键；6—去皮/调零键（TARE）；7—质量显示屏

2.1.1　操作步骤

（1）开启、预热。调整好天平的水平，轻按一下开/关键，显示器表示接通电源，仪器开始预热，预热通常需要30min。

（2）校准。轻按"CAL"键，进入校准状态，用标准砝码（如100g）进行校准。

（3）称量。取下标准砝码，零点显示稳定后即可进行称量。如用小烧杯称取样品时，可将洁净干燥的小烧杯放在秤盘中央，显示数字稳定后按去皮/调零键"TARE"，显示即恢复为零，再缓缓加样品至显示出所需样品的质量时，停止加样，直接记录样品的质量。

（4）称量完毕，取下被称物，如果不久还要继续使用天平，可暂不按"开/关"键，天平将自动保持零位，或者按一下"开/关"键（但不可拔下电源插头），让天平处于待命状态，即显示屏上数字消失，再来称量时按一下"开/关"键即可使用。如果天平不再使用，应拔下电源插头，盖上防尘罩。

2.1.2 电子天平称量方法

2.1.2.1 直接称量法

将表面皿或称量纸放在秤盘上，待其读数稳定后，按下去皮键"TARE"，待显示恢复为零后，打开天平侧门，缓缓往表面皿或称量纸上加入样品，当达到所需样品的质量时，停止加样，关闭天平侧门。待读数稳定后即可得到所称量样品的净质量，记录此数据。

2.1.2.2 差减称量法

差减称量法不必固定某一质量，只需确定称量范围，常用于称量易吸水、易氧化或易与二氧化碳起反应的物质。一般将这种试剂装在称量瓶里，并将装有样品的称量瓶存放在干燥器中，使用时才从干燥器中取出。称取样品时，先将盛有样品的称量瓶置于秤盘上准确称量，记录数据。然后，用左手以纸条套住称量瓶，如图2.2(a) 所示，将其取下举在要放样品的容器（烧杯或锥形瓶）上方。右手用小纸片夹住瓶盖柄，打开瓶盖，将称量瓶一边慢慢地向下倾斜，一边用瓶盖轻轻敲击瓶口，使样品落入容器内，注意不要撒落在容器外，如图2.2(b) 所示。当倾出的样品接近所要称量的质量时，将称量瓶慢慢竖起，再用瓶盖轻轻敲一下瓶口侧面，使黏附在瓶口上的样品落入瓶内，盖好瓶盖。然后将称量瓶放回天平上称量，两次称得的质量之差即为样品的质量。

如果所倒样品不够要求的质量，可以再如上述方式倾倒，直至倒出样品满足所要求的质量。如果倒出的样品太多，超出实验要求的范围很多，只能弃掉，再重新称一份。切忌把多倒出的样品倒回称量瓶，以免污染称量瓶内的样品。

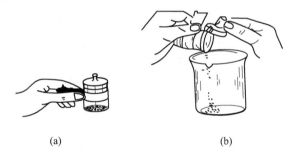

(a)   (b)

图2.2 称量瓶的拿法（a）和样品倾倒及敲击的方法（b）

2.1.3 电子天平称量注意事项

称量时应注意以下几点：

（1）称量前检查天平是否处于水平，天平内外是否洁净等。

（2）天平的上门不得随意打开。

（3）开关天平动作要轻、缓。

（4）称量物体的温度必须与天平温度相同，有腐蚀性的物质或吸湿性物体必须放在密闭容器内称量。

（5）不能超出天平最大载重（一般天平最大载重标在天平面板上）。

（6）读数时必须关好侧门。

（7）称量完毕后，应清洁天平，并关闭好天平及电源，盖上天平罩。

2.2　酸　度　计

酸度计（又称 pH 计）是一种通过测量电势差来测定溶液 pH 值的仪器。除可以测量溶液的 pH 值外，还可以测量氧化还原电对的电极电势及配合电磁搅拌进行电位滴定等。实验室常用的酸度计有 25 型、pHS-2 型、pHS-2C 型、pHS-2F 型和 pHS-3 型等，图 2.3 所示为上海精密科学仪器有限公司生产的 pHS-2F 型数字 pH 计。

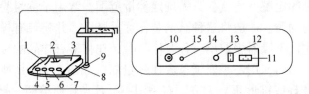

图 2.3　pHS-2F 型数字 pH 计

1—机箱盖；2—显示屏；3—面板；4—选择开关旋钮（pH、mV）；5—温度补偿调节旋钮；6—斜率补偿调节旋钮；

7—定位调节旋钮；8—机箱底；9—电极架插座；10—仪器后面板；11—电源插座；12—电源开关；

13—保险丝；14—参比电极接口；15—测量电极插座

各种型号的酸度计构造虽有不同，但基本原理相同，都是由测量电极、参比电极和精密电位计三部分组成。两个电极插入待测溶液组成电池，参比电极作为标准电极提供标准电极电势，测量电极（指示电极）的电极电势随着溶液中 H^+ 浓度的改变而变化。图 2.4 为测量电极和参比电极的复合电极。测量电极的球泡是由具有 H^+ 选择性的锂玻璃熔融吹制而成，膜厚 0.1mm 左右。内参比电极为 Ag-AgCl 电极，内参比溶液是零电位等于 7 的中性磷酸盐和氯化钾的混合溶液。外参比电极为 Ag-AgCl 电极，外参比溶液为 3.3mol/L 的氯化钾溶液，经氯化银饱和，加适量琼脂使溶液呈凝胶状而固定。液接界是沟通外参比溶液和被测溶液的连接部件，内芯与参比电极连接，屏蔽层与外参比电极连接。

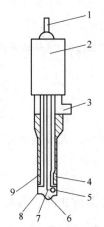

图 2.4　复合电极的结构

1—引出线；2—电极引出头；3—内部液补充口；4—温度补偿电阻；5—O 形环气体门；6—电极膜；

7—玻璃电极内部电极；8—电极膜保护筒；9—参比电极内部电极

2.2.1 pH 值测定的基本原理

复合电极在溶液中组成如下电池：

(－) 内参比电极 | 内参比溶液 | 电极球泡 | | 被测溶液 | 外参比溶液 | 外参比电极 (+)

电池的电动势为各电极电势之和：

$$E = \varphi_{内参} + \varphi_{内玻} + \varphi_{外玻} + \varphi_{液接} + \varphi_{外参} \tag{2.1}$$

式中，$\varphi_{内参}$ 为内参比电极与内参比溶液的电势差；$\varphi_{内玻}$ 为内参比溶液与玻璃球泡内壁之间的电势差；$\varphi_{外玻}$ 为玻璃球泡外壁与被测溶液之间的电势差；$\varphi_{液接}$ 为被测溶液与外参比溶液之间的电势差；$\varphi_{外参}$ 为外参比电极与外参比溶液的电势差。

$$\varphi_{外玻} = \varphi_{玻}^{\ominus} - \frac{2.303RT}{F}\text{pH} \tag{2.2}$$

式中，$\varphi_{玻}^{\ominus}$ 为标准电极电势，V；R 为理想气体常数，8.314J/(mol·K)；T 为绝对温度，K；F 为法拉第常数，96485C/mol。

又设： $$A = \varphi_{内参} + \varphi_{内玻} + \varphi_{液接} + \varphi_{外参} + \varphi_{玻}^{\ominus}$$

当条件不变时，A 为常数，从而：

$$E = A - \frac{2.303RT}{F}\text{pH} \tag{2.3}$$

可见，电池的电动势与被测溶液的 pH 值呈线性关系，其斜率为 $-\dfrac{2.303RT}{F}$。

因为上式中常数项 A 的值随着电极和测量条件的不同而异，需要用已知 pH 值的标准缓冲溶液来校正。通过 pH 计中的定位调节器来消除式中的常数项 A，以保持相同的测量条件测定被测溶液的 pH 值。酸度计把测得的电动势转换成 pH 值显示出来，因此，在酸度计上可直接读出溶液的 pH 值。

2.2.2 pHS-2F 型数字 pH 计操作步骤

（1）准备工作。

1）按下电源开关 12，预热 30min。

2）电极架旋入电极架插座 9，调节电极架到适当位置。

3）复合电极夹在电极架上。

4）取下复合电极下端的橡皮套，露出复合电极的接界头，用蒸馏水清洗电极。

（2）标定。仪器使用前先要进行标定。如果仪器连续使用，每天标定一次。

1）把选择开关 4 调到 pH 挡。

2）调节温度补偿旋钮 5，使其与溶液温度一致（先用温度计测量溶液的温度）。

3）调节斜率旋钮 6 顺时针旋到底（即调到 100%）。

4）将清洗过的电极插入 pH=6.86 的标准缓冲溶液中，调节定位旋钮 7 使仪器显示的读数与该缓冲溶液的 pH 值相一致。

5）取出电极，用蒸馏水清洗电极，擦干，再插入 pH=4.00 的标准缓冲溶液中，调节斜率旋钮使仪器显示的读数与该缓冲溶液的 pH 值相一致。

6）重复 4)~5) 步骤，直至读数稳定不变。

在使用过程中需要注意的是：经标定后的仪器在使用过程中，其定位旋钮和斜率旋钮不能再变动。如果被测溶液为碱性，应选 pH = 9.18 的标准缓冲溶液替代 pH = 4.00 缓冲溶液。

（3）测量 pH 值。经标定过的仪器即可用来测量被测溶液。首先将电极用蒸馏水清洗，再用被测溶液清洗一遍。将电极浸入被测溶液用玻璃棒搅拌溶液使其均匀，待数字不变化时，从显示屏读出溶液的 pH 值。

2.2.3　复合电极的维护

（1）取下电极套后，应避免电极的敏感玻璃泡与硬物接触，以防电极破损或起毛而失效。

（2）测量结束后，及时套上电极套，电极套内应放少量外参比补充液（3mol/L 氯化钾溶液）以保持电极球泡湿润。

（3）电极经长期使用后，如出现斜率略有降低，则可将电极浸泡在 4% HF 中 3~5s，用蒸馏水洗净，再用 0.1mol/L HCl 溶液浸泡数秒钟，使电极复新。

2.3　电导率仪

电导率仪是用来测量液体或溶液电导率的仪器。电解质溶液的电导（G）除与电解质种类、溶液浓度以及温度等因素有关外，还与所使用的电极的面积（A）、两电极间的距离（l）有关。其关系式为：

$$G = \kappa \frac{A}{l} \tag{2.4}$$

式中　κ——比电导或电导率，S/m。

电导率测量时，常用的电导电极有铂黑电极和光亮电极。对于每一个给定的电极，l/A 的比值为常数，称为电极常数（或电导池常数），具体数值由制造商提供。各种水样的电导率见表 2.1。

表 2.1　各种水样的电导率

水　样	电导率/S·m^{-1}	使用电极
高纯水	10^{-2}~10^{-1}	光亮铂电极
阳离子交换柱出水	0.1~1.0	光亮铂电极
阴离子交换柱出水	10^2	铂黑电极
自来水	10^3	铂黑电极

DDS-11A 型电导率仪和电导电极如图 2.5 和图 2.6 所示。

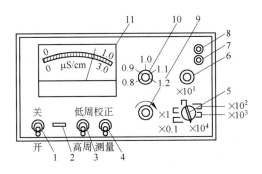

图 2.5　DDS-11A 型电导率仪

1—电源开关；2—指示灯；3—高周/低周开关；4—校正/测量开关；5—量程选择开关；
6—电容补偿调节器；7—电极插口；8—10mV 输出端口；9—校正调节器；
10—电极常数调节器；11—表头

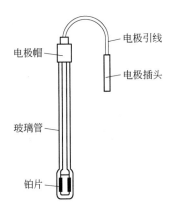

图 2.6　电导电极示意图

2.3.1　DDS-11A 型电导率仪操作步骤

（1）通电前，应先调整表头上的螺丝使表针指零。

（2）将校正/测量开关 4 扳在"校正"位置。

（3）接通电源，打开电源开关，预热数分钟（待指针完全稳定下来为止），调节校正调节器 9 使电表指示满刻度。

（4）当测量电导率低于 300S/m 的液体时，选用"低周"，这时将高周/低周开关 3 扳至低周即可。当测量电导率在 300~10⁴S/m 的液体时，选用"高周"，将 3 扳至高周。

（5）将量程选择开关 5 扳到所需的测量范围，如果预先不知道被测溶液电导率大小，应先将其扳到最大电导率测量挡，然后逐挡降低，以防指针打弯。

（6）使用电极时，应用电极夹夹紧电极胶木帽，并固定在电极杆上。将电极插头插入电极插口内，旋紧插口上的紧固螺丝，再使电极浸入待测溶液中。

2.3.2　DDS-11A 型电导率仪使用注意事项

（1）电极的引线不能潮湿，否则测量数据不准确。

（2）高纯水被盛入容器后迅速测量，否则由于空气中的 CO_2 溶入水中变成碳酸根离子使溶液电导增加。

（3）盛被测溶液的容器必须清洁，无离子沾污。

2.4　电位差计

在实验中，用于测量电动势和校正各种电表的电学测量仪器称为电位差计。电位差计的种类繁多，有学生型、701 型、UJ 系列型、pH 计系列型及 SDC 数字电位差综合测试仪等。

2.4.1　电位差计测量电动势的原理

电位差计通常是利用补偿法和对消法测量原理设计的一种平衡式电动势测量仪，其工作原理如图 2.7 所示。

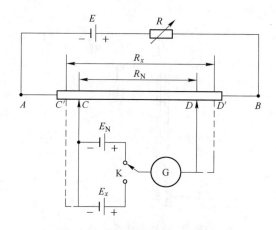

图 2.7　对消法测量原理示意图

E—工作电源；E_N—标准电池；E_x—待测电池；R—调节电阻；R_x—待测电池电动势补偿电阻；

K—转换开关；R_N—标准电池电动势补偿电阻；G—检流计

图 2.7 中，标准电池 E_N（已知准确电动势电池）与未知电池 E_x 的电流方向恰好与直流工作电源 E 的电流方向相反。滑动触头 C 将标准电池的补偿电阻 R_N 调至一个固定值，此时标准电池产生一固定电流 I 值。将转换开关 K 接通标准电池，若标准电池的电流大于工作电源的电流，则检流计 G 上的指针向一个方向移动；若工作电源电流大于标准电池电流，则检流计 G 的指针向相反方向移动。调节电阻 R_N 使检流计指零，此时，工作电源电流与标准电池电流相等：

$$E_{标} = IR_N \tag{2.5}$$

因为 R_N 和标准电池的电动势 E 均为已知值，所以可计算标准电池的电流 I，也就是工作电池的电流。工作电流调好后，将 K 与未知电池相接，滑动触头 C 使检流计指零，这时未知电池的电流和工作电源电流相等。

由于 R_x 值已知，可计算未知电池的电动势：

$$E_{未知} = IR_x$$

2.4.2 SDC 数字电位差综合测试仪的使用方法

SDC 数字电位差综合测试仪的操作面板如图2.8所示。使用方法如下：

（1）将标准电池、未知电池按"+""−"极性与测量端子相应符号连接。

（2）接通电源，打开开关，预热 5~10min。

（3）内标检验。将"测量选择"扳至"内标"挡。将 10^0 位旋钮旋至1，其余旋钮和补偿旋钮逆时针旋到底，此时"电位指示"屏显示"1.00000V"。待"检零指示"屏显示数值稳定后，按下"采零"键，此时"检零指示"屏应显示"0000"。

（4）外标检验。将"测量选择"扳至"外标"挡。将 10^0 ~ 10^{-4} 位旋钮的值设置成与外标准电池的电动势相同（20℃时，其值为 1.01866V），此时"检零指示"屏显示负值。调节补偿旋钮，使"电位指示"屏显示的值与外标准电池的电动势最接近。按下"采零"键，此时"检零指示"屏应显示"0000"。

（5）未知电动势测量。将"测量选择"扳至"测量"挡，将 10^0 ~ 10^{-4} 位旋钮和补偿旋钮逆时针旋转到底。调节 10^0 ~ 10^{-4} 位旋钮，使"检零指示"屏显示负值，且绝对值最小。然后调节补偿旋钮，使"检零指示"屏显示"0000"。这时，"电位指示"屏显示的值即为被测电池的电动势。

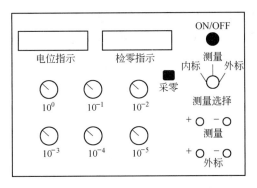

图 2.8　SDC 数字电位差综合测试仪

2.5　紫外-可见分光光度计

2.5.1　紫外-可见分光光度计工作原理

光通过有色溶液后有一部分被有色物质的质点吸收，有色物质浓度越大或液层越厚，即有色质点越多，则对光的吸收也越多，透过的光就越弱。如果 I_0 为入射光的强度，I_t 为透过光的强度，则 I_t/I_0 是透光率，$\lg(I_0/I_t)$ 定义为吸光度 A。吸光度越大，溶液对光的吸收越多。实验证明，当一束具有一定波长的单色光通过一定厚度 l 的有色溶液时，有色溶液对光的吸收程度与溶液中有色物质的浓度 c 成正比：

$$A = \varepsilon l c \tag{2.6}$$

式中，ε 为比例常数，它与入射光的波长以及溶液的性质、温度等因素有关。当光束的波长一定时，ε 为溶液中有色物质的一个特征常数。

有色物质对光的吸收有选择性，通常用光的吸收曲线来描述有色溶液对光的吸收情况。将不同波长的单色光依次通过一定浓度的有色溶液，分别测定吸光度，以波长为横坐标，吸光度为纵坐标作图，所得曲线称为光的吸收曲线（图2.9）。当单色光的波长为最大吸收峰处的波长时，称为最大吸收波长（λ_{max}）。选用 λ_{max} 的光进行测量，光的吸收程度最大，测定的灵敏度和准确度都高。

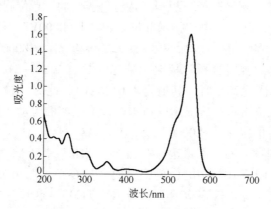

图 2.9   罗丹明 B 的吸收曲线

在测定样品前，首先要做工作曲线，即在与试样相同的测定条件下，测量一系列已知准确浓度的标准溶液的吸光度，做出吸光度-浓度曲线（图2.10）。测出样品的吸光度后，就可从工作曲线求出其浓度。

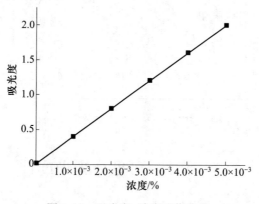

图 2.10   吸光度-浓度工作曲线

2.5.2   722 型光栅分光光度计

722 型分光光度计是采用衍射光栅获得单色光，以光电管为光电转换元件，用数字显示器直接显示测定数据。它的波长范围比较宽，灵敏度高，使用方便。

722 型光栅分光光度计由光源室、单色器、试样室、光电管暗盒、电子系统及数字显示器等部件组成。光源室部件由钨灯灯架、聚光镜架、滤光片组架等部件组成。钨灯灯架上装有钨灯，作为可见光区域的能量辐射源。单色器部件是仪器的心脏部分，位于光源与试样室之间，由狭缝部件、反光镜组件、准直镜部件、光栅部件及波长线性传动机构等组成，使光源室来的白光变成单色光。试样室部件由比色皿座架部件及光门部件组成。光电管暗盒部件由光电管及微电流放大器电路板等部件组成，由试样室出来的光经光电转换并放大后，在数字显示器上直接显示出测定液的 A（或 T）值、c 值。722 型光栅分光光度计外形如图 2.11 所示。

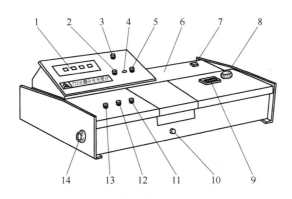

图 2.11　722 型分光光度计外形

1—数字显示器；2—吸光度调零旋钮；3—选择开关；4—吸光度调斜率电位器；5—尝试旋钮；6—光源室；
7—电源开关；8—波长手轮；9—波长刻度窗；10—试样架拉手；11—100%T 旋钮；
12—0%T 旋钮；13—灵敏度调节旋钮；14—干燥器

2.5.2.1　722 型光栅分光光度计操作步骤

（1）在接通电源前，应先检查仪器的安全性，电源线接线应牢固，接地要良好，各个调节旋钮的位置应该正确，然后接通电源，打开仪器预热 20min。

（2）将灵敏度调节旋钮 13 调至放大倍率最小的"1"挡。

（3）开启电源，指示灯亮，选择开关 3 置于"T"，波长调至测试用波长。

（4）打开试样室盖，光门即自动关闭。调节"0"旋钮，使数字显示"00.0"。盖上试样室盖，光门自动打开。将比色皿架处于蒸馏水校正位置，使光电管受光，调节透过率"100%"，使数字显示为"100.0"。连续几次反复调整"0"和"100%"，直至稳定，仪器即可进行测定使用。

（5）如果显示不到"100.0"，则可适当增加微电流放大器的倍率挡数，但倍率尽可能置于低挡使用，使仪器有更高的稳定性。倍率改变后必须按步骤（4）重新校正"0"和"100%"。

（6）吸光度 A 的测量。将选择开关 3 置于"A"，调节吸光度调零旋钮 2，使得数字显示为"00.0"，然后将被测试样移入光路，显示值即为被测试样的吸光度值。

（7）浓度 c 的测量。选择开关由"A"旋至"c"，将已知准确浓度（或标定后）的试样放入光路，调节浓度旋钮，使得数字显示值为标定值。将被测试样放入光路，即可读出被测样品的浓度值。

（8）如果大幅度改变测试波长，在调整"0"和"100%"后，稍等片刻（因光能量变化急剧，光电管受光后响应缓慢，需有光响应平衡时间）。当稳定后，重新调整"0"和"100%"即可工作。

2.5.2.2   722型光栅分光光度计使用注意事项

（1）如果电压波动较大，为确保仪器稳定工作，则应将220V电源预先稳压。

（2）当仪器工作不正常时，如数字表无亮光、光源灯不亮、开关指示灯无反应，应检查仪器后盖保险丝是否损坏，然后查电源线是否接通，再查电路。

（3）仪器要接地良好。

（4）仪器左侧下角有一只干燥剂筒，试样室内也有硅胶，应保持其干燥性。如果干燥剂变色，应立即加以烘干或更新再用。仪器停止使用后，也应该定期烘干、更新。

（5）为了避免仪器积灰和沾污，在停止工作时，用仪器罩罩住仪器，在仪器罩内应放数袋防潮硅胶，以免灯室受潮，使反射镜镜面有霉点或沾污，从而影响仪器性能。

（6）仪器工作数月或搬动后，要检查波长精度和吸光度精度等，确保仪器测定精度。

（7）每台仪器所配套的比色皿，不可与其他仪器上的比色皿单个调换。

2.5.3   TU-1900紫外-可见分光光度计

实验室的TU-1900紫外-可见分光光度计如图2.12所示，其使用方法如下：

（1）开机。打开计算机的电源开关，进入windows操作环境。确认样品室中无挡光物，打开主机电源开关。单击"开始"选择"程序"→紫外窗口"TU-1900"进入控制程序，出现初始化工作界面，计算机将对仪器进行自检并初始化。整个过程需要4min。通常仪器还需15~30min的预热，稳定后才能开始测量。

（2）为保证仪器在整个波段范围内基线的平直度及测光准确性，每次测量前需进行基线校正或自动校零。

（3）当样品侧插入黑挡块时，透过率应为0。如有误差需进行暗电流校正，选择扫描参数的波长范围为所选用波长（通常可取190~900nm），插入黑挡块后进行暗电流校正并存储数据。

（4）测量工作结束后，保存实验数据，选择"文件"菜单的"退出"或单击紫外窗口右上角［×］按钮退出系统。关电源时，应先关闭仪器主机的电源，然后正确退出windows并关闭计算机电源，最后关闭其他设备的电源。

图2.12   TU-1900紫外-可见分光光度计外形图

2.6   高速台式离心机

试管中少量溶液与沉淀的分离常用离心分离法，操作方便快速。离心分离使用的设备是离心机，按照离心机转速分类，离心机分为低速离心机（转速<10000r/min）和高速离心机（转速≥10000r/min）。但不论是低速还是高速离心机，其工作原理和使用方法基本相同。将盛有沉淀的小试管（或离心试管）放入离心机的试管套内，在与之相对称的另一试管套内也要装入一支盛有相等体积液体的试管，保持离心机的重心平衡。然后缓慢启动离心机，再逐渐加速。在任何情况下，都不要用力停止转动，否则离心机很容易损坏，或者发生危险。同时，切忌骤然停止，否则可能使分离后的沉淀变为混浊而达不到离心分离的目的。

2.6.1 GT10-1 型高速离心机的结构和使用方法

实验室 GT10-1 型高速离心机如图 2.13 所示，操作步骤如下：

（1）按住机器右侧手钮，打开离心机上盖，对称装上试样，两个试样的质量差小于等于 3g，盖好机器上盖，并锁住。

（2）接通电源。将电源线接入单相（220V，10A）三线插座，接通电源。

（3）离心机通电。向上按电源开关，机器通电，电源指示灯亮，转速显示窗显示数字"000"，时间显示窗显示数字"000"。

（4）设置转速。按住或点动加速器或减速器，根据需要设置相应转速。速度显示窗闪烁显示预置转速，3s 后自动显示实际转速，未按启动键时显示"000"。

（5）设置定时。按住或点动加时键或减时键，按要求设置定时时间。

（6）启动。按启动键启动，机器开始运转，启动灯亮，停止灯熄，经短时间后自动平稳地达到预置转速。当在运转中更改转速时，可按第（4）项重复操作。

（7）停机。时间显示窗倒计时显示"000"，自动停机，停止灯亮，启动灯熄。当转速显示窗显示"000"时，机器发出鸣叫声，以示提醒。运转中需停机时则按停止键停止，停机，停止灯亮，启动灯熄。

（8）运行完毕，向下按电源开关，机器断电，拔下电源线，擦拭机器。

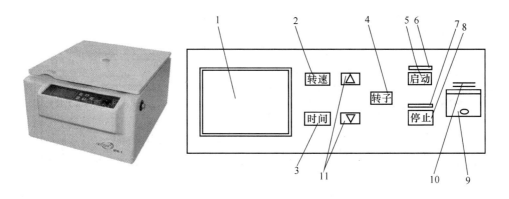

图 2.13　高速离心机的外形及面板示意图

1—运转参数显示窗；2—转速键；3—时间键；4—转子键；5—启动键；6—启动指示灯；
7—停止指示灯；8—停止键；9—电源开关；10—电源指示灯；11—增（△）减（▽）键

2.6.2　GT10-1 型高速离心机操作注意事项

（1）为确保人身安全，离心机必须由专业人员操作，操作前请详细阅读使用说明书。

（2）当转速显示窗显示"000"，同时机器发出鸣叫声后，方可开盖，取出试样。如下次继续分离同类样品，所需转速、定时相同时，重复使用方法中（5）和（6）的操作。

（3）运行完毕，向下按电源开关使机器处于断电状态，拔下电源线，擦拭机器。

（4）GT10-1 型高速离心机具有超速和失速保护及报警装置。当因错误设置转速或故障造成机器超速（大于等于 13000r/min）或失速运转时，将自动停机并发出连续报警声，须按电源开关，使机器断电后再通电，方可重新设置、运行。

2.7　电热鼓风干燥箱

电热鼓风干燥箱又名"烘箱"，采用电加热方式进行鼓风循环干燥，循环风机吹出热风保证箱内温度平衡。电热鼓风干燥箱主要用来干燥样品，也可以提供实验所需的温度环境。干燥箱外壳体均采用优质钢板表面烘漆，工作室一般采用镀锌钢板或镜面不锈钢板，室内配有两层不锈钢丝制成的隔板，中间层充填超细玻璃棉隔热。箱门上采用双层钢化玻璃作为观察窗，能清晰观察到箱内物品。工作室与箱门连接处装有耐热硅橡胶密封圈，以保证工作室与箱门之间密封。箱内加热恒温系统主要由装有离心式叶轮的电动机、电加热器、合理的风道结构和温度控制器组成。当接通干燥箱电源，并打开风机开关时，电动机运转，直接将位于箱内后部的电加热器产生的热量通过风道排出，经过工作室内待干燥物品再吸入风机，以此不断循环，从而使工作室内温度达到均匀。智能型温度控制器，具有自动风速调节功能，在升温过程中，电动机高速运行，温度接近恒定时，自动调整为低速运行，从而降低由于风速过快所造成的使用问题。风门调节器能通过开启风门调节旋钮，调节箱内进出空气量。电热鼓风干燥箱外形及智能控制面板如图 2.14 所示。

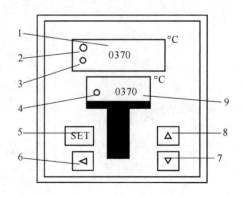

图 2.14　电热鼓风干燥箱外形及智能控制面板示意图

1—箱内温度显示 PV；2—加热指示灯；3—上限报警指示灯；4—自整定指示灯；

5—功能键 SET；6—移位键；7—减键；8—加键；9—设定温度显示 SV

2.7.1　电热鼓风干燥箱操作步骤

（1）设备应放置在平稳、水平、无严重粉尘、无强光直射、无腐蚀性气体存在的室内。设备周围应保留 20cm 以上的空间空隙。

（2）合理放置、调整隔板位置及数量。

（3）放入需干燥物品，保持四周留有一定的空隙以避免热空气循环受阻，将干燥箱门关闭。

（4）根据物品的潮湿程度，调节合适的箱顶风门大小。

（5）打开电源和风机开关，仪表显示屏亮并能听到风机运转声音（使用温度在 100℃以下不必打开辅助加热开关）。

（6）调节数显温控仪。根据烘干物品的要求设定温度和时间。

温度的设定：在工作模式下，按一下"SET"键，使 PV 屏显示"SP"，按住↑或↓键，将 SV 屏显示的数值修改为所需要的工作温度值后放开。

时间的设定：再按一下"SET"键，使 PV 屏显示"SP"，按住↑或↓键，将 SV 屏显示的数值修改为所需要的时间值后放开。

温度和时间设置好以后，在定时状态（如果只需设定温度不需要定时，此处应在设置温度状态下）再按一下"SET"键，回到工作模式，进入工作状态。

（7）温度设置好以后，绿灯即亮，表示开始升温，当温度升到需要温度时，绿灯熄灭，温控仪自动控温，并能自动恒温。

（8）干燥完毕后，关上电源开关，等箱内温度降低后将物品拿出。

2.7.2　电热鼓风干燥箱使用注意事项

（1）干燥箱使用前检查电源，要有良好地线，使用完毕后，应将电源关闭，以保证使用安全。

（2）干燥箱应置于 5～40℃，相对环境湿度不大于 85% 的室内，大气压力在 86～106kPa 的环境内，应放置于无严重粉尘、无阳光直射、无腐蚀性气体存在的室内。室内通风条件应良好，在其周围不可放置易燃、易爆物品。

（3）箱内物品放置切勿过挤，必须留出空气自然对流的空间，使潮湿空气能在风顶加速逸出。

（4）箱内外应保持清洁，长期不用应套好防尘罩，在干燥处存放。

2.8　箱式电阻炉

箱式电阻炉是一种常见的电炉形式，分为立式、卧式、分体式、一体式。温度段分为 1200℃ 以下、1400℃、1600℃、1700℃、1800℃ 等，分别以电阻丝、硅碳棒、硅钼棒为发热元件。箱式电阻炉的炉膛内气氛通常是空气，根据实验需要还有可通不同气氛或可密封抽真空的箱式电阻炉。SX2-4-13 型箱式电阻炉如图 2.15 所示。

图 2.15　SX2-4-13 型箱式电阻炉

2.8.1　箱式电阻炉操作步骤

（1）通电前，先检查接线是否符合标准，控制器上接线螺丝有无松落现象。

（2）称好试样放于炉内，并关闭炉门。

（3）接通电源，打开开关的位置，将温度设定至所需的工作温度，此时加热指示灯亮，电炉升温，温度表温度值逐渐升高。当温度接近设定温度时，加热指示灯忽亮忽暗，控制进入恒温状态。

（4）工作结束后关掉电炉开关，待冷却后取出样品。

2.8.2　箱式电阻炉使用注意事项

（1）使用时炉膛温度不得超过最高炉温，也不要长时间工作在额定温度以上。

（2）装取试样时要戴专用手套，以防烫伤。

（3）在炉膛内取放样品时，应先关断电源，并轻拿轻放，以保证安全和避免损坏炉膛。

（4）试样应放在炉膛中间，整齐放好，切勿乱放。

（5）箱式电阻炉工作环境条件为：温度 $0 \sim 50 ℃$，相对湿度 $<80\%$，无导电尘埃，无易燃易爆物品和腐蚀性气体。

（6）当电阻炉第一次使用或者长期停用后再使用时，必须进行烘炉，烘炉程序如下：

1）首先把炉门打开，设定 200℃，烘 3h。

2）然后把炉门关上，设定 400℃，烘 2h。

3）再设定 600℃，烘 2h，就可以正常使用了。

（7）为延长产品使用寿命和保证安全，在设备使用结束之后要及时从炉膛内取出样品，退出加热并关掉电源。

2.9　微波化学工作站

1975 年，Abu-samra 等首次用微波炉湿法消解生物样品，开始将微波加热技术应用到分析化学中。随后，微波技术迅速应用于其他研究领域，如微波萃取、微波灰化、微波有机合成等。20 世纪末，世界发达国家广泛采用微波加热技术取代沿用已久的电热板技术，推出一系列的微波加热设备。

Apex 微波化学工作站采用工业级微波谐振腔、高频光纤温度传感器并配合高频闭环反馈人工智能控制的常压微波化学实验仪器，它主要用来对敞开式玻璃容器和反应釜内的样品加热，在短时间内升温到所需温度值，并保持一段时间，直到得到所需的萃取物或合成产物。

2.9.1 Apex 微波化学工作站系统的组成和工作原理

Apex 微波化学工作站系统由以下各部分组成：微波功率产生电路、微波炉腔、测温控温系统、敞开式反应装置、炉腔排气系统、安全防护门等，如图 2.16 所示。

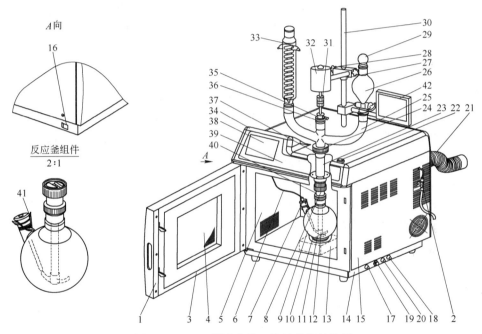

图 2.16 Apex 微波化学工作站整机结构图

1—安全防护门；2—充气阀门；3—炉门密封条；4—安全视窗；5—炉腔；6—温度传感器；7—玻璃测温密封塞；8—连接螺母；9—反应釜；10—底垫；11—磁力搅拌子；12—机械搅拌桨；13—磁力搅拌器；14—机座；15—侧板；16—总电源开关；17—排风扇电源开关；18—保险丝；19—磁力调速旋钮；20—机械调速旋钮；21—排风管；22—安全门按钮；23，37—支座；24—压盖；25—三口连接管；26—分液漏斗；27—限位套；28—锁紧把手；29—盖；30—立柱；31—锁紧夹头；32—机械搅拌器；33—冷凝器；34—顶盖；35—定位套；36—锥形塞轴承；38—液晶屏；39—控制面板；40—滑套；41—硅橡胶圈；42—液晶监视器

2.9.1.1 微波功率产生电路及加热原理

Apex 微波化学工作站利用微波炉内磁控管，将电能转变成微波能，以每秒 2450MHz 的振荡频率穿透炉腔内反应釜中的样品，当微波被样品吸收时，样品内的极性分子（如水、脂肪、蛋白质、矿物和生物组织等）以每秒 24 亿 5 千万次的速度快速振荡，分子间互相碰撞摩擦产生大量热和气体，造成反应釜内的温度迅速升高。

2.9.1.2　微波炉腔

微波炉腔除了与磁控管耦合的波导口之外，其四壁和炉门构成一个微波密闭的空间。炉腔正面的炉门用来取放物品和观察炉内工作情况。当炉门完全关闭以后，微波才可以启动。

2.9.1.3　测温控温装置

从图2.16可以看出，测温控温装置由玻璃测温密封塞7，温度传感器6，温控电路和LCD液晶显示组成。温度传感器、探针外套和输出线具有可靠的电气屏蔽和抗腐蚀能力，玻璃测温密封塞使温度探针与反应釜中反应物有效隔离，温度传感器插入反应釜中直接测温、感温后转换成电信号，由控制面板显示窗实时数显反应釜中温度。

2.9.1.4　敞开式反应釜及冷却回流装置

敞开式反应釜及冷却回流装置（图2.16）主要由反应釜9、三口连接管25、冷凝器33、分液漏斗26、机械搅拌器32或磁力搅拌器13等组成，均为玻璃器皿（除了电动搅拌器或磁力搅拌器）。反应釜容积100~1000mL，用于装反应物、接受微波加热并可插入温度传感器探针直接测量温度。

2.9.1.5　搅拌装置

本机装有两种搅拌器：机械搅拌器和磁力搅拌器。当选用磁力搅拌时需将搅拌桨叶卸下，并放入磁力搅拌子11。在炉腔中央装有机械搅拌器32，三口连接管25上的电动机带动搅拌轴上打开的桨叶，使反应釜中的反应物或黏稠液体完全搅动起来，以使反应均匀充分。搅拌转速可通过设在机座14右侧的旋钮20来调节。

2.9.1.6　炉腔排气系统

本机采用排风量$5m^3/min$的离心式风机排除炉腔内的热气，有助于反应釜的冷却。按动机座左侧的排风扇电源开关17即可使风机停转，热气通过排气软管排出。

2.9.2　Apex微波化学工作站操作方法

2.9.2.1　准备工作

（1）准备好清洁的反应釜和回流冷却装置组件，尤其是锥形密封结合部，要清洁、无杂物、确保密封，各磨口处涂抹凡士林油脂，起保护和密封作用。

（2）反应釜中加入反应液。

（3）装上搅拌桨（若选用磁力搅拌应卸下搅拌桨，代之以磁力搅拌子）、锥形塞及其组件。注意要将桨杆插到反应釜底使桨叶分开，分开后，再适当将桨叶提高，避免桨叶与瓶底接触。

（4）将插温度传感器探针的玻璃测温密封塞插入反应釜（不必经常取下）。注意旋接要紧密，以不漏气为准，但旋接力不要过大，以免损坏反应釜。为防止测温密封塞被反应釜内的气体冲开，可用硅橡胶圈缚住。

（5）安装搅拌器。两种搅拌器不同的安装方法如下。

1）机械搅拌。先将三口连接管中心轴及其两端锥形塞轴承装上，用定位套收紧定位，使三口连接管上下磨口处密封，再将三口连接管从机器顶部中央的孔中插入炉腔，使三口连接管下端与炉腔底面距离约240mm，然后旋转压盖，使三口连接管垂直紧固在机器顶面的支座上。从反应釜上口装入搅拌轴、锥形塞、滑套、连接螺母及温度传感器，然后把底垫放入反应釜底，再将连接螺母旋接在三口连接管的下口锥形塞上。注意：上下连接轴端的槽口要对准，要旋紧防止漏气。将三口连接管上口伸出的中心轴头插入电机的夹头内并夹紧。注意：装配时电机锁紧夹头与搅拌轴上端要对中心，装好后，用手慢慢转动搅拌轴，转动要灵活，不能卡阻，不碰任何物体。否则，应予调整，以确保电机转动时搅拌轴转动顺利。

2）磁力搅拌。取下搅拌桨叶并放入搅拌子，其他步骤同上。

（6）在三口连接管右边放上分液漏斗，关闭滴液阀门。左边放上冷凝器，各锥面要紧密，以防漏气造成样品损失。

（7）将冷凝器上的冷却水进出口接上水管，水管另一端接水槽或下水道，冷却水的流量大于 $40\sim60L/min$。

2.9.2.2 加电开机

（1）将主机电源插头插入电源插座，打开机座上总电源开关。

（2）根据实验要求，分别设置容积、时间、温度、步骤。对于未做过的样品，最好先从较低的温度做起。不要贸然把参数设置得太高，以免发生意外。

（3）若选择机械搅拌器，注意磁力调速旋钮要关闭，从慢速渐渐至快速，调节旋钮到适合工作介质的转速，速度不能太快（太快会加剧轴承以及密封圈磨损，引起搅拌桨晃动和漏气）。若选用磁力搅拌器，则卸下搅拌轴的桨叶，放入磁搅拌子，从慢至快，调节到合适的速度。本机允许控温范围：$0\sim300℃$。启动微波加热前，冷凝器要先通冷却水，否则，微波加热后反应釜和回流装置中气压会上升很快，易发生危险。

2.9.2.3 微波加热

（1）在启动微波加热前，关好炉门。

（2）按下"启动"按钮，启动微波加热。这时，液晶面板上显示温度开始上升，说明微波已经加热。通过炉门的视窗，可观察到炉腔内反应釜工作情况。如果发生意外，应先停机再开门处理。

（3）在加热过程中，要随时观察炉内有无异常。观察温度显示，应稳步上升，无回跳现象。待温度升到特定值时，进入自动控温状态，即保温状态，液晶面板上显示"控温"。注意：如果温度上升缓慢，或出现回跳现象，应停机，寻找原因。允许在微波加热过程中改变温度、时间的设定，但是应先停机，再重新设定。

（4）在完成加热程序后，停机进入冷却阶段，此时排风系统自动启动，按下风机开关即可关闭排风扇。

2.9.2.4 开釜取样

一般温度显示降至40℃以下可开釜取样。先松开连接螺母，然后使搅拌桨向下（若比较紧可待温度降低）滑动，使上下连接轴端槽口分离，握住反应釜，并抽出炉腔，同时抽出温度传感器探针，便可取出反应釜。

2.9.2.5 清洗

每天工作结束后，都应坚持清理炉腔和玻璃器皿，特别是出现溢漏时更应及时清洗，烘干，待复用。

2.10　微波高温马弗炉

微波马弗炉是利用微波电磁场加热取代传统电热发热元件的加热炉。微波加热是在电磁场中由介质损耗而引起的体加热，微波有较强的穿透能力，能深入到样品的内部，首先使样品中心温度迅速升高达到着火点并引发燃烧合成。烧结波沿径向从里向外传播，使整个样品近乎均匀地被加热，最终完成烧结。相较于传统的电加热马弗炉，微波马弗炉物料加热速度快、均匀性好、烧结材料晶粒小、性能好，可以节能数十倍，可大幅度提高实验效率。适用于空气气氛、惰性气氛条件下微波合成、微波灰化、微波膨化、微波热处理、微波焙烧、微波煅烧、微波烧结等工艺实验研究。微波马弗炉的外形如图 2.17 所示。

图 2.17　微波马弗炉外形图

2.10.1　HY-MF3016 型微波高温马弗炉操作规程

2.10.1.1　开机准备

（1）打开循环水机。先打开外置循环水机的电源开关，确保微波高温马弗炉循环水流动顺畅后，才可打开主机电源开关。

（2）设备开机前，将要烧结的物料置入设备配套的坩埚或小试管内，并妥善放入保温箱内的烧结空间里，确保其位于热电偶的测温范围内。装好物料后，盖上保温盖，关好并锁紧炉门。

2.10.1.2　开机

（1）合上电源开关（位于设备侧面）。

（2）轻触显示屏左上角的国旗图标可以进行中/英文操作语言的选择。选择操作语言后，轻触画面上除语言外的任何位置，可进入"系统状态"操作界面（图 2.18）。

2.10.1.3　参数设定

（1）选择手动、自动或者恒温模式中的一种，并对相关温度、功率或时间参数进行设置。工艺选择有效则相应的按钮绿灯亮，系统启动后不可更改工艺选择。

（2）完成上述步骤后，点击任一画面上的"开启"按钮，启动系统，界面上显示的

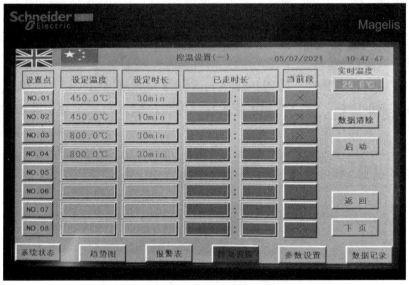

图 2.18　微波马弗炉操作界面

"系统停止"提示信息切换为"系统开启"。经过延时，微波启动，开始输出微波。

2.10.1.4　数据记录

每次启动系统运行前，先将 U 盘插入设备 U 盘接口，再启动系统进行操作。系统的实时温度数据将以文本的形式实时存入 U 盘中。在一个工艺周期完成后，将 U 盘中文件转存入电脑，可以用随机附带的数据管理工具将该文件转换成 CSV 格式，便于数据分析。

2.10.1.5　关闭设备

加热过程结束，待炉温降至 300℃以下，关闭冷却系统。炉门解锁，打开炉门，取出样品。

2.10.2   HY-MF3016型微波高温马弗炉使用注意事项

（1）不得在无吸收负载的情况下使用本设备。

（2）升温速率切勿过快，避免微波发生器损坏或石英炉具开裂，通常控制在10℃/min左右。

（3）不要将具有爆炸性、可燃性、块体金属或高含水量的样品放入微波设备内，请勿在纯氢气气氛下开启微波进行加热，避免爆炸危险。

2.11   多通道光催化反应系统

目前对光催化反应的研究越来越细致，需要考虑的反应特性也越来越多。例如，光催化剂制备条件（制备方法、物料投量、合成时间、合成温度等参数）、光催化反应条件（催化剂用量、反应物种类及浓度、辐照特性、反应时间、反应温度、反应压力等），以及光催化反应测试手段（在线、离线、原位、色谱、光谱、质谱等）。单通道反应测试装置难以适应上述多种测定条件需求。

PCX50B Discover多通道光催化反应系统可实现简便、快捷、灵活、高性能的光化学反应测试，它采取旋转底照的辐照模式，可同时实现多组（1~9）光化学反应，并有效消除多组反应的不一致性，特别是辐照光源特性（强度、方向、均匀情况等）、环境特性变化等因素的影响，适合光催化反应特性的快速筛选和多组对照实验的同时进行，极大地提高了光催化反应的研究效率。PCX50B Discover多通道光催化反应系统可在真空、恒定气氛、流动气氛下，用于光催化降解、光解水制氢、光催化还原CO_2、光合成反应等光化学反应的研究。图2.19为PCX50B Discover多通道光催化反应系统的外形图。

图2.19   PCX50B Discover多通道光催化反应系统

2.11.1　PCX50B Discover 多通道光催化反应系统操作规程

（1）开机。

1）打开电源，系统开始初始化，自检，灯盘自动校准位置。

2）开启 LED 光源，调节 LED 光强。

3）开启磁力搅拌，调节搅拌速度。

4）开启灯盘旋转开关，调节灯盘旋转间隔时间。

5）打开冷却风扇开关，设置冷却风量。

（2）反应前处理。配置反应溶液，与一定量的催化剂倒入反应瓶中，使用气氛控制器对反应瓶进行处理（主要是惰性气体保护和真空）。处理后将各个石英反应瓶放入各反应位。

（3）开启光源，采用手动取气样或液样的方式送检，或使用自动取样装置进行检测。

（4）反应结束，关闭系统，清洗反应瓶。

2.11.2　PCX50B Discover 多通道光催化反应系统使用注意事项

（1）石英反应瓶使用时要轻拿轻放，以免破碎。

（2）实验结束后及时清洗反应瓶（光学级平底防护），保持其干燥清洁。

（3）更换灯盘应在断开电源的情况下进行。

3 常用大型分析实验仪器工作原理及操作

3.1 傅里叶红外光谱仪

3.1.1 红外光谱的基本原理

分子能选择性吸收某些波长的红外线,引起分子中振动能级和转动能级的跃迁,检测红外线被吸收的情况可得到物质的红外吸收光谱。当一束具有连续波长的红外光通过物质,物质分子中某个基团的振动频率或转动频率和红外光的频率一样时,分子吸收红外辐射后发生振动和转动能级的跃迁,该处波长的光被物质吸收。不同的化学键或官能团吸收频率不同,通过傅里叶红外光谱仪将分子吸收红外光的情况记录下来,得到红外光谱图,从而确定物质的分子结构。

红外光谱仪是利用物质对不同波长红外辐射的吸收特性,进行分子结构和化学组成分析的仪器。主要由红外光源、干涉仪(包含分束器)、样品室和检测器组成。其工作原理如图3.1所示。测试时红外光源发出的光首先通过一个光圈,然后逐步通过滤光片、干涉仪(光束在干涉仪里被动镜调制)、样品(透射或反射),最后聚焦到检测器上。每一个检测器包含一个前置放大器,前置放大器输出的信号(干涉图)发送到主放大器,在这里被放大、过滤、数字化,最终得到红外光谱图。图3.2为 TENSOR 27 型红外光谱仪外形图。

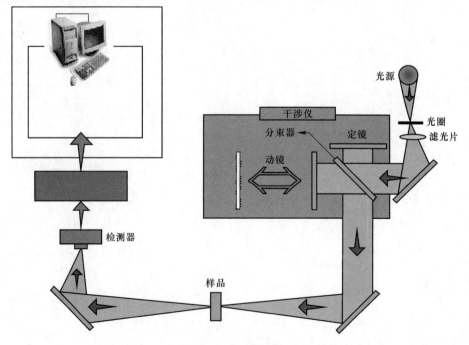

图 3.1 傅里叶红外光谱仪工作原理图

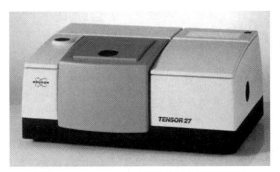

图 3.2   TENSOR 27 型红外光谱仪外形图

3.1.2   TENSOR 27 型红外光谱仪操作规程

（1）开机前准备。

1）检查确认电源插座上的电压是否在规定范围内。

2）开除湿器，湿度须小于 70%。

（2）开机步骤。

1）打开仪器电源开关，开启仪器，加电后，开始一个自检过程，约 30s。自检通过后，状态灯由红变绿。仪器加电后至少要等待 10min，等电子部分和光源稳定后，才能进行测量。

2）开启电脑，运行 OPUS 操作软件。检查电脑与仪器主机通信是否正常。

3）设定适当的参数，检查仪器信号是否正常。若不正常需要查找原因并进行相应的处理，正常后方可进行测量。

4）仪器稳定后，进行测量。

（3）测量步骤。

1）根据实验要求，设置实验参数。

2）根据样品选择背景，如空气或 KBr 等。

3）测量背景谱图。

（4）准备样品。

1）固体样品制备。取 1mg 左右样品于干净的玛瑙研钵中，在红外灯下研磨成细粉，再加入 150mg 左右干燥且已研磨好的 KBr 一起研磨至二者均匀混合，样品与 KBr 的比例为 1∶（100~200）。将适量的混合样品放入干净的压片模具中堆积均匀，保证样品面平整，用压片机加压制成透明试样薄片。

2）液体样品制备。液体池由后框架、垫片、后窗片、间隔片、前窗片和前框架组成，一般后框架和前框架由金属材料制成，前窗片和后窗片为氯化钠、溴化钾等晶体薄片，间隔片常由铝箔和聚四氟乙烯等材料制成，起固定样品的作用，厚度为 0.01~2mm。在液体池装样过程中应注意以下几点：

①灌样时要防止产生气泡。

②样品要充分溶解，不应有不溶物进入液体池内。

③装样品时不要将样品溶液外溢到窗片上。

（5）将样品放入样品室的光路中，如放在样品架或其他附件上。

（6）测量样品谱图。

（7）对谱图进行相应处理。

（8）关机。

1）移走样品仓中的样品，确保样品仓清洁。

2）关掉仪器电源开关。

3）关闭电脑。

3.1.3 TENSOR 27 型红外光谱仪使用注意事项

（1）该仪器使用环境为：电源电压，85～265V，47～65Hz；温度范围，18～35℃；湿度范围，小于70%。

仪器室内须保持无尘，无腐蚀性气体，无强烈振动。

（2）严格遵守操作规程，如仪器出现故障，须立即退出检查状态，查明原因，及时处理，同时做好使用和故障情况记录。

（3）当位于仪器右上角的红色电子湿度指示灯闪烁时，应立即更换干燥剂。包括位于样品室内的干燥剂及位于干涉仪仓内的干燥剂。若仪器长期不用，则必须至少每两星期更换一次干燥剂并且每周至少开启主机一次，每次开机时间不低于4h。

（4）样品测定完毕，须保持仪器样品室的清洁，并将样品移出样品室，关闭仪器、电脑及水、电、门窗等。

3.2 原子吸收光谱仪

3.2.1 原子吸收光谱基本原理

原子吸收光谱仪又称原子吸收分光光度计，基于物质基态原子蒸气对特征辐射的吸收作用进行金属元素定性定量分析，能够灵敏可靠地测定微量或痕量元素。工作原理如图3.3所示。

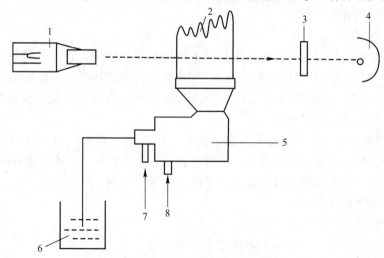

图 3.3 原子吸收光谱分析示意图

1—空心阴极灯；2—火焰；3—单色器；4—光电检测器；5—原子化系统；6—试液；7—助燃气；8—燃气

空心阴极灯发射的特征辐射通过一定厚度的原子蒸气，被基态原子吸收。在一定浓度范围内，其吸收强度与试液中被测元素的含量成正比。其定量关系可用朗伯-比尔定律：

$$A = -\lg \frac{I}{I_0} = kcl \tag{3.1}$$

式中，I 为透射光强度；I_0 为入射光强度；l 为光通过原子化器光程（长度）；c 为被测样品浓度；k 为实验相关常数。

这就是原子吸收光谱法的基本公式，它表示在确定的实验条件下，吸光度与试样中待测元素浓度呈线性关系。

原子吸收分光光度计一般由四大部分组成，即光源（单色锐线辐射源）、试样原子化器、单色仪和数据处理系统（包括光电转换器及相应的检测装置）。

原子化器主要有两大类，即火焰原子化器和电热原子化器。火焰有多种火焰，目前普遍应用的是空气-乙炔火焰。电热原子化器普遍应用的是石墨炉原子化器。因而原子吸收分光光度计分为火焰原子吸收分光光度计和带石墨炉的原子吸收分光光度计，前者原子化的温度在 2100~2400℃ 之间，后者在 2900~3000℃ 之间。

火焰原子吸收分光光度计利用空气-乙炔测定的元素可达 30 多种，若使用氧化亚氮-乙炔火焰，测定的元素可达 70 多种。但氧化亚氮-乙炔火焰安全性较差，应用不普遍。空气-乙炔火焰原子吸收分光光度法一般可检测到 $10^{-4}\%$，精密度 1% 左右。优点是操作简便、重现性好、有效光程大、对大多数元素有较高灵敏度、应用广泛；缺点是原子化效率低、灵敏度不够高，而且一般不能直接分析固体样品。

石墨炉原子吸收分光光度计可以测定近 50 种元素。优点是原子化效率高、在可调的高温下试样利用率达 100%、灵敏度高、试样用量少、适用于难熔元素的测定；缺点是试样组成不均匀性的影响较大，测定精密度较低，共存化合物的干扰比火焰原子化法大，干扰背景比较严重，一般都需要校正背景。

3.2.2　TAS-990F 原子吸收分光光度计操作规程

TAS-990F 型原子吸收分光光度计外形图如图 3.4 所示。其操作规程如下。

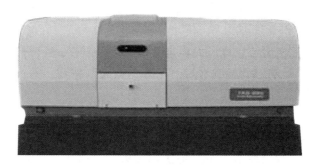

图 3.4　TAS-990F 型原子吸收分光光度计外形图

3.2.2.1　开机

依次打开打印机、显示器、计算机电源开关，等计算机完全启动后，打开原子吸收主机电源。

3.2.2.2 仪器联机初始化

(1) 双击计算机桌面上的"AAwin"图标，选择"联机"，仪器进行初始化，自检完成后仪器自动进入选择元素灯、预热灯界面。

(2) 按需要选择工作灯和预热灯。

(3) 根据需要更改光谱带宽、燃气流量、燃烧器高度等参数。

(4) 点击"寻峰"按钮，仪器自动寻找指定波长，完成后，点击关闭。

3.2.2.3 设置样品

(1) 点击"样品"按钮，选择校正方法（一般为标准曲线法）、曲线方程（一般为一次方程）和浓度单位，输入样品名称和起始编号。

(2) 输入标准样品的浓度和个数。

(3) 可选择需要或不需要空白校正和灵敏度校正（一般不需要）。

(4) 输入待测样品数量、名称、起始编号，以及相应的稀释倍数等信息，点击完成。

3.2.2.4 设置参数

(1) 点击"参数"按钮，输入标准样品、空白样品、未知样品等的测量次数，选择测量方式（一般为自动），输入间隔时间和采样延时（一般均为1s）。石墨炉没有测量方式和间隔时间以及采样延时的设置。

(2) 设置吸光值最小值和最大值（一般为-0.1~1）以及刷新时间（一般100s）。

(3) 设置计算方式（一般火焰吸收为连续，石墨炉多用峰高），以及积分时间和滤波系数。（火焰积分时间一般为1，滤波系数为0.3~1，石墨炉多用3s和0.1s）

3.2.2.5 火焰法的光路调整

点击"仪器"下的"燃烧器参数"，选择适当的燃烧器流量与高度，反复调节燃烧器位置，使元素灯光束从燃烧器缝隙正上方通过。

3.2.2.6 石墨炉法

(1) 打开石墨炉电源，打开氩气开关，调节出口压力为0.5MPa。

(2) 点击"加热"按钮，设置干燥温度、灰化温度、原子化温度、净化温度和冷却时间。

(3) 点击"仪器"下的"原子化器位置"，反复调节使原子化器的高低位置合适。

3.2.2.7 火焰法测量过程

(1) 打开空气压缩机调节空气压力稳定在0.2~0.25MPa后，打开乙炔钢瓶主阀，调节出口压力在0.05~0.06MPa，检查水封，点击"点火"按钮，等火焰稳定后首先吸喷纯净水，以防止燃烧头结盐。

(2) 点击"测量"，吸喷空白溶液，数据稳定后点"校零"。

(3) 依次吸喷标准样品溶液和未知样品，数据稳定后点击"开始"读数，进行测量。

(4) 测量完成后，吸喷纯水1min，清洗燃烧头。

(5) 点击"视图"下的"校正曲线"，查看曲线的相关系数，决定测量数据的可靠性，进行保存或打印处理。

3.2.2.8 石墨炉法测量过程

(1) 打开冷却水，打开氩气钢瓶主阀，调节出口压力为0.5MPa。

（2）光路调整：装好石墨管。点击"仪器"下的"原子化器位置"，反复调节使原子化器的位置，使吸光值降到最低。再用手调节石墨炉炉体高低和角度，使吸光值最低。

（3）点击"自动能量平衡"，能量平衡后关闭窗口。

（4）点击"石墨炉加热程序"，设置干燥温度、灰化温度、原子化温度、净化温度和冷却时间。

（5）点击"测量"，使用微量进样器进样，点击"校零""开始"，进行测量。

（6）点击"视图"下的"校正曲线"，查看曲线的相关系数，决定测量数据的可靠性，进行保存或打印处理。

3.2.2.9 关机

（1）关闭 AAwin 软件和原子吸收主机电源。

（2）关闭乙炔钢瓶主阀。石墨炉法注意关闭氩气钢瓶主阀，冷却水。

（3）关闭空压机工作开关，按放水阀，排空压缩机中的冷凝水，关闭风机开关。

（4）关闭计算机、打印机。

3.2.3 原子吸收分光光度计使用注意事项

（1）测量过程中应保持空气和乙炔气体流量稳定。

（2）点火时应先打开空气压缩机，后开乙炔气钢瓶阀门。熄火时应先关闭乙炔气钢瓶阀门，后关空气压缩机，以防回火。

（3）如果突然停电，应立即关闭乙炔气钢瓶阀门。

（4）仪器要保持干燥、清洁，使用完毕应盖好防尘罩。

3.3　接触角测量仪

3.3.1　接触角测量仪基本原理

接触角是指在气、液、固三相交点处所做的气-液界面的切线，此切线在液体一方的与固-液交界线之间的夹角 θ，是润湿程度的量度。接触角测量仪主要用于测量液体对固体的接触角，即液体对固体的浸润性。

测量时，接触角测量仪用自身附带的注射器针头将一滴待测液体滴在基质上，液滴会贴附在基质表面并投射出一个阴影。投影屏幕千分计会使用光学放大作用将影像投射到屏幕上进行测量。这个投影屏幕千分计带有一个可调式标本夹，能够在垂直方向或轴向上对准图像，通过滑动屏幕可在水平方向上调整图像。锁定旋钮可将投影液滴固定在位。要读取液滴角度，需要找准从图像拐角接触点到图像最高点之间的切线，用专门校准的分度器标尺测量角度。图 3.5 为接触角测量仪的外形图。

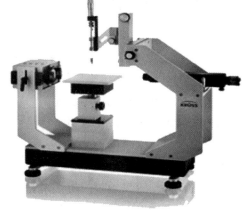

图 3.5　接触角测量仪的外形图

3.3.2 KRUSS DSA25 接触角测量仪操作规程

（1）接通电源，调整好亮度。主机开关在背面，光源两档开关在左侧。

（2）点击桌面图标 ADVANCE，选择相应的测定方法。座滴法：测接触角；悬滴法：测表面张力。点击右侧"⊞"图标进入测试页面。

（3）采样之前，首先要进行摄像系统水平调整：上下移动"升降平台"，使试样台的上边缘显示在视窗的底部，通常将样品放在载玻片上再往试样台上放，避免样品污染试样台。

（4）水平调整完毕后进入试验阶段。在试验过程中，通过试样平台的上下、左右移动，可以使液滴处于最佳显示状态。

（5）座滴法测定接触角。

1）左侧加液配置：环绕相—Air；Syning2 自动化—water。

2）右侧注射器和加液：Syning2 自动化—water。

3）分析：定向—座滴法；拟合方法 Younglaplace。

4）实时显示：点击"尺"的图标进行校准—针尖的宽度，针尖在图像显示区的最上端出现即可。

5）需要重新加液时：模式—重新注液；加液速度选择大一些的，点击再注满。

6）开始测量前，设定测量参数：模式—液滴；体积—0.2；加液速度—0.16（后两项可根据经验调整）。

7）基线：先选择自动化基线进行测量。

8）测量：点击滴液—液滴刚刚落下—点击"▢"暂停键。逐帧找液滴刚滴下的图片。选择手动基线调整接触角的位置。

9）点击"▤"图标—保存图像—选择路径。

10）点击"▬"图标—测量下一个样品。

3.3.3 KRUSS DSA25 接触角测量仪特点

（1）多种规格的固体样品附件可选。

（2）可选配温度计湿度控制腔。

（3）手动/单一自动/双自动多种滴液系统可供选择。

3.4 物理吸附分析仪

吸附是指当流体与多孔固体接触时，流体中某一组分或多个组分在固体表面处产生积蓄的现象，即固体表面对气体或液体的吸着现象。固体称为吸附剂，被吸附的物质称为吸附质。根据吸附质与吸附剂表面分子间结合力的性质，可将吸附分为物理吸附和化学吸附。物理吸附又称范德华吸附，它是由吸附质和吸附剂分子间作用力所引起，结合力较弱，吸附热较小，容易脱附。由于范德华力存在于任何种类分子间，所以物理吸附可以发生在任何固体表面上。化学吸附是由吸附质与吸附剂之间产生化学键引起的，通常吸附热较大，且不可逆。

3.4.1 BET 理论

BET 理论是由 Brunauer、Emmett 和 Teller 提出的多分子层吸附模型，其基本假设是：在物理吸附中，吸附质与吸附剂之间的作用力是范德华力，而吸附质分子之间的作用也是范德华力。因此，当气相中的吸附质分子被吸附在多孔固体表面后，还可能从气相中吸附其他同类分子，所以吸附是多层的，吸附平衡是动平衡。

BET 方程如下：

$$\frac{p}{V(p_0 - p)} = \frac{1}{V_m C} + \frac{(C-1)}{V_m C} \frac{p}{p_0} \tag{3.2}$$

式中，V 为被吸附气体总体积，mL；V_m 为样品上形成单层吸附需要的气体量，mL；p 为氮气分压，Pa；p_0 为吸附温度下液氮的饱和蒸气压，Pa；C 为常数，与吸附剂、吸附质之间相互作用力有关。

以 $\frac{p}{V(p_0-p)}$ 对 $\frac{p}{p_0}$ 作图可得一条直线，其斜率为 $\frac{C-1}{V_m C}$，截距为 $\frac{1}{V_m C}$。

由此可得：

$$V_m = \frac{1}{斜率 + 截距}$$

若已知被吸附分子的截面积，可求出被测样品的比表面：

$$S_g = \frac{N_A V_m A_m}{22400m} \tag{3.3}$$

式中，S_g 为被测样品的比表面，m²/g；A_m 为氮气分子截面积，m²；N_A 为阿伏伽德罗常数；m 为被测样品质量，g。

BET 公式的适用范围为：$0.05 \leqslant \frac{p}{p_0} \leqslant 0.35$，这是因为相对压力小于 0.05 时，压力大小建立不起多分子层吸附的平衡，甚至连单分子层物理吸附也还未完全形成。在相对压力大于 0.35 时，由于毛细管凝聚变得显著起来，因而破坏了吸附平衡。

3.4.2 吸附等温线

当吸附的气体压力升高时，积聚在固体表面的气体分子数量（吸附量）随之增加；反之，吸附气体压力降低时，吸附在固体表面的气体分子会减少。在恒定温度下，对应一定的吸附质压力，固体表面上只能存在一定量的气体吸附。通过测定一系列相对压力下相应的吸附量，可得到吸附等温线。吸附等温线是对吸附现象及固体的表面积和孔结构进行研究的基本数据，可计算出比表面积与孔径分布。

吸附等温线有以下六种类型。

3.4.2.1 Ⅰ型等温线：Langmuir 等温线

Ⅰ型等温线（图 3.6）是典型的微孔体积填充的结果，样品的外表面积比孔内表面积小很多，吸附容量受孔体积控制。平台转折点对应吸附剂的小孔完全被凝聚液充满。出现这类等温线的材料有微孔硅胶、沸石、炭分子筛等。这类等温线在接近饱和蒸气压时，可能会由于微粒之间存在缝隙，发生类似于大孔的吸附，等温线会迅速上升。

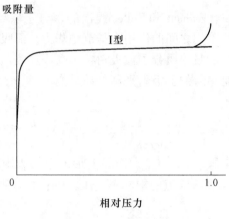

图3.6　Ⅰ型等温线

3.4.2.2　Ⅱ型等温线：S型等温线

Ⅱ型等温线（图3.7）对应于非孔性或大孔固体上的单一多层可逆吸附过程。在低 p/p_0 处有拐点B，是等温线的第一个陡峭部，它指示单分子层的饱和吸附量，相当于单分子层吸附的完成。随着相对压力的增加，开始形成第二层，在饱和蒸气压时，吸附层数无限大。

这种类型的等温线，在吸附剂孔径大于20nm时常遇到。它的固体孔径尺寸无上限。在低 p/p_0 区，曲线凸向上或凸向下，反映了吸附质与吸附剂相互作用的强弱。

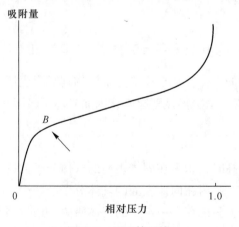

图3.7　Ⅱ型等温线

3.4.2.3　Ⅲ型等温线

Ⅲ型等温线在整个压力范围内凸向下，曲线没有拐点B（图3.8）。在憎液性表面发生多分子层，或固体和吸附质的吸附相互作用小于吸附质之间的相互作用时，呈现这种吸附类型。例如，水蒸气在石墨表面上吸附或在经过憎水处理的非多孔性金属氧化物上的吸附。在低压区的吸附量少，且不出现拐点，表明吸附剂和吸附质之间的作用力相当弱。相对压力越高，吸附量越多，表现出有孔充填。有一些物系，例如氮在各种聚合物上的吸附出现逐渐弯曲的等温线，没有可识别的拐点，在这种情况下吸附剂和吸附质的相互作用是比较弱的。

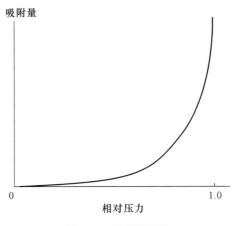

图 3.8 Ⅲ型等温线

3.4.2.4 Ⅳ型等温线

Ⅳ型等温线（图 3.9）在低 p/p_0 区曲线凸向上，与Ⅱ型等温线类似。在较高 p/p_0 区，吸附质发生毛细管凝聚，等温线迅速上升。当所有孔均发生凝聚后，吸附只在远小于内表面积的外表面上发生，曲线平坦。由于发生毛细管凝聚，在这个区内可观察到滞后现象，即在脱附时得到的等温线与吸附时得到的等温线不重合，脱附等温线在吸附等温线的上方，产生脱附滞后，呈现滞后环。这种脱附滞后现象与孔的形状及其大小有关，因此通过分析吸脱附等温线可得出孔的大小及其分布。

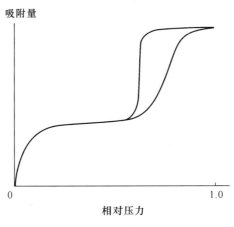

图 3.9 Ⅳ型等温线

3.4.2.5 Ⅴ型等温线

Ⅴ型等温线（图 3.10）的特征是向相对压力轴凸起。与Ⅲ型等温线不同，Ⅴ型等温线在更高相对压力下存在一个拐点。Ⅴ型等温线来源于微孔和介孔固体弱的气-固相互作用，微孔材料的水蒸气吸附常见此类线型。

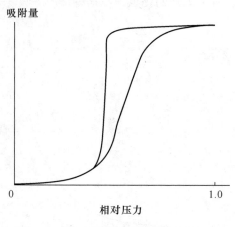

图 3.10　Ⅴ型等温线

3.4.2.6　Ⅵ型等温线

Ⅵ型等温线（图 3.11）又称阶梯型等温线。是一种特殊类型的等温线，反映了均匀非孔固体表面的依次多层吸附。液氮温度下的氮气吸附不能获得这种等温线的完整形式，而液氩下的氩吸附则可以实现。

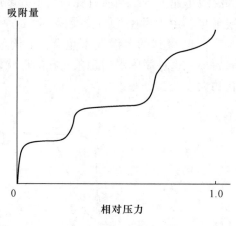

图 3.11　Ⅵ型等温线

3.4.3　ASAP 2020 物理吸附仪操作规程

ASAP 2020 物理吸附仪外形图如图 3.12 所示。其操作规程如下。

3.4.3.1　开机前准备

（1）检查气瓶压力值为 0.1~0.15MPa。

（2）冷阱位置杜瓦瓶在开机状态下始终保持有液氮，每隔一天加一次液氮。

（3）注意观察杜瓦瓶中液氮位置。

3.4.3.2　开机

（1）开外围设备，包括泵、电脑。

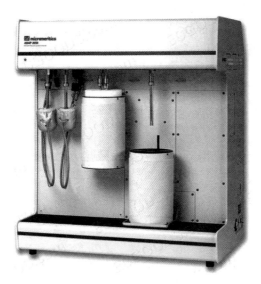

图 3.12　ASAP 2020 物理吸附仪外形图

（2）UPS 稳压电源通电后，左侧灯亮，风扇转。点 ON 后灯亮，用后 OFF 关机。

（3）开主机电源，5s 后，电源灯闪亮，和软件相连后，长亮。仪器右侧两灯：左脱气站，右分析站。灯亮说明分子泵运转正常。

（4）双击"ASAP 2020"图标进入软件操作界面。

3.4.3.3　样品准备

（1）测定前，样品在烘箱中 100℃ 干燥 4~5h。

（2）称量空样品管的质量 m_1（空管+密封塞）。

（3）用称量纸称量样品质量（样品量根据样品材料比表面积的预期值不同而定，比表面越大，样品量越少。参考值：样品 S_{BET} 乘以样品质量在 40~120m^2 范围内）。

（4）将所称量样品装入已称重的空样品管中（粉末样品用漏斗送到样品管底部，以免样品粘在管壁上），称重 m_2（空管+密封塞+样品）。

（5）将样品管垂直向上推安装到脱气站口，在样品管底部套上加热包，再用金属夹将加热包固定好。等待脱气处理。

3.4.3.4　样品文件建立、脱气及分析

（1）点击"File"→"Open"→"Sample Information"→"OK"（新建一个文件）→"Yes"→"Replace All"，根据实验需要选择相应的文件，双击列表中的文件名进行替换。

（2）在"Sample Information"中依次输入详细的样品名、操作者、样品提交者，样品质量稍后填入，其他选择默认，点击"Save"→"Close"。

（3）点击"Unit1"→"Start Degas"→"Browse"，双击所建的文件，点击"Start"，开始脱气（脱气程序与所选模板一致，可在第（2）步中"Degas Conditions"修改）。

（4）脱气结束后，自动弹出对话框，点击"OK"，取下加热包，待样品管冷却至室温，取下称重 m_3，m_3 减去 m_1 即样品脱气后的真实质量。

（5）将样品管套上等温夹套，装到分析站。杜瓦瓶内装入合适高度的液氮（液面接近或者高于十字架低端，但绝对不能超过十字架小孔处位置），一手托住底部，一手扶着

杜瓦瓶小心放在升降电梯上，等待分析。

（6）点击"Unit1"→"Sample Analysis"，点击"Browse"，选中所建文件，点击"OK"，输入第（4）步中计算的质量，检查所输入的分析条件等信息，无误后点击"Start"，开始分析。

3.4.3.5　数据导出

（1）点击"Reports"→"Start Reports"，双击选择所建立的新文件，即可查看实验报告。

（2）点击"Save as"，根据需要可以将文件另存为 Excel 表格（.xlx）格式或者文本（.txt）格式。

3.4.3.6　关机

（1）关闭软件，关闭计算机。一般不需要关闭吸附仪主机电源，使其处于抽真空状态。

（2）若长期不使用（如放长假），需要关闭吸附仪主机电源，步骤如下：

1）关闭软件，关闭电脑。

2）关闭吸附仪主机电源。

3）关闭干泵的电源，拔下插头。

4）拔下电脑和吸附仪主机的电源。

3.4.4　ASAP 2020 物理吸附仪使用注意事项

（1）严格按照顺序开关机，关机后至少 5min 后才能再次开机。

（2）仪器测量时，不能关闭操作软件和电脑，该电脑不能作为他用。

（3）脱气和测试阶段，冷阱杜瓦瓶必须有液氮，微孔材料全孔分析时间约为 40h，当时间更长时，要往分析口杜瓦瓶内加液氮。

（4）时间久了之后，杜瓦瓶底会有污垢，用自来水洗干净，空干之后，方可加入液氮。加入液氮高度为瓶高 1/5 时，稍等 10s，再加入液氮。

（5）做好实验记录，个人数据存放个人文件夹，方便以后数据查找。

3.5　热分析系统

3.5.1　热重分析的基本原理

热重分析法（thermogravimetric analysis，简称 TGA）是在程序控制温度下，测量物质质量与温度关系的一种技术。许多物质在加热过程中常伴随质量的变化，这种变化过程有助于研究晶体性质的变化，如熔化、蒸发、升华和吸附等物理现象，也有助于研究物质的脱水、解离、氧化、还原等化学现象。

进行热重分析的基本仪器为热天平。热天平一般包括天平、炉子、气体通入装置、程序控温系统、记录系统等部分。图 3.13 为梅特勒-托利多 TGA/DSC 3+热分析系统炉体截面图。

在控制温度下，通入特定气体（惰性或反应性气体），试样受热后重量减轻，天平

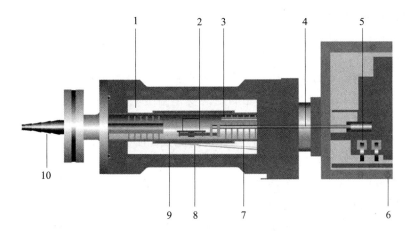

图 3.13 梅特勒-托利多 TGA/DSC 3+热分析系统炉体截面图

1—冷却硅夹套；2—热流传感器；3—反应气体导气管；4—天平衡量；5—环形校准砝码；
6—恒温天平室；7—反射环；8—温度传感器；9—加热丝；10—气体出口

（或弹簧秤）向上移动，使变压器内磁场移动输电功能改变；另一方面，加热电炉温度缓慢升高时热电偶所产生的电位差输入温度控制器，经放大后由信号接收系统绘出 TGA 热分析图谱。热重实验得到的曲线称为热重曲线（TGA 曲线），如图 3.14 曲线 a 所示。TGA 曲线以质量 m（或质量参数）作纵坐标，从上向下表示质量减少；以温度 T（或时间 t）作横坐标，自左至右表示温度（或时间）的增加。

从热重法派生出微商热重法（DTG），它是 TGA 曲线对温度（或时间）的一阶导数。以物质的质量变化速率 dm/dt 对温度 T（或时间 t）作图，即得 DTG 曲线，如图 3.14 曲线 b 所示。DTG 曲线上的峰代替 TGA 曲线上的阶梯，峰面积正比于试样质量。DTG 曲线可以微分 TGA 曲线得到，也可以用仪器直接测得，DTG 曲线比 TGA 曲线优越性大，它提高了 TGA 曲线的分辨力。

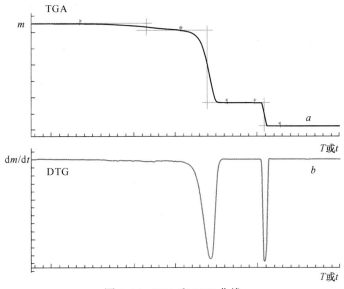

图 3.14 TGA 和 DTG 曲线

热重分析的实验结果受到许多因素的影响，如仪器因素，包括升温速率、浮力、气氛、坩埚的材料等；或试样影响，包括试样的质量、粒度、装样的紧密程度、挥发物的冷凝、试样的导热性等。

在热重分析的测定实验中，升温速率增大会使试样分解温度明显升高。例如升温太快，试样来不及达到平衡，会使得样品测定的变化温度明显升高，而且会有热滞后现象，通常合适的升温速率为 5~10℃/min。试样所受到的浮力等于其排开的气体的重量，测试时随着炉内温度升高，炉内气体的密度降低，因此试样所受浮力减小，表现出增重。测试前需要做空白曲线来矫正质量效应。在流动气氛中进行 TGA 测试时，气体流速、气氛纯度、进气温度等对 TGA 曲线都有影响，气体流速大，对传热和逸出气体扩散都有利，使热分解温度降低。热分析使用的坩埚材质对试样、中间产物、最终产物和气氛都是惰性的，不能与样品发生反应，除非需要坩埚起催化作用，例如使用铜坩埚测试氧化诱导期。

试样在升温过程中，往往会有吸热或放热现象，这样使温度偏离线性程序升温，从而改变了 TG 曲线位置，试样量越大，这种影响越大。试样分析过程中产生的挥发物有可能在热天平的低温区冷凝，不但污染仪器，而且使得测定的失重量偏低；待温度进一步上升后，这些冷凝物再次挥发发生假失重，试样量越大，失重偏离越大。再则，试样量大时，试样内温度梯度也大，将影响 TGA 曲线位置。总之，实验时应根据天平的灵敏度，尽量减小试样量。试样的粒度不能太大，否则将影响热量的传递；粒度也不能太小，否则开始分解的温度和分解完毕的温度都会降低。

3.5.2　差式扫描量热分析的基本原理

差式扫描量热法（DSC）是在程序控制温度下，测量输入给物质与参比物的功率差与温度关系的技术。

将有物相变化的样品和在所测定温度范围内不发生相变且没有任何热效应产生的参比物，在相同的条件下进行等温加热或冷却。当样品发生相变时，在样品和参比物之间产生一个温度差，相应的一组差示热电偶即产生温差电势 $U\Delta T$，经差热放大器放大后送入功率补偿放大器。功率补偿放大器自动调节补偿加热丝的电流，使样品和参比物之间温差趋于零，两者温度始终维持相同。此补偿热量即为样品的热效应，以电功率形式显示于记录仪上。

影响 DSC 分析结果的主要因素有样品量、升温速率、气体氛围等。样品量少，样品的分辨率高，但灵敏度下降；另一方面，样品量多少对所测转变温度也有影响。随样品量的增加，峰起始温度基本不变，但峰顶温度增加，峰结束温度也提高，因此同类样品如要相互比较差异，最好采用相同的量。

热分析升温速率范围通常在 5~20℃/min。一般来说，升温速率越快，灵敏度提高，分辨率下降。灵敏度和分辨率是一对矛盾，人们一般选择较慢的升温速率以保持好的分辨率，而适当增加样品量来提高灵敏度。一般情况下随着升温速率的增加，峰起始温度变化不大，而峰顶和峰结束温度提高，峰形变宽。

测试时使用惰性气体，如氮气、氩气、氦气等，就不会产生氧化反应峰，同时又可以减少试样挥发物对监测器的腐蚀。气流流速必须恒定（如 10mL/min），否则会引起基线波动。气体性质对测定有显著影响。如氦气的热导率比氮气、氩气的热导率大约 4 倍，所以在做低温 DSC 用氦气作保护气时，冷却速度加快，测定时间缩短，但因为氦气热导率高，使峰检测灵敏度降低，约是氮气的 40%，因此在氦气中测定热量时，要先用标准物质重新标定核准。在空气中测定时，要注意氧化作用的影响。有时可以通过比较氮气和氧气中的 DSC 曲线，来解释一些氧化反应。

3.5.3 热分析系统的气体氛围

（1）保护气体。保护气体的作用是保护热分析系统的天平不受反应物和湿气的影响。测试时应合理选择保护气体，通常为干燥的惰性气体，如 Ar、He、N_2 等，流速 20mL/min，仪器运行中需始终开启。

（2）吹扫气体。吹扫气体应尽可能地模拟试样实际应用环境的气氛，根据环境的不同需求可选择惰性气体（Ar、He、N_2 等）、氧化性气体（O_2、空气）、还原性气体和其他特殊气氛等，实验时吹扫气体在样品正上方流动，流速通常为 50mL/min。

3.5.4 坩埚的选择

热分析系统使用的坩埚种类有氧化铝坩埚、铝坩埚、白金坩埚、蓝宝石坩埚等，可以根据实验的要求来选择坩埚。

（1）氧化铝坩埚。氧化铝坩埚是热分析系统测试样品的常用坩埚，规格通常有 30μL、70μL、150μL、600μL 和 900μL 等，带有坩埚盖，用以防止样品在测试前挥发或受到污染，也可防止实验时样品沸腾溅出。氧化铝坩埚可以重复使用。

（2）铝坩埚。铝坩埚规格有 20μL、40μL、100μL 等，它的熔点为 660℃，因此只适用于不超过 600℃ 的低温测试。铝坩埚的热传导很好，具有最小的信号时间常数，可以获得较好的 DSC 信号。

（3）铂金坩埚。白金坩埚规格有 30μL、70μL、150μL 等，具有很好的导热性，主要用于温度超过 600℃ 的 TGA 测试或同步 DSC 测试，能获得较好的 DSC 信号。清洁后可重复使用。需要注意：

1）1600℃ 以上时需要使用蓝宝石垫片，防止坩埚与传感器粘连。

2）金属样品可能与铂金坩埚形成合金。

3）炭黑会使铂中毒。

（4）蓝宝石坩埚。蓝宝石坩埚的成分是三氧化二铝，具有更强的稳定性和阻隔性，尤其适合测试在高温下易分解和可穿透普通氧化铝坩埚的高熔点金属。蓝宝石坩埚比普通氧化铝坩埚更适合重复使用。

3.5.5 梅特勒-托利多 TGA/DSC 3+的操作规程

梅特勒-托利多 TGA/DSC 3+的外形如图 3.15 所示，其操作规程如下。

3.5.5.1 开机

（1）打开气瓶阀门（或为气源阀门），调节副压表压力小于 0.2MPa（通常小于 0.1MPa），并打开天平保护气（通常为高纯氮气），流量调为 20mL/min。

（2）打开恒温水浴槽电源。

（3）半小时后打开 TGA/DSC 3+主机电源。

图 3.15 梅特勒–托利多 TGA/DSC 3+外形图

（4）打开计算机，双击桌面上的"STARe"图标进入 TGA/DSC 软件，然后会自动建立软件与仪器的连接，当软件下方的灰条变绿后表示仪器与软件连接成功。TGA/DSC 3+和计算机的打开顺序没有严格要求。

3.5.5.2 测试步骤

（1）点击实验界面左侧的"常规编辑器（Routine Editor）"编辑实验方法。

1）"新建（New）"为编辑一个新的方法，具体如下：

①点击"添加动态温度段（Add Dyn）"以添加升降温程序，点击"添加等温段"以添加恒温程序，根据实际需要编辑需求的起始温度、升降温速率、实验气氛以及等温时间等条件。

②点击下方的"坩埚（Pan）"来选择和自己所使用相同类型的坩埚。

③点击"其他（Miscellaneous）"来选择是否勾选"浮力补偿（Buoyancy Compensate）"，如选用该方法，可跳过直接看步骤（3）。

④如需跑空白，则勾"扣除空白曲线（Substract Blank Curve）"。

2）"打开（Open）"为打开已经保存在软件中的实验方法。

3）"修改（Modify）"为修改编辑好的方法，修改后需另存为另一个名称。

（2）如果需要跑空白，则勾选下方的"运行空白曲线（Run Blank Curve）"，然后点击"发送实验（Sent Experiment）"。一般至少需要跑两次，根据要跑的次数，点击几次"发送实验（Sent Experiment）"。当电脑屏幕左下角的状态栏中出现"等待装样（Waiting for Sample Insertion）"时，放入空坩埚并点击软件中的"确认（OK）"键或液晶屏上"Proceed"键，空白实验即自动开始。

（3）做样品前，在"样品名称（Sample Name）"一栏中输入样品名称，如果样品质量已用外置天平称量好，则在"重量（Weight）"一栏中输入对应的样品质量；如果希望使用内置天平自动记录第一个测量值为起始质量，则勾选"第一个测量值（First Measurement Value）"，然后点击"发送实验（Sent Experiment）"。

（4）当电脑屏幕左下角的状态栏中出现"等待装样（Waiting for Sample Insertion）"时，如之前已称好样品质量，则打开 TGA/DSC 3+的炉体，将制备好的含有样品的坩埚放到传感器上，关闭炉体，然后点击软件中的"确认（OK）"键或液晶屏上"Proceed"

键，实验即自动开始；如果使用内置天平自动记录第一个称量值，则先将一空坩埚放到传感器上，关闭炉体，质量稳定后，点击液晶屏上的"Tare"键清零，然后打开炉体，将适量样品放入空坩埚内，并放回传感器上，关闭炉体。待重量稳定后，点击软件中的"确认（OK）"键或液晶屏上"Proceed"键，实验即自动开始。

（5）测试结束后，当电脑屏幕左下角的状态栏中显示"等待样品移除（Waiting for Sample Removal）"时，打开炉体，将样品取出。

3.5.5.3　数据处理

（1）点击主窗口下的"主页/数据分析窗口（Home/Evaluation Window）"以打开数据处理窗口。

（2）单击"文件/打开曲线（File/Open Curve）"，在弹出的对话框中选中要处理的曲线，点击"打开（Open）"打开该曲线。

（3）根据需要对曲线进行处理。

（4）单击"文件/导入导出/导出其他格式（File/Import Export/Export Other Format）"以导出成其他常用格式，包括文本的 txt 格式和图片的 png 格式。

3.5.5.4　关机

（1）关闭仪器前，要把炉体中的样品取出。

（2）待炉体温度低于 200℃时关闭 TGA/DSC 3+电源，然后关闭计算机（TGA/DSC 3+和计算机的关闭顺序没有严格要求）。

（3）关闭反应气和保护气的阀门，最后关闭恒温水浴的电源。

3.5.6　梅特勒–托利多 TGA/DSC 3+使用注意事项

（1）高温下某些样品或分解产物会与氧化铝坩埚发生反应，为了避免反应所造成的损失，应考虑使用铂金坩埚，但同时也应考虑样品是否会与铂发生反应。

（2）当测试超过 1200℃时，要在样品坩埚与传感器之间垫上蓝宝石垫片。

（3）对于爆炸性的材料，测试时一定要特别小心，样品量一定要非常少，以保证不会发生爆炸。

（4）对于发泡材料一定要小心测试，样品量要非常少。如果样品发泡溢出粘到传感器上或粘到炉体上时，可先尝试在 1000℃在氧气氛围内烧一下，如果依然取不下来，一定要致电厂家工程师，不要自己擅自处理。

（5）测试过程中如果被测样品有腐蚀性气体或较大烟尘产生，应适当加大吹扫气流量（100mL/min）和保护气流量（40mL/min）。

（6）如果坩埚掉入炉体内，一定要报告给仪器管理员，不要擅自处理，更不要当作没有发生，炉体内如积累一定量坩埚以后会有极大损坏隐患。

（7）经常在打开炉体的情况下，从左侧观察炉体出气口是否被污染物堵塞，如有堵塞，必须及时拆卸下来清洗。

（8）恒温水浴中的水要经常更换，通常是两个月更换一次纯净水，不可以使用自来水或矿泉水。

（9）如果传感器被污染，可以通氧气用高温空烧的方法来清洁（先 800℃，再 1200℃，再更高的温度空烧，如果传感器上很脏，千万不要第一次空烧时就在 1500℃恒温），空烧的时候要取出所有的坩埚。此项工作需要由仪器管理员来进行。对于上限温度为1100℃的仪器不可做到更高温度。

3.6　X射线衍射仪

3.6.1　X射线衍射的基本原理

X射线是一种电磁波，是原子内层电子在高速运动电子的冲击下产生跃迁而发射的辐射，其波长范围为0.001~10nm，常用波段为0.01~2nm。X射线可分为连续X射线和特征X射线。

晶体是由原子、离子或分子在空间周期性排列而成的固态物质。X射线的波长和晶体内部原子面之间的间距相近，晶体可以作为X射线的空间衍射光栅。当一束平行的X射线投射到晶体上，一部分被晶体吸收，在晶体中产生周期性变化的电磁场，使原子中的电子也进行周期性振动，振动的电子成为新的电磁波波源，向各个方向发射与入射X射线波长、相位相同的电磁波，这种现象称为散射。原子散射的电磁波相互干涉，结果就产生衍射。衍射波叠加的结果使射线的强度在某些方向上加强，在其他方向上减弱。从衍射光束的方向和强度看，不同晶体有其特征的衍射图。

晶体可以看成是由许多平行的晶面族组成，每一晶面族是由一组互相平行、晶面间距 d 相等的晶面组成，根据衍射条件，只有当光程差为入射X射线波长的整数倍时衍射才能相互加强，即 d 与 θ 之间关系符合布拉格（Bragg）方程：

$$n\lambda = 2d\sin\theta \tag{3.4}$$

式中，n 为整数；λ 为入射X射线的波长；d 为晶面之间的距离；θ 为入射角。

入射X射线只有在某一入射角时才能产生相互干涉，这是X射线在晶体产生衍射时的必要条件，反映了衍射方向与晶体结构之间的关系。因此，可以根据衍射结果分析晶体物质的结构。

3.6.2　X射线衍射仪操作规程

Empyrean锐影X射线衍射系统如图3.16所示，操作规程如下。

3.6.2.1　开机

（1）依次打开循环水机和仪器后方主机开关。

（2）按下衍射仪控制面板上的"POWER ON"按钮，等电压电流为0kV、0mA，此时衍射仪将自动开始进行角度自检。

（3）将高压发生器开关钥匙顺时针转90°到水平位置，仪器电压电流将自动升到30kV、10mA。

3.6.2.2　联机

（1）启动计算机，在计算机桌面双击"Data Collector"图标，打开测试程序。

（2）连接仪器。从软件菜单栏选择"Instrument"中的"Connect"，在弹出的"Connect"对话框中选择"Reflection-transmission spinner"样品台，点击"OK"。

图 3.16 Empyrean 锐影 X 射线衍射仪外形图

3.6.2.3 升电压电流

（1）光管老化。点击"Instrument Settings"对话框中"X-ray"标签页里的"Breed"按钮，若超过 24h 而不到 100h 没用仪器，则选择"Fast"进行快速老化（15min 左右），若超过 100h 没用仪器，则选择"at Normal Speed"进行常规老化（20~30min），老化结束后电压电流将变为 40kV、10mA。

（2）使用程序自动升电压电流。点击"Measure"中的"Program"，点选"Turn on"，然后"Open"，弹出对话框，点击"OK"，工作电压电流将自动升至 40kV，20mA。

3.6.2.4 样品测试

（1）粉末物相测试。

1）放置被测样品。放样时，将样品中心对准样品台中心线。

2）在菜单"Open Program"中选择"General"程序后点"OK"，根据测试要求设置对应的实验参数。

3）点击"Measure"菜单里的"Program"项，选择所需要运行的测量程序，点击"Open"按钮打开程序执行。

4）在"Start"对话框中输入所要保存的文件名和保存目录；确定（OK）之后将开始测量。测试过程中如需中止，可以点工具栏的"Stop"按钮。

5）测量完成后，确认出现"No Program Executing"再开门，取出样品，将数据导出后拷贝带走。

（2）薄膜物相测试。

1）由测样老师在测量前更换薄膜物相模块以及狭缝。

2）其他同粉末物相测试步骤。

3.6.2.5 关机

（1）从菜单栏点击"Measure"里的"Program"，点选"Turn off"，然后点击"Open"，在弹出的对话框中点"OK"，电压电流将自动降为 15kV，5mA。

（2）取消勾选电压文本框边上的"Generator on"可选框，点击"Apply"按钮。

（3）将高压发生器开关钥匙逆时针转 90°到垂直位置关闭高压发生器。

（4）在软件菜单栏选择"Instrument"中的"Disconnect"，然后关闭软件。

（5）按下衍射仪控制面板上的 POWER OFF 按钮，仪器不会马上关机，而是先自检再关机，因此关机会延迟约 1min，不可反复按关机按钮。

（6）仪器关闭之后，X 射线发生器仍是热的，因此需等待 5min 再关闭水冷机，最后关闭总电源开关。

3.6.3 X 射线衍射仪使用注意事项

（1）样品要求干燥，粉末样品过 200 目筛，尽可能地将样品压平，并且填满样品池，样品周围要擦拭干净。

（2）整个实验过程中，禁止直接关闭 Data Collector 软件。

（3）仪器使用完毕，将样品台打扫干净，避免脱落的样品对样品台的腐蚀。

（4）如有任何问题，不要擅自处理，请及时联系仪器管理员。

3.7　扫描电子显微镜

3.7.1　扫描电子显微镜基本原理

当一束高能的入射电子轰击物质表面时，物质被激发的区域将产生二次电子、俄歇电子、特征 X 射线和连续谱 X 射线、背散射电子、透射电子，以及在可见、紫外、红外光区域产生的电磁辐射等。通过对这些反馈信息的采集分析，可以获取被测样品本身的物理、化学性质的信息，如形貌、组成、晶体结构、电子结构和内部电场或磁场等。

扫描电子显微镜的原理是用一束极细的电子束扫描样品，在样品表面激发出次级电子，次级电子的多少与样品的表面结构有关，次级电子由探测器收集，并被转变为光信号，再经光电倍增管和放大器转变为电信号来控制荧光屏上电子束的强度，显示出与电子束同步的扫描图像，从而反映样品的表面结构。扫描电子显微镜主要由三大部分组成：真空系统，电子束系统以及成像系统。Hitachi SU8010 冷场发射扫描电子显微镜如图 3.17 所示。

图 3.17　Hitachi SU8010 冷场发射扫描电子显微镜外形图

3.7.2 Hitachi SU8010 冷场发射扫描电子显微镜操作规程

3.7.2.1 样品制备

粉末样品直接用牙签蘸取少量于导电胶上；或者少量样品分散在乙醇溶液，滴于硅片、铜片或锡箔纸上，粘在导电胶上。

3.7.2.2 开机

（1）检查真空、循环水状态。

（2）开启"Display"电源。

3.7.2.3 样品放置

（1）将样品台安装在样品支架上，并用高度规检查样品高度是否合适（样品台高度不能超出规定高度，以接近为宜，但不要接触）。

（2）按"Air"直至灯闪，并且听到一声长嘀声，表明样品交换室已充满空气。

（3）打开样品交换室，放入或者取下原有的样品台，将已经固定好样品的样品台，放到送样杆末端的卡爪内，"Lock"样品台。

（4）关闭样品交换室，用手轻推，同时按下"Evac"按钮，对样品室抽真空；直到"Evac"不再闪烁，并听到一声长嘀声响。

（5）按下"Open"按钮，内部送样窗口打开，按钮不再闪烁，同时听到一声长嘀声响后，将送样杆完全送进样品室，确认蓝色灯亮起，将送样杆轻轻悬到"Unlock"位置，并拉回至原位固定住。（注意：推拉送样杆时，必须沿着杆的方向推送或拉回，不可偏方向推拉，以防损坏送样杆）。

（6）按下"Close"按钮，关闭送样窗口。样品安装完毕。

3.7.2.4 样品观察与拍照

（1）根据样品特性与观察要求，在操作面板上选择合适的加速电压与束流，按"On"键加高压。

（2）用滚轮将样品台定位至观察点，在操作界面中调整样品台高度，工作距离一般选8mm。

（3）选择合适的放大倍数，点击"Align"键，调节旋钮盘，逐步调整电子束位置、物镜光阑中、消像散基准。

（4）在"TV"或"Fast"扫描模式下定位观察区域，在"Red"扫描模式下聚焦、消像散，在"Slow"或"Cssc"扫描模式下拍照。

（5）选择合适的图像大小与拍摄方法，按"Capture"拍照。

（6）根据要求选择照片注释内容，保存照片。

3.7.2.5 关机

（1）将样品台高度调回8mm。

（2）按"Home"键使样品台回到初始状态。

（3）"Home"指示灯停止闪烁后，撤出样品台，合上样品舱。

（4）退出程序，关闭电脑，关闭"Display"电源。

4 基本操作与基本原理实验

4.1 pH法测定醋酸的解离常数

4.1.1 实验目的

（1）加深对弱电解质电离平衡和缓冲溶液概念的理解。
（2）学习pH法测定醋酸（HOAc）电离常数的原理和方法。
（3）学习pH计的使用方法。
（4）学习溶液的配制方法，掌握酸碱滴定等基本操作。

4.1.2 思考题

（1）已知HOAc溶液的浓度和pH值，如何计算$K_a^\ominus$？
（2）已知HOAc-NaOAc混合溶液中HOAc和NaOAc的浓度，如何计算混合溶液的pH值？

4.1.3 实验原理

弱酸和弱碱在水溶液中的解离是不完全的，且解离过程是可逆的，弱酸或弱碱与它解离出来的离子之间建立的动态平衡，称为解离平衡。解离平衡是水溶液中的化学平衡，其平衡常数$K^\ominus$称为解离常数。例如，HOAc在水中存在如下解离平衡：

$$HOAc(aq) \rightleftharpoons H^+(aq) + OAc^-(aq)$$

其解离常数

$$K_a^\ominus = \frac{\dfrac{c(H^+)}{c^\ominus} \cdot \dfrac{c(OAc^-)}{c^\ominus}}{\dfrac{c(HOAc)}{c^\ominus}} \qquad (4.1)$$

由于$c^\ominus = 1.0 \text{mol/L}$，可将上式简化为：

$$K_a^\ominus = \frac{c(H^+) \cdot c(OAc^-)}{c(HOAc)} \qquad (4.2)$$

NaOAc溶液与HNO_3混合后，OAc^-与H^+反应生成HOAc分子，在平衡状态下，各离子的平衡浓度为：

$$c(HOAc) = c(HNO_3) - c(H^+) \qquad (4.3)$$

$$c(OAc^-) = c(NaOAc) - c(HOAc) = c(NaOAc) - [c(HNO_3) - c(H^+)] \qquad (4.4)$$

由于混合时NaOAc是过量的，使HNO_3的H^+与NaOAc的OAc^-几乎完全反应生成HOAc，溶液中H^+浓度很小，因此：

$$c(\mathrm{HOAc}) = c(\mathrm{HNO_3}) - c(\mathrm{H^+}) = c(\mathrm{HNO_3}) \tag{4.5}$$

$$c(\mathrm{OAc^-}) = c(\mathrm{NaOAc}) - c(\mathrm{HNO_3}) \tag{4.6}$$

将式 (4.5)、式 (4.6) 代入式 (4.2) 得:

$$K_a^{\ominus} = c(\mathrm{H^+}) \left[\frac{c(\mathrm{NaOAc})}{c(\mathrm{HNO_3})} - 1 \right] \tag{4.7}$$

将式 (4.7) 取对数, 得到:

$$\lg K_a^{\ominus} = \lg c(\mathrm{H^+}) + \lg \left[\frac{c(\mathrm{NaOAc})}{c(\mathrm{HNO_3})} - 1 \right] \tag{4.8}$$

整理得到:

$$\mathrm{pH} = \lg \left[\frac{c(\mathrm{NaOAc})}{c(\mathrm{HNO_3})} - 1 \right] - \lg K_a^{\ominus} \tag{4.9}$$

以 pH 值为纵坐标, $\lg \left[\dfrac{c(\mathrm{NaOAc})}{c(\mathrm{HNO_3})} - 1 \right]$ 为横坐标绘图, 所得直线的截距为 $-\lg K_a^{\ominus}$。

电离度是弱电解质达到解离平衡时, 已解离的浓度与起始浓度的比值, 通常用 α 表示:

$$\alpha = \frac{c(\mathrm{H^+})}{c(\mathrm{HOAc})} \times 100\% \tag{4.10}$$

在一定温度下, 弱电解质的电离度随其浓度的减小而增大, 这是稀释定律, 其表达式为:

$$\alpha = \sqrt{\frac{K_a^{\ominus}}{c(\mathrm{HOAc})}} \tag{4.11}$$

本实验中通过测定不同浓度 HOAc 的电离度, 可验证稀释定律。

4.1.4   实验用品

4.1.4.1   仪器
pH 计, 复合电极, 酸式滴定管, 移液管 (10mL、25mL 和 50mL), 量筒 (50mL), 烧杯 (50mL 和 100mL), 容量瓶 (250mL), 锥形瓶 (250mL)。

4.1.4.2   试剂
无水 NaOAc, 无水 $\mathrm{Na_2CO_3}$, pH = 4.00 和 pH = 6.86 的缓冲溶液, HCl(0.1mol/L), HOAc(0.1mol/L), NaOH(0.1mol/L), $\mathrm{HNO_3}$(0.05mol/L), 0.1% 甲基橙。

4.1.5   实验步骤

4.1.5.1   溶液配制
用无水 NaOAc 准确配制浓度为 0.1mol/L 的溶液 250mL (准确到小数点后四位)。
用无水 $\mathrm{Na_2CO_3}$ 准确配制浓度为 0.05mol/L 的溶液 250mL (准确到小数点后四位)。

4.1.5.2 $\mathrm{HNO_3}$ 溶液浓度的标定
准确量取 3 份 10mL $\mathrm{Na_2CO_3}$ 溶液, 分别置于已标号的 3 只锥形瓶 (250mL) 中, 各加水 50mL, 加入 2 滴甲基橙指示剂, 分别用待标定的 $\mathrm{HNO_3}$ 溶液滴定, 直至溶液由黄色恰好转变为橙色, 且橙色在 30s 内不褪色, 即为终点, 记录 $\mathrm{HNO_3}$ 的消耗量。用同样方法滴定另外两份 $\mathrm{Na_2CO_3}$ 溶液, 根据 3 次滴定的平均值计算 $\mathrm{HNO_3}$ 的准确浓度。

4.1.5.3　溶液 pH 值的测定

（1）用 pH＝4.00 及 pH＝6.86 的标准缓冲溶液校正 pH 计。

（2）向 100mL 洁净烧杯中加入 50.00mL 已配好的 0.1mol/L NaOAc 溶液。利用酸式滴定管，向烧杯中慢慢加入 5mL HNO_3 溶液。搅拌混合均匀后，测定溶液的 pH 值，平行测定两次（记入表 4.1 中）。再利用酸式滴定管向同一烧杯中加入 HNO_3 溶液 5mL，测定溶液的 pH 值两次。如此重复，直至加入 25mL HNO_3 溶液为止。将测得的 pH 值都填入表 4.1 中。

表 4.1　HOAc 溶液 pH 值测定

实验号数		1	2	3	4	5
$V(HNO_3)/mL$		5	10	15	20	25
pH 测定值	第 1 次					
	第 2 次					
	平均值					
$c(NaOAc)$						
$c(HNO_3)$						
$c(NaOAc)/c(HNO_3)$						
$lg[c(NaOAc)/c(HNO_3)-1]$						

4.1.5.4　缓冲溶液 pH 值的测定

（1）用量筒量取 20mL 0.1mol/L HOAc 溶液和 20mL 0.1mol/L NaOAc 溶液放入 1 个 50mL 烧杯中。用玻璃棒搅拌均匀后，测定溶液的 pH 值。然后向溶液中加入 0.1mol/L HCl 溶液 3 滴，搅拌均匀后，测定溶液的 pH 值。另取相同浓度和体积的混合溶液，加入 0.1mol/L NaOH 溶液 3 滴，搅拌均匀后，测定溶液的 pH 值，将测得的 pH 值记入表 4.2 中。

（2）用量筒量取 40mL 去离子水放入 1 个 50mL 烧杯中，搅拌均匀后，测定 pH 值。然后向烧杯中加入 0.1mol/L HCl 溶液 3 滴，搅拌均匀后，测定 pH 值。另取 40mL 去离子水，加入 0.1mol/L NaOH 溶液 3 滴，搅拌均匀后，测定 pH 值，将测得的 pH 值记入表 4.2 中。

表 4.2　缓冲溶液 pH 值测定结果

溶　液	pH 值	溶　液	pH 值
HOAc 和 NaOAc 的混合溶液		水	
混合溶液+0.1mol/L HCl 溶液 3 滴		水+0.1mol/L HCl 溶液 3 滴	
混合溶液+0.1mol/L NaOH 溶液 3 滴		水+0.1mol/L NaOH 溶液 3 滴	

4.1.5.5　电离度的测定

分别取 2.50mL、5.00mL、25.00mL 上述已知浓度的醋酸溶液，把它们分别加入到 3 个 50mL 容量瓶中，再用去离子水稀释到刻度，摇匀，计算出这 3 瓶 HOAc 溶液的准确浓度。分别测定其 pH 值，计算各浓度下的电离度。

4.1.6　数据处理

（1）根据表 4.1 实验数据，计算出各混合溶液中 HNO_3 和 NaOAc 的浓度，再根据式

（4.9），以 pH 值为纵坐标，$\lg\left[\dfrac{c(\text{NaOAc})}{c(\text{HNO}_3)}-1\right]$ 为横坐标绘图，由图求出 HOAc 的电离常数 $K_a^\ominus$，计算相对误差并分析误差产生的原因。

（2）根据表 4.2 实验结果，说明缓冲溶液的作用。

4.1.7 习题

（1）HNO₃ 过量的情况下，能否用 pH 法测 HOAc 的电离常数？

（2）温度对电离常数的影响如何？

（3）测定 pH 值时，为什么要按照浓度从稀到浓的次序进行？

4.2 离子交换法测定 CaSO₄ 的溶解度

4.2.1 实验目的

（1）了解离子交换法的基本原理。

（2）加深对沉淀溶解平衡的理解。

（3）学习利用离子交换法测定难溶盐溶解度的原理和方法。

（4）进一步熟悉 pH 计、移液管和容量瓶的使用方法。

4.2.2 思考题

（1）在 20℃时，50mL CaSO₄ 饱和溶液经 H 型阳离子交换树脂流入 250mL 容量瓶中，并稀释至 250mL 刻线，试计算容量瓶中溶液的 pH 值。已知 20℃时，CaSO₄·2H₂O 的溶解度为 0.2036g/100mL H₂O，CaSO₄·2H₂O 相对分子质量为 172.14。

（2）说明利用 H 型阳离子交换树脂测定 CaSO₄ 溶解度的基本原理。

4.2.3 实验原理

4.2.3.1 离子交换法的基本原理

离子交换法广泛应用于稀有金属的分离和提纯、水的软化、抗菌素的提取、维生素的分离及提取等领域。离子交换过程是在离子交换剂上进行的。离子交换剂按组成可分为无机离子交换剂和有机离子交换剂。无机离子交换剂主要是铝硅酸盐晶体，如泡沸石之类的物质，有天然的，也有人工合成的。它们大多数只有阳离子交换性能。有机离子交换剂主要是人工合成的离子交换树脂。目前工业和科研上使用的主要是人工合成的离子交换树脂。离子交换树脂在水和酸、碱溶液中都不溶解，基本上不与有机试剂、氧化剂及其他化学试剂发生作用。

离子交换树脂按性能可分成阳离子交换树脂（强酸性和弱酸性）和阴离子交换树脂（强碱性和弱碱性）两大类，最常用的是强酸性阳离子交换树脂和强碱性阴离子交换树脂。例如，国产 732 型强酸性阳离子交换树脂，为聚苯乙烯磺酸型强酸性阳离子交换树脂，其化学结构式如图 4.1 所示。732 型树脂颗粒表面存在着许多—SO₃⁻Na⁺交换基，其化学式简写成 R—SO₃⁻Na⁺。但在实际应用时常将这种 Na 型树脂用盐酸处理变为 H 型，化学式

R—SO_3^- H^+，即小颗粒表面的 Na^+ 被 H^+ 取代。

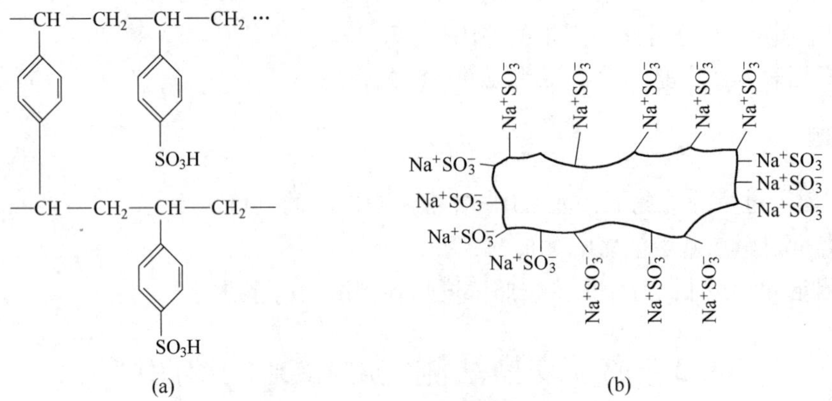

图 4.1 732 型交换树脂

（a）化学结构式；（b）树脂颗粒表面结构示意图

使用时将树脂装在柱中（交换柱可用玻璃、有机玻璃或塑料制成），当溶液流经离子交换柱时，溶液中的阳离子就与树脂上的 Na^+ 或 H^+ 进行了交换。

$$R—SO_3^-Na^+ + M^+ \longrightarrow R—SO_3^-M^+ + Na^+ \tag{4.12}$$

$$R—SO_3^-H^+ + M^+ \longrightarrow R—SO_3^-M^+ + H^+ \tag{4.13}$$

常用的强碱性阴离子交换树脂，如国产 717 型，是一种米黄色小颗粒。它与阳离子交换树脂不同，含有胺基交换基，化学式简写为 $R—CH_2N^+(CH_3)_2Cl^-$，交换基上的 Cl^- 能与水溶液中的阴离子进行交换。使用时常将它用 NaOH 溶液处理使 Cl 型变为 OH 型，化学式为 $R—CH_2N^+(CH_3)_2OH^-$。交换反应为

$$R—CH_2N^+(CH_3)_2Cl^- + X^- \longrightarrow R—CH_2N^+(CH_3)_2X^- + Cl^- \tag{4.14}$$

$$R—CH_2N^+(CH_3)_2OH^- + X^- \longrightarrow R—CH_2N^+(CH_3)_2X^- + OH^- \tag{4.15}$$

离子交换法制纯水比用蒸馏法制纯水简单，并且费用低。将普通的自来水通过 H 型阳离子交换树脂和 OH 型阴离子交换树脂交换柱后，水中的阳离子和阳离子树脂上的 H^+ 进行交换，水中的阴离子与阴离子树脂上的 OH^- 进行交换，生成的 H^+ 和 OH^- 又化合成 H_2O，这样就得到了纯水。离子交换树脂在化学、冶金和选矿等领域的生产和科研方面有广泛的用途。

4.2.3.2 离子交换法测定 $CaSO_4$ 溶度积常数的基本原理

利用 H 型强酸性阳离子交换树脂的交换作用可测定 $CaSO_4$ 的溶解度。取一定体积的 $CaSO_4$ 饱和溶液，使其流经 H 型阳离子交换树脂的交换柱，充分交换，收集流出液。发生的反应为：

$$2R—SO_3^-H^+ + Ca^{2+} \Longrightarrow (R—SO_3^-)_2Ca^{2+} + 2H^+ \tag{4.16}$$

利用 pH 计测定流出液的 pH 值，可计算出 H^+ 的浓度，进而利用 $c(Ca^{2+}) = 1/2c(H^+)$ 算出流出液中 Ca^{2+} 的浓度，再经过换算可以得到 $CaSO_4$ 饱和溶液中 Ca^{2+} 的浓度，这样就求出了在测定温度时的溶解度 S。

溶度积常数是难溶电解质沉淀与溶液中相应离子达到平衡时的平衡常数，由溶解度 S 可计算出 $CaSO_4$ 的溶度积常数 $K_{sp}^{\ominus}(CaSO_4)$：

$$K_{sp}^{\ominus}(CaSO_4) = S^2 \tag{4.17}$$

$CaSO_4$ 饱和溶液在交换前后，溶液中的 Ca^{2+} 和 SO_4^{2-} 是否存在可用 $Na_2C_2O_4$ 溶液和 $BaCl_2$ 溶液来检查。

4.2.4 实验用品

4.2.4.1 仪器和材料

滴液漏斗（150mL），容量瓶（250mL），离子交换柱，玻璃两通活塞，烧杯（150mL），玻璃漏斗，移液管（50mL），量筒（10mL、50mL），pH 计，秒表，牛角勺，铁架台，铁夹，铁环，H 型阳离子交换树脂，玻璃纤维，滤纸。

4.2.4.2 试剂

$CaSO_4$ 饱和溶液，$BaCl_2$（0.1mol/L），$Na_2C_2O_4$（0.1mol/L）。

4.2.5 实验步骤

4.2.5.1 实验装置

实验装置主要是由 150mL 滴液漏斗（或分液漏斗），离子交换柱和 250mL 容量瓶组成。如图 4.2 所示，将离子交换柱用铁夹固定在铁架台上，交换柱下方放置 250mL 容量瓶（拿掉瓶塞），并使交换柱的下导管微微插入容量瓶中，150mL 滴液漏斗放在铁架台上面的铁环中。

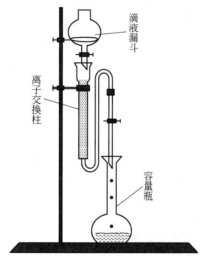

图 4.2 实验装置图

4.2.5.2 装柱

清洗离子交换柱。由离子交换柱的上口用玻璃棒向柱中推入少许玻璃纤维，使柱底有一薄层玻璃纤维，以免树脂小颗粒落入下面的细导管中。向离子交换柱中加入去离子水至上面敞口处。用牛角勺由小磨口瓶中取 H 型阳离子交换树脂慢慢由交换柱上面敞口加入水中，使树脂自然沉降至柱中，加至敞口下部为止。在加树脂的过程中，当发现柱中水将要溢出交换柱上口时，可打开导管上的玻璃活塞放出少量水，再继续加树脂。但注意始终保持树脂浸在水中。

4.2.5.3　$CaSO_4$ 饱和溶液的离子交换

用 50mL 移液管移取 50mL $CaSO_4$ 饱和溶液放入 150mL 滴液漏斗中备用。

暂时移开 250mL 容量瓶，在离子交换柱下导管口处放 1 个 10mL 小量筒，慢慢扭开交换柱的玻璃活塞使水流出，同时用秒表计时，调整流出水的速度为 4~5mL/min，在调流速过程中注意不要使离子交换柱中树脂露出水面。流速调好后，立即拿开小量筒并用 250mL 容量瓶盛接流出液（流速调好后直到实验完毕不再调节离子交换柱上的玻璃活塞），同时将盛 50mL $CaSO_4$ 饱和溶液的滴液漏斗放在交换柱上面的铁环中，并打开滴液漏斗上的活塞使 $CaSO_4$ 饱和溶液流入离子交换柱中进行交换，调整滴液漏斗的流速使其与离子交换柱的流速大致相同，交换即可自动进行。当 $CaSO_4$ 饱和溶液流完后，向滴液漏斗中分批次加入约 100mL 去离子水，使水继续流经离子交换柱，以保证交换后的 H^+ 完全流入容量瓶中。当 100mL 去离子水流完后，关闭离子交换柱的玻璃活塞。移开容量瓶并向容量瓶中加入去离子水稀释至刻线，摇匀，用 pH 计测定溶液的 pH 值 2 次，记入表 4.3 中。

表 4.3　实验数据表

实验记录	1	2	平均值
pH 测定值			

4.2.5.4　$CaSO_4$ 饱和溶液交换前后溶液中 Ca^{2+} 和 SO_4^{2-} 的检查

（1）向试管中滴加交换前的 $CaSO_4$ 饱和溶液 8 滴，再滴加 30 滴去离子水，摇匀后，慢慢滴加 0.1mol/L $BaCl_2$ 溶液，振荡试管，观察是否出现白色 $BaSO_4$ 沉淀。

（2）向试管中滴加交换前的 $CaSO_4$ 饱和溶液 8 滴，再滴加 30 滴去离子水，摇匀后，慢慢滴加 0.1mol/L $Na_2C_2O_4$ 溶液，振荡试管，观察是否出现白色 CaC_2O_4 沉淀。

（3）取容量瓶中交换后的溶液 2mL，慢慢滴加 0.1mol/L $BaCl_2$ 溶液，振荡试管，观察是否出现白色 $BaSO_4$ 沉淀。

（4）取容量瓶中交换后的溶液 2mL，慢慢滴加 0.1mol/L $Na_2C_2O_4$ 溶液，振荡试管，观察是否出现白色 CaC_2O_4 沉淀。

4.2.5.5　数据处理

（1）根据 pH 值平均值计算 $CaSO_4$ 的溶解度。

（2）计算实验温度下 $CaSO_4$ 的溶度积常数 $K_{sp}^{\ominus}(CaSO_4)$。

4.2.6　扩展实验

$PbCl_2$ 溶度积常数的测定。

要求：根据 $CaSO_4$ 溶度积常数测定方法，自行设计离子交换法测定 $PbCl_2$ 溶度积常数实验方案，经教师检查后方可进行实验。

4.2.7　习题

（1）离子交换过程中，为什么要控制液体的流速不宜太快，为什么要始终保持液面高于离子交换树脂层？

（2）本实验由溶解度计算得到 $K_{sp}^{\ominus}(CaSO_4)$，分析误差产生的主要原因是什么。

（3）以下情况对实验结果有什么影响？

1）树脂转型时所用的酸太稀或太少，以致树脂未能完全转变为 H 型。

2）滴加 $CaSO_4$ 到离子交换柱的过程中，$CaSO_4$ 体积计数不准确。

（4）离子交换树脂的转型目的是什么？

4.2.8 附注

4.2.8.1 $CaSO_4$ 饱和溶液的制备

（1）取市售化学纯 $CaSO_4$ 固体放入烧杯中，加入 $300 \sim 400mL$ 去离子水，经搅拌成浑浊体，静置沉降后，倾去上清液，如此处理 $4 \sim 5$ 次，获得细 $CaSO_4$ 沉淀，然后加去离子水转移至细口瓶中备用。

（2）若无市售 $CaSO_4$ 固体，可利用化学反应制备 $CaSO_4$ 沉淀。取 $0.2mol/L$ $Ca(NO_3)_2$ 或 $CaCl_2$ 溶液 $100mL$ 和 $0.2mol/L$ H_2SO_4 溶液 $100mL$，放入 $500mL$ 烧杯中产生 $CaSO_4$ 沉淀，经搅拌静置后，倾去上清液，再加 $300 \sim 400mL$ 去离子水，搅拌静置后，倾去上清液，如此处理 $6 \sim 7$ 次，再加去离子水转移至细口瓶中备用。

用钙盐和硫酸制取 $CaSO_4$ 沉淀较好，因溶液中所含的其他阳离子仅是 H^+，所以在处理过程中随时用 pH 试纸检查溶液的 pH 值，当溶液 pH 值等于 $5 \sim 6$ 时即可使用。所用的钙盐和硫酸最好用分析纯试剂。

4.2.8.2 树脂的处理和树脂的交换容量

新树脂必须用去离子水浸泡一昼夜，使其充分膨胀后才能使用或转型，若使用 Cl 型阴离子交换树脂做 Cl^- 交换的定量实验，树脂在浸泡后，必须再经多次洗涤直至用 $AgNO_3$ 溶液检查无自由 Cl^- 存在后，才能使用。

（1）732 型阳离子交换树脂转为 H 型的处理。将水浸泡后的树脂，用 $2mol/L$ HCl 溶液浸泡 24h，如此处理 3 次，然后用去离子水洗至 pH 值为 $5 \sim 6$ 即可使用。

（2）717 型阴离子交换树脂转为 OH 型的处理。将水浸泡后的树脂，用 $2mol/L$ NaOH 溶液浸泡 24h，如此处理 3 次，然后用去离子水洗至 pH 值为 $9 \sim 10$ 即可使用。

（3）树脂的交换容量。树脂的交换容量表示树脂的交换能力。例如 732 型阳离子交换树脂的交换容量为 $0.0045mol/g$ 干树脂，即 1g 干树脂浸泡后进行交换，能交换 $0.0045mol$ 一价阳离子。717 型强碱性阴离子交换树脂为 $0.003mol/g$ 干树脂。

4.3 磺基水杨酸合铁稳定常数的测定

4.3.1 实验目的

（1）学习用分光光度法测定配合物的组成和稳定常数的原理和方法。

（2）测定 $pH \approx 2$ 时磺基水杨酸与 Fe^{3+} 配合物的组成和稳定常数。

（3）学习紫外分光光度计的使用方法。

（4）练习溶液的配置和吸量管的使用。

4.3.2　思考题

（1）已知 $Fe(NO_3)_3 \cdot 9H_2O$ 的相对分子质量为 404.02，计算配制 250mL 3×10^{-3} mol/L 溶液需要 $Fe(NO_3)_3 \cdot 9H_2O$ 的质量（g）。

（2）磺基水杨酸（$C_7H_6O_6S \cdot 2H_2O$）的相对分子质量为 254.2，计算配制 250mL 3×10^{-3} mol/L 溶液需要磺基水杨酸的质量（g）。

4.3.3　实验原理

许多元素的配离子显示不同的颜色，有颜色的配离子的配位数和稳定常数可用光学的方法测定出来。将有色物质的溶液放于长方形石英玻璃杯（比色皿）中，当强度为 I_0 的单色光通过此玻璃杯时，由于有色物质对光的吸收使透过光的强度减弱变为 I。

朗伯和比尔研究发现：

$$\lg \frac{I_0}{I} \propto cl \tag{4.18}$$

或

$$A = kcl \tag{4.19}$$

式中，A 为吸光度，或者消光度；c 为有色溶液的浓度，mol/L；l 为溶液的厚度，cm；k 为吸光系数。

式（4.18）和式（4.19）称为朗伯-比尔定律，即吸光度 A 与有色物质溶液的浓度（mol/L）和厚度（cm）的乘积成正比。若比色皿中溶液的厚度为 1cm，则式（4.19）变为：

$$A = kc \tag{4.20}$$

即当溶液厚度为 1cm 时，吸光度与有色物质的溶液浓度成正比。

当光线照射到硒光电池时，产生电流，电流的大小与光的强度成正比。这种由光线照射硒光电池产生的电流虽然很小，但完全能够用微电计（检流计）测量出来。微电计上的电流刻度盘改成对应于吸光度 A 的刻度盘。一定强度的光线 100% 透过比色皿的溶液时（如无色溶液或纯水），则吸光度 $A = \lg \frac{I_0}{I} = \lg \frac{100}{100} = \lg 1 = 0$；仅有 50% 光线透过盛有带色物质溶液的比色皿时，则吸光度 $A = \lg \frac{I_0}{I} = \lg \frac{100}{50} = \lg 2 = 0.301$；若有 20% 光透过，则吸光度 $A = \lg \frac{I_0}{I} = \lg \frac{100}{20} = \lg 5 = 0.699$；若有 10% 光透过，则吸光度 $A = \lg \frac{I_0}{I} = \lg \frac{100}{10} = \lg 10 = 1$。将微电计上的电流刻度改写成相应吸光度后，就能在微电计上直接读出吸光度 A 值。

由于有色物质的溶液对光的吸收是有选择性的，所以不同颜色的溶液必须选用不同波长的单色光才能符合朗伯-比尔定律。可见光是由波长等于 420~700nm 不同颜色的光组成的复色光，将可见光通过光学玻璃制成的透镜和棱镜可以获得波长在 420~700nm 范围内的任意波长的单色光。选用一定波长的单色光通过有色物质的溶液，就能在微电计上读出吸光度 A 值，从而计算有色物质溶液的浓度，这种方法称为分光光度法，使用的仪器称为分光光度计。

磺基水杨酸（$HO-\!\!\!\bigcirc\!\!\!-SO_3H$，化学简式为 H_3R）与 Fe^{3+} 可以形成稳定的配合物，其组成和颜色随溶液的 pH 值不同而不同。在 pH < 4 时，形成 1：1 的紫红色配合物（FeR）；pH = 4~9 时，形成 2：1 的红色配合物（FeR_2^{3-}）；pH = 9~11.5 时，形成 3：1 的黄色配合物（FeR_3^{6-}）。磺基水杨酸是三元酸，在水溶液中磺基上的 H^+ 是完全电离的，所以没有一级电离常数 $K_{a1}^{\ominus}$，$K_{a2}^{\ominus} = 3.16\times10^{-3}$，$K_{a3}^{\ominus} = 1.995\times10^{-12}$。本实验是在控制溶液 pH≈2 酸度时，测定 1：1 的紫红色配合物的组成和稳定常数。

利用分光光度法测定有色配合物的配位数和稳定常数时，常使用两种实验方法，即浓比递变法和摩尔比法，本实验采用浓比递变法。取相等物质的量浓度的金属离子（Fe^{3+}）和配合剂（H_3R）的溶液，在保持金属离子和配合剂溶液体积之和不变（即总物质的量不变）的情况下，改变金属离子溶液体积和配合剂体积的相对量，配置成一系列相同 pH 值（pH≈2）的溶液。这一系列溶液中金属离子的物质的量由大变小，配合剂的物质的量由小变大发生连续变化。测定这一系列溶液的吸光度 A，以吸光度为纵坐标，以配合剂的体积分数 $\dfrac{V_{H_3R}}{V_{H_3R}+V_{Fe^{3+}}}$（即配合剂的摩尔分数）为横坐标绘图，得到如图 4.3 所示曲线。

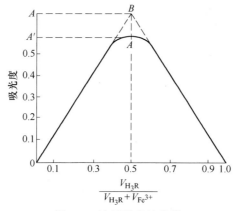

图 4.3　浓比递变法曲线

曲线前部分溶液配合剂浓度过小，而后部分金属离子浓度过小，所以配合物的浓度都不可能达到最大值，只有溶液中金属离子和配合剂的物质的量之比与配合物组成一致时，配合物浓度才有最大值，即出现吸光度的最大值 A 点，若此点的配合剂的体积分数为 0.5，即

$$\frac{V_{H_3R}}{V_{H_3R}+V_{Fe^{3+}}}=0.5 \tag{4.21}$$

因体积分数等于摩尔分数，所以：

$$\frac{n_{H_3R}}{n_{H_3R}+n_{Fe^{3+}}}=0.5 \tag{4.22}$$

整理后：

$$\frac{n_{H_3R}}{n_{Fe^{3+}}}=1 \tag{4.23}$$

由曲线两侧的直线部分引延长线相交于体积分数等于 0.5 的 B 点，B 点的吸光度 A 大于 A 点的吸光度 A'。一般认为在 B 点时 Fe^{3+} 与 H_3R 完全配合形成 FeR 配合物，而 A 点仅是部分配合建立了配位平衡关系。

因在体积分数 0.5 处，$c(Fe^{3+}) = c(H_3R) = c$，若完全配合，则 $c(FeR) = c$，根据朗伯-比尔定律 $A = kc$ 就可求出 k 的数值。然后，由 $A' = kc'$ 求出 A 点的 FeR 浓度 c'，这样在 A 点的配合体系中 $c(FeR) = c'$，$c(Fe^{3+}) = c(H_3R) = c - c'$。

配位平衡反应关系如下：

$$H_3R \Longrightarrow H^+ + H_2R^- \tag{4.24}$$

$$H_2R^- \Longrightarrow H^+ + HR^{2-} \tag{4.25}$$

$$HR^{2-} \Longrightarrow H^+ + R^{3-} \tag{4.26}$$

$$Fe^{3+} + R^{3-} \Longrightarrow FeR \tag{4.27}$$

稳定常数：

$$K_f^{\ominus} = \frac{c(FeR)}{c(Fe^{3+})c(R^{3-})} \tag{4.28}$$

式（4.28）中 $c(FeR)$ 和 $c(Fe^{3+})$ 已知，若知道 $c(R^{3-})$ 值就可以求出稳定常数 $K_f^{\ominus}$ 值，如何求得 $c(R^{3-})$ 值呢？

根据上述平衡关系，$c(H_3R) = c(H_2R^-) + c(HR^{2-}) + c(R^{3-}) = c - c'$

由式（4.25）知：

$$\frac{c(H^+)c(HR^{2-})}{c(H_2R^-)} = K_{a2}^{\ominus} \tag{4.29}$$

由式（4.26）知：

$$\frac{c(H^+)c(R^{3-})}{c(HR^{2-})} = K_{a3}^{\ominus} \tag{4.30}$$

式（4.29）和式（4.30）相乘得：

$$\frac{c(H^+)^2 c(R^{3-})}{c(H_2R^-)} = K_{a2}^{\ominus}K_{a3}^{\ominus} \tag{4.31}$$

所以，$c(H_2R^-) + c(HR^{2-}) + c(R^{3-}) = \dfrac{c(H^+)^2 c(R^{3-})}{K_{a2}^{\ominus}K_{a3}^{\ominus}} + \dfrac{c(H^+)c(R^{3-})}{K_{a3}^{\ominus}} + c(R^{3-}) = c - c'$

$$c(R^{3-})\left(\frac{c(H^+)^2}{K_{a2}^{\ominus}K_{a3}^{\ominus}} + \frac{c(H^+)}{K_{a3}^{\ominus}} + 1\right) = c - c'$$

$$c(R^{3-})\left(\frac{c(H^+)^2 + K_{a2}^{\ominus}c(H^+) + K_{a2}^{\ominus}K_{a3}^{\ominus}}{K_{a2}^{\ominus}K_{a3}^{\ominus}}\right) = c - c'$$

$$c(R^{3-}) = \frac{K_{a2}^{\ominus}K_{a3}^{\ominus}(c - c')}{c(H^+)^2 + K_{a2}^{\ominus}c(H^+) + K_{a2}^{\ominus}K_{a3}^{\ominus}}$$

因 $K_{a2}^{\ominus} = 3.16 \times 10^{-3}$，$K_{a3}^{\ominus} = 1.995 \times 10^{-12}$，$K_{a2}^{\ominus}K_{a3}^{\ominus} = 6.304 \times 10^{-15}$，溶液中的 $c(H^+)$ 控制在 $pH \approx 2$ 的准确程度，上式的分母中 $K_{a2}^{\ominus}K_{a3}^{\ominus}$ 可忽略，故得：

$$c(R^{3-}) = \frac{6.304 \times 10^{-15}(c - c')}{c(H^+)(c(H^+) + 3.16 \times 10^{-3})} \tag{4.32}$$

4.3.4 实验用品

4.3.4.1 仪器

烧杯（50mL、100mL），容量瓶（50mL、250mL），移液管（5mL），吸量管（10mL），洗瓶，紫外可见分光光度计。

4.3.4.2 试剂

HNO_3 溶液（0.1mol/L），磺基水杨酸固体，$Fe(NO_3)_3 \cdot 9H_2O$ 固体。

4.3.5 实验步骤

4.3.5.1 溶液的配制

（1）配制 3×10^{-3} mol/L $Fe(NO_3)_3$ 溶液 250mL。

（2）配制 3×10^{-3} mol/L 磺基水杨酸溶液 250mL。

（3）配制 0.1mol/L HNO_3 溶液。

4.3.5.2 磺基水杨酸合铁稳定常数的测定

（1）磺基水杨酸合铁溶液的配制。将 9 个 50mL 干净的容量瓶贴好 1~9 号标签。向每个容量瓶中加入 5mL HNO_3 溶液。用吸量管按表 4.4 中的体积向各容量瓶中分别加入 $Fe(NO_3)_3$ 溶液和磺基水杨酸溶液，用去离子水稀释至刻度线，摇匀。

（2）按 5 号溶液的配比再配一个溶液，在 420~700nm 波长范围内测定溶液的吸光度，每隔 10nm 测一个数据，找出吸光度最大值所对应的波长。

（3）利用紫外可见分光光度计在实验（2）中的最大吸光度对应的波长下，测定各溶液的吸光度 2 次，并记录于表 4.4 中。

表 4.4　实验记录表

编号	体积/mL				体积分数	吸光度		
	HNO_3	Fe^{3+}	H_3R	总体积	H_3R	1	2	平均值
1	5	9	1	50	0.1			
2	5	8	2	50	0.2			
3	5	7	3	50	0.3			
4	5	6	4	50	0.4			
5	5	5	5	50	0.5			
6	5	4	6	50	0.6			
7	5	3	7	50	0.7			
8	5	2	8	50	0.8			
9	5	1	9	50	0.9			

4.3.5.3 数据处理

以吸光度的平均值为纵坐标，磺基水杨酸的体积分数为横坐标绘图，求出配合物的组成并计算出稳定常数。

4.3.6 习题

（1）简述分光光度法测定配合物组成和稳定常数的方法。

（2）说明紫外可见分光光度计测量溶液吸光度的方法。

（3）在测定吸光度时，如果温度有较大变化，对测定的稳定常数有何影响？

（4）实验中，每个溶液的 pH 值是否一样，如不一样对结果有何影响？

（5）为什么说磺基水杨酸与铁形成的是螯合物？

（6）为什么在等摩尔系列中，金属离子的浓度与配位体的浓度之比恰好等于其配离子组成时，配离子浓度最大？

备注：磺基水杨酸合铁（FeR）的稳定常数 $K_f^{\ominus} = 4.36 \times 10^{14}$。

4.4 反应速率与活化能的测定

4.4.1 实验目的

（1）了解浓度和温度对反应速率的影响。

（2）学习测定反应级数和活化能的实验方法以及处理实验数据和绘图的方法。

4.4.2 思考题

（1）写出 Fe^{3+} 与 I^- 的反应式以及反应速率的表达式。

（2）如何测定对应于 Fe^{3+} 和 I^- 的反应级数。

4.4.3 实验原理

在酸性溶液中，$Fe(NO_3)_3$ 与 KI 发生如下反应：

$$2Fe(NO_3)_3 + 2KI \Longequal 2Fe(NO_3)_2 + I_2 + 2KNO_3$$

其离子反应式为：

$$2Fe^{3+} + 2I^- \Longequal 2Fe^{2+} + I_2$$

此反应的速率方程式为：

$$v = k[c(Fe^{3+})]^a[c(I^-)]^b \tag{4.33}$$

式中，v 为该条件下反应的瞬时速率，若 $c(Fe^{3+})$ 和 $c(I^-)$ 是起始浓度，则 v 表示初始速率（v_0）；k 为反应速率常数；a 和 b 分别为反应物 Fe^{3+} 和 I^- 的反应级数，$a+b$ 为反应的总级数。

如果把实验条件控制在 Fe^{3+} 和 I^- 的起始浓度比 Δt 时间间隔内反应掉的浓度大得多的情况下，因 Δt 时间后 Fe^{3+} 和 I^- 浓度与起始浓度差别不大，这时近似用平均速率代替初始速率。反应的平均速率可用单位时间内反应物浓度减少或生成物浓度增加来表示。上述反应的反应速率如果由单位时间内生成物 I_2 浓度增加来表示，则：

$$v = \frac{\Delta c(I_2)}{\Delta t} = k[c(Fe^{3+})]^a[c(I^-)]^b \tag{4.34}$$

本实验以生成相同浓度 I_2 作为测定终点，生成的 I_2 可由指示剂淀粉来确定，只要生

成 $10^{-5} \sim 10^{-4} mol/L$ 的 I_2，就可以使淀粉变蓝。但是，生成这样低浓度的 I_2 需时很短，在测定上较困难。解决的办法是向反应溶液中加入一定量的 $Na_2S_2O_3$ 溶液。$Na_2S_2O_3$ 不与 $Fe(NO_3)_3$ 和 KI 反应，对实验测定无影响，但能与 I_2 快速、定量地反应，使 I_2 变为 I^-，反应式为：

$$I_2 + 2Na_2S_2O_3 =\!=\!= Na_2S_4O_6 + 2NaI$$

这样在消耗一定量的 $Na_2S_2O_3$ 后，溶液才出现蓝色，可见加入 $Na_2S_2O_3$ 能控制蓝色出现的时间，因而大大提高了测定效果。当蓝色出现，反应生成的 I_2 量与消耗的 $Na_2S_2O_3$ 量的关系为：

$$\Delta c(I_2) = \frac{c(S_2O_3^{2-})}{2}$$

代入式（4.34）得：

$$v_0 = \frac{c(S_2O_3^{2-})}{2\Delta t} = k[c(Fe^{3+})]^a [c(I^-)]^b \tag{4.35}$$

若在实验过程中，取一定浓度的 KI 与不同浓度的 $Fe(NO_3)_3$ 进行反应，观测生成相同浓度的 I_2 所需的时间 Δt，则式（4.34）中 $\Delta c(I_2)$ 和 $c(I^-)$ 均为定值，这样可写成

$$v = k'[c(Fe^{3+})]^a \tag{4.36}$$

两边取对数，则变为：

$$\lg v = \lg k' + a\lg[c(Fe^{3+})] \tag{4.37}$$

以 $\lg[c(Fe^{3+})]$ 值为横坐标，以 $\lg v$ 值为纵坐标绘图，就获得一条直线，直线的斜率为 a 的值。同理，固定 $Fe(NO_3)_3$ 的浓度，测定其与不同浓度 KI 反应生成相同浓度的 I_2 所需的时间 Δt，就可以求出 b 的值。

温度对化学反应速度的影响特别显著。温度升高，分子运动速度增大，分子间碰撞频率增加，反应速度加快。根据计算，温度每升高 10K，分子的碰撞频率仅增加 2% 左右，而反应速度却增加 2~3 倍。这是因为温度升高，分子间碰撞频率加大，活化分子百分数增大，使反应速度大大加快。无论对于吸热反应还是放热反应，温度升高反应速率都是加快的。化学反应的反应热是由反应物的起始能量状态和生成物的终结能量状态的差值来决定的，起始能量状态高于终结能量状态，反应放热，反之则吸热。但是不管是吸热反应还是放热反应，在反应过程中反应物必须爬过一个能垒，反应才能进行。升高温度，有利于反应物的能量提高，有利于反应的进行。

1889 年，阿仑尼乌斯（Arrhenius）在总结大量实验事实基础上，指出反应速度常数和温度的定量关系为：

$$k = Ae^{-\frac{E_a}{RT}} \tag{4.38}$$

$$\ln k = -\frac{E_a}{RT} + \ln A \tag{4.39}$$

$$\lg k = -\frac{E_a}{2.303RT} + \lg A \tag{4.40}$$

式中，k 为反应速度常数；E_a 为反应的活化能；R 为气体常数；T 为绝对温度；A 为常数，称为"指前因子或频率因子"；e 为自然对数的底（$e = 2.718$）。

由于温度一般对反应的浓度影响不大，因此反应速率常数可代替反应速率。由式（4.38）可知，反应速率常数 k 与绝对温度 T 成指数关系，温度的微小变化，将导致 k 值的较大变化，式（4.38）也称为反应速率的指数定律。对给定的化学反应，活化能 E_a 可视为一定值（在一般温度范围内 E_a 和 A 不随温度变化而变化）。

当温度为 T_1 时，

$$\ln k_1 = -\frac{E_a}{RT_1} + \ln A \tag{4.41}$$

当温度为 T_2 时，

$$\ln k_2 = -\frac{E_a}{RT_2} + \ln A \tag{4.42}$$

式（4.42）减式（4.41）得：

$$\ln \frac{k_2}{k_1} = \frac{E_a}{R}\frac{T_2 - T_1}{T_1 T_2} \tag{4.43}$$

将式（4.43）换成常用对数得：

$$\lg \frac{k_2}{k_1} = \frac{E_a}{2.303R}\frac{T_2 - T_1}{T_1 T_2} \tag{4.44}$$

根据实验数据和式（4.33）、式（4.37），求出 a、b、k_1、k_2，即可求出 E_a。

4.4.4　实验用品

4.4.4.1　仪器和材料
秒表，恒温水浴锅，锥形瓶（100mL、250mL），温度计。

4.4.4.2　试剂
$Fe(NO_3)_3$（0.04mol/L），HNO_3（0.5mol/L），KI（0.04mol/L），$Na_2S_2O_3$（0.004mol/L），淀粉（0.2%）。

4.4.5　实验步骤

4.4.5.1　测定 $Fe(NO_3)_3$ 的反应级数 a
按表4.5准备实验（1）~（5）的溶液，并在室温的恒温浴中恒温10~15min。用温度计测量实验（1）溶液的温度，记录。迅速将100mL锥形瓶里的溶液倒入250mL锥形瓶中，同时按下秒表计时，并摇动锥形瓶几下，使溶液混合均匀（混合时，可临时将锥形瓶从恒温浴中取出）。当溶液中出现蓝色，立即停止计时，再测量溶液温度，计算反应过程中的平均温度，记录反应时间（Δt）和平均温度（T）。

同法测定实验（2）~（5）的反应时间（Δt）和反应的平均温度（T）。

4.4.5.2　测定 I^- 的反应级数 b
按表4.5准备实验（6）~（8）的溶液，重复上述操作，测出反应时间（Δt）和平均温度（T）。

4.4.5.3　温度对反应速率的影响
按表4.5准备实验（9）和（10）的溶液，把它们分别放在高于室温10℃和20℃的恒温浴中恒温 10~15min，然后把 100mL 锥形瓶中的溶液倒入 250mL 锥形瓶中，测出反应时间和平均温度（T）。

表 4.5 实验记录表

| 编号 | 250mL 锥形瓶 | | | 100mL 锥形瓶 | | | | Δt/s | T/K |
	$V(Fe(NO_3)_3)$ /mL	$V(HNO_3)$ /mL	$V(H_2O)$ /mL	$V(KI)$ /mL	$V(Na_2S_2O_3)$ /mL	$V(0.2\%$ 淀粉)/mL	$V(H_2O)$ /mL		
（1）	5.00	10.00	10.00	5.00	5.00	2.50	12.50		
（2）	7.50	7.50	10.00	5.00	5.00	2.50	12.50		
（3）	10.00	5.00	10.00	5.00	5.00	2.50	12.50		
（4）	12.50	2.50	10.00	5.00	5.00	2.50	12.50		
（5）	15.00	0.00	10.00	5.00	5.00	2.50	12.50		
（6）	5.00	10.00	10.00	2.50	5.00	2.50	15.00		
（7）	5.00	10.00	10.00	7.50	5.00	2.50	10.00		
（8）	5.00	10.00	10.00	10.00	5.00	2.50	7.50		
（9）	5.00	10.00	10.00	5.00	5.00	2.50	12.50		
（10）	5.00	10.00	10.00	5.00	5.00	2.50	12.50		

4.4.6 数据处理

（1）计算平均速率 v_0。

$$v_0 = \frac{c(S_2O_3^{2-})}{2\Delta t}$$

式中，$c(S_2O_3^{2-})$ 表示混合溶液中 $Na_2S_2O_3$ 的初始浓度（4×10^{-4}mol/L）；Δt 表示溶液开始混合到蓝色出现的时间间隔。

（2）计算每个实验中 Fe^{3+} 的初始浓度和 I^- 的初始浓度。

（3）根据实验（1）~（5）的数据，将 $\lg v_0$ 对 $\lg c(Fe^{3+})_{初始}$ 作图，求相对于 Fe^{3+} 的反应级数 a。

（4）根据实验（1）、（6）、（7）、（8）的数据，将 $\lg v_0$ 对 $\lg c(I^-)_{初始}$ 作图，求相对于 I^- 的反应级数 b。

（5）把 a 和 b 约化成整数，写出速率方程式。

（6）根据实验（1）、（9）、（10）的数据，代入上面的速率方程式中，计算在 3 个不同温度下的 k 值，进一步求出反应的活化能 E_a 值。

将以上计算数据列成表格，填写表 4.6。

表 4.6 数据处理

编号	Δt/s	T/K	v_0	$\lg v_0$	$c(Fe^{3+})_{初始}$	$\lg c(Fe^{3+})_{初始}$	$c(I^-)_{初始}$	$\lg c(I^-)_{初始}$
（1）								
（2）								

续表 4.6

编号	$\Delta t/s$	T/K	v_0	$\lg v_0$	$c(Fe^{3+})_{初始}$	$\lg c(Fe^{3+})_{初始}$	$c(I^-)_{初始}$	$\lg c(I^-)_{初始}$
(3)								
(4)								
(5)								
(6)								
(7)								
(8)								
(9)								
(10)								

4.4.7　习题

（1）测定时，加入硫代硫酸钠和淀粉溶液有何作用？

（2）反应溶液出现蓝色是否表示溶液中 Fe^{3+} 或 I^- 已经反应完，已反应的 Fe^{3+} 和加入的 $S_2O_3^{2-}$ 有何关系，反应前后 $c(I^-)$ 有无变化？

（3）根据反应方程式，是否能确定反应级数？举例说明。

4.5　电极电势

4.5.1　实验目的

（1）学习利用电位差计测定电极电势。

（2）通过电极电势的测定深入理解浓度对电极电势的影响。

（3）学习电极电势法测定难溶盐的溶度积常数的方法。

4.5.2　思考题

（1）何谓电极电势，如何测定一个电极的电极电势？

（2）影响电极电势的因素有哪些？简述 Nernest 方程应用的注意事项。

（3）怎样通过测定电极电势求出难溶盐的溶度积？

4.5.3　实验原理

电极电势是判断水溶液中氧化还原反应进行的方向和限度的主要因素。欲求电极的电极电势，可以将该电极与一个已知电极电势的参比电极组成原电池，通过测其电动势，求出未知电极的电极电势。由于标准氢电极使用不方便，经常用电极电势较稳定的饱和甘汞电极（$Pt \mid Hg(l) \mid Hg_2Cl_2(s) \mid KCl(aq)$）作为参比电极，当甘汞电极中 KCl 饱和溶液的温度在 25℃时，其电极电势 $E(Hg_2Cl_2/Hg) = 0.2420V$。

例如，欲测定电对 Ag^+/Ag 的标准电极电势 $E^{\ominus}(Ag^+/Ag)$，可将银电极和饱和甘汞电极插入 $AgNO_3$ 溶液中，组成下面原电池：

$$(-)\text{Pt} \mid \text{Hg} \mid \text{Hg}_2\text{Cl}_2(\text{KCl 饱和溶液}) \mid \text{AgNO}_3 \mid \text{Ag}(+)$$

电池的电动势：

$$E = E_+ - E_- = E(\text{Ag}^+/\text{Ag}) - E(\text{甘汞}) \tag{4.45}$$

所以：

$$E(\text{Ag}^+/\text{Ag}) = E + E(\text{甘汞}) \tag{4.46}$$

式中，E 为原电池电动势，可通过电位差计测得；E（甘汞）在 25℃时为 0.2420V，若不在 25℃时可由式（4.47）求得：

$$E(\text{甘汞}) = 0.2420 - 0.00076(t - 25) \tag{4.47}$$

式中，t 为实验时的摄氏温度。

根据 Nernest 公式，电极电势由式（4.48）计算：

$$E = E^{\ominus} + \frac{2.303RT}{nF}\lg\frac{[\text{氧化型}]}{[\text{还原型}]} \tag{4.48}$$

式中，[氧化型]、[还原型] 分别表示电极反应中氧化型和还原型一侧各物质相对浓度以系数为指数次幂的乘积。式（4.48）也可表示为：

$$E = E^{\ominus} + k\lg\frac{[\text{氧化型}]}{[\text{还原型}]} \tag{4.49}$$

对于银电极，则：

$$E(\text{Ag}^+/\text{Ag}) = E^{\ominus}(\text{Ag}^+/\text{Ag}) + k\lg[c(\text{Ag}^+)] \tag{4.50}$$

从式（4.50）中可看出，$E(\text{Ag}^+/\text{Ag})$ 与 $\lg[c(\text{Ag}^+)]$ 是直线关系，$E^{\ominus}(\text{Ag}^+/\text{Ag})$ 是直线的截距，k 是直线的斜率。由此，我们可取不同浓度的 AgNO_3 溶液组成原电池，测得每个电池的电动势 E，求得每个浓度时的 $E(\text{Ag}^+/\text{Ag})$。然后以 $E(\text{Ag}^+/\text{Ag})$ 为纵坐标，$\lg[c(\text{Ag}^+)]$ 为横坐标作图，求得该直线的斜率和截距。

难溶盐的溶度积常数是无机化学中重要的参数。本实验利用测定电极电势求 Ag_2CrO_4 或 AgCl 的溶度积常数。将银电极和甘汞电极插入 Ag_2CrO_4 或 AgCl 饱和溶液中，组成原电池，用电位差计测出电池电动势 E，求得 E（Ag^+/Ag）值，再根据前面所绘的直线找出对应的 $\lg[c(\text{Ag}^+)]$ 值，这样就求出了 Ag_2CrO_4 或 AgCl 饱和溶液的 $c(\text{Ag}^+)$。

根据 Ag_2CrO_4 的沉淀-溶解平衡：

$$\text{Ag}_2\text{CrO}_4 \Longrightarrow 2\text{Ag}^+ + \text{CrO}_4^{2-}$$

Ag_2CrO_4 的溶度积常数：

$$K_{sp}^{\ominus}(\text{Ag}_2\text{CrO}_4) = [c(\text{Ag}^+)]^2 \cdot [c(\text{CrO}_4^{2-})] = \frac{1}{2}[c(\text{Ag}^+)]^3 \tag{4.50}$$

根据 AgCl 的沉淀-溶解平衡：

$$\text{AgCl} \Longrightarrow \text{Ag}^+ + \text{Cl}^-$$

AgCl 的溶度积常数：

$$K_{sp}^{\ominus}(\text{AgCl}) = [c(\text{Ag}^+)] \cdot [c(\text{Cl}^-)] = [c(\text{Ag}^+)]^2 \tag{4.51}$$

4.5.4 实验用品

4.5.4.1 仪器和材料

SDC 数字电位差综合测试仪，标准电池，烧杯（50mL、150mL），移液管（50mL），酸式滴定管（50mL），电磁搅拌器，饱和甘汞电极，银电极，铁架台，电极夹，细砂纸。

4.5.4.2　试剂

$AgNO_3$（$2×10^{-4}mol/L$、$0.02mol/L$），K_2CrO_4（固体），$NaCl$（固体）。

4.5.5　实验步骤

4.5.5.1　测定电池电动势

用移液管移取 50mL 去离子水于干燥洁净的 150mL 烧杯中，向烧杯中放入磁力搅拌子，将烧杯放在电磁搅拌器的托盘中央。取一支饱和甘汞电极，用洗瓶吹洗电极表面并用滤纸将其表面擦干。用小块细砂纸将银电极的银棒表面擦亮，水洗后滤纸擦干。将饱和甘汞电极和银电极按图 4.4 所示安装好，酸式滴定管装 $AgNO_3$ 溶液，固定在铁架台上，悬在烧杯的上方。正确连接饱和甘汞电极、银电极与电位差计。

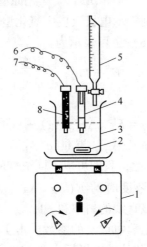

图 4.4　电极电势测定装置

1—电磁搅拌器；2—玻璃搅拌器；3—150 mL 烧杯；4—127 型甘汞电极；
5—酸式滴定管；6，7—接电位差计；8—银电极

利用酸式滴定管向装有 50mL 去离子水的烧杯中加入 5mL $2×10^{-4}mol/L$ $AgNO_3$ 溶液。搅拌均匀后，测电池电动势，记录两次测得的结果。再依次加入 5mL、10mL、10mL、10mL $AgNO_3$ 溶液，各测定电池电动势 2 次，数据记录在表 4.7 中。

表 4.7　浓度对电极电势的影响（50mL 去离子水）

序号	$V(AgNO_3)/mL$	电池电动势 E/V			$E(Ag^+/Ag)/V$	$c(Ag^+)/mol \cdot L^{-1}$	$lg[c(Ag^+)]$
		1	2	平均值			
1	5						
2	10						
3	20						
4	30						
5	40						

4.5.5.2　配制溶液

配制浓度为 0.01mol/L 的 K_2CrO_4 溶液 250mL（精确到小数点后四位）。

配制浓度为 0.02mol/L 的 NaCl 溶液 250mL（精确到小数点后四位）。

4.5.5.3　Ag_2CrO_4 溶度积常数的测定

分别取 20mL 0.01mol/L K_2CrO_4 溶液和 20mL 0.02mol/L $AgNO_3$ 溶液加入干燥的 50mL 烧杯中，生成砖红色的 Ag_2CrO_4 沉淀，静置后倾去上清液，再加去离子水搅拌沉淀使沉淀悬浮，再静置后倾去上清液。如此处理沉淀 4~5 次，最后加去离子水静置 30min，即可得到 Ag_2CrO_4 饱和溶液。使用前搅拌使沉淀悬浮，停留片刻沉淀即下沉，然后慢慢倾去上清液，按前述方法测定电池电动势 2 次，结果记录在表 4.8 中。

表 4.8　Ag_2CrO_4 溶度积常数的测定

电池电动势 E/V			$E(Ag^+/Ag)$/V	$\lg[c(Ag^+)]$	$c(Ag^+)$/mol·L^{-1}
1	2	平均值			

4.5.5.4　AgCl 溶度积常数的测定

分别取 20mL 0.02mol/L NaCl 溶液和 20mL 0.02mol/L $AgNO_3$ 溶液加入干燥的 50mL 烧杯中，生成白色的 AgCl 沉淀，静置后倾去上清液，再加去离子水搅拌沉淀使其悬浮，再静置后倾去上清液。如此处理沉淀 4~5 次，最后加去离子水静置 30min，即可得到 AgCl 饱和溶液。使用前搅拌使沉淀悬浮，停留片刻沉淀即下沉，然后慢慢倾去上清液，按前述方法测定电池电动势 2 次，结果记录在表 4.9 中。

表 4.9　AgCl 溶度积常数的测定

电池电动势 E/V			$E(Ag^+/Ag)$/V	$\lg[c(Ag^+)]$	$c(Ag^+)$/mol·L^{-1}
1	2	平均值			

4.5.6　实验记录与数据处理

室温：_____

E（甘汞）：_____

表 4.7 中，$c(Ag^+) = \dfrac{V(AgNO_3) \times 2 \times 10^{-4}}{50 + V(AgNO_3)}$ mol/L

以 $E(Ag^+/Ag)$ 为纵坐标，$\lg[c(Ag^+)]$ 为横坐标，对表 4.7 所得数据作图（用坐标纸或用计算机作图），得到一条直线，求出直线的截距 $E^{\ominus}(Ag^+/Ag)$ 和斜率 k。

$E^{\ominus}(Ag^+/Ag)$ = _____

k = _____

根据表 4.8 中测得的 $E(Ag^+/Ag)$，在上面获得的直线上找出（或计算出）对应的 $\lg[c(Ag^+)]$，求得 $c(Ag^+)$，计算出 Ag_2CrO_4 的溶度积常数。

同理，根据表 4.9 数据，计算出 AgCl 的溶度积常数。比较 Ag_2CrO_4 和 AgCl 的溶度积常数和溶解度。

$K_{sp}^{\ominus}(\text{Ag}_2\text{CrO}_4) = \underline{\hspace{6cm}}$

$K_{sp}^{\ominus}(\text{AgCl}) = \underline{\hspace{6cm}}$

4.5.7　习题

（1）在 50mL 去离子水中加入 2×10^{-4}mol/L AgNO$_3$ 溶液 10mL，以银电极和饱和甘汞电极组成原电池，电池电动势为多少？已知 25℃ 时，$E^{\ominus}(\text{Ag}^+/\text{Ag}) = 0.799\text{V}$，$E^{\ominus}(\text{饱和甘汞}) = 0.2420\text{V}$。

（2）如何用实验方法求出 $E(\text{Ag}^+/\text{Ag})$ 与 $c(\text{Ag}^+)$ 关系的能斯特方程表达式？

（3）试分析本实验中产生误差的原因。

4.6　化合物性质与化学反应原理

4.6.1　实验目的

（1）进一步理解和巩固酸碱平衡、沉淀-溶解平衡、氧化还原平衡和配位平衡的基本概念和原理。

（2）了解部分常见化合物的性质。

4.6.2　思考题

（1）缓冲溶液的 pH 值与哪些因素有关，其中主要的影响因素是什么？

（2）介质酸碱性如何影响 KMnO$_4$ 的氧化性？

4.6.3　实验原理

4.6.3.1　酸碱平衡

强电解质在水中全部解离。弱酸和弱碱在水溶液中的解离是不完全的，且解离过程是可逆的，弱酸或弱碱与它解离出来的离子之间建立的动态平衡，称为解离平衡。解离平衡是水溶液中的化学平衡，其平衡常数 $K^{\ominus}$ 称为解离常数。例如，HAc 在水中存在如下解离平衡：

$$\text{HOAc(aq)} \rightleftharpoons \text{H}^+(\text{aq}) + \text{OAc}^-(\text{aq})$$

其解离常数：

$$K_a^{\ominus} = \frac{c(\text{H}^+)\,c(\text{OAc}^-)}{c(\text{HAc})}$$

向 HOAc 溶液中加入 H$^+$ 或 NaOAc，会使上述平衡向左移动，使 HOAc 的解离度减小，这种现象称为同离子效应。

HOAc-NaOAc 的混合溶液为缓冲溶液，具有缓冲能力。通常缓冲溶液由共轭酸碱对组成。

4.6.3.2　沉淀-溶解平衡

任何难溶的电解质在水中总是或多或少地溶解，绝对不溶的物质是不存在的。在一定条件下，当溶解与沉淀的速率相等时，晶体和溶液相应的离子之间达到动态的多相离子平衡，称为沉淀–溶解平衡。

对于一般难溶电解质（A_mB_n），其溶解平衡通式可表示为：

$$A_mB_n(s) \rightleftharpoons mA^{n+}(aq) + nB^{m-}(aq)$$

溶解平衡常数表达式为：

$$K_{sp}^{\ominus}(A_mB_n) = c^m(A^{n+}) \cdot c^n(B^{m-})$$

沉淀的生成和溶解可以根据溶度积规则判断：

依据化学平衡移动原理，将 J 与 $K_{sp}^{\ominus}$ 比较，可以得出：

$J > K_{sp}^{\ominus}$，沉淀生成；

$J = K_{sp}^{\ominus}$，沉淀溶解平衡；

$J < K_{sp}^{\ominus}$，无沉淀生成。

溶液中同时含有几种离子，当加入某种沉淀剂时，可能与溶液中几种离子都能反应而产生沉淀。根据溶度积规则，溶液中离子浓度系数次幂乘积先达到溶度积的先沉淀，后达到的后沉淀。

沉淀之间可以转化，一般来说溶解度较大的难溶电解质容易转化为溶解度较小的难溶电解质。

4.6.3.3　氧化还原平衡

在电解质水溶液中，两种物质能否发生氧化还原反应可根据电极电势来判断。电极电势的代数值越大，其氧化型物质的氧化能力越强，还原型物质的还原能力越弱；电极电势的代数值越小，其还原型物质的还原能力越强，氧化型物质的氧化能力越弱。电极电势低的还原型物质与电极电势高的氧化型物质之间能够发生反应；反之，则不能进行反应。

在氧化还原反应中，当反应条件（如介质酸碱性、温度等）改变时，可使氧化还原反应发生变化。这是由于反应条件和物质状态的改变引起电极电势的变化，从而影响氧化还原反应。

4.6.3.4　配位平衡

配位化合物是由一定数目的离子或分子与中心原子或离子以配位键相结合，按一定的组成和空间构型所形成的化合物。

配离子在水溶液中与弱电解质一样只能部分解离，存在着解离平衡。$[Cu(NH_3)_4]^{2+}$ 配离子总的解离平衡为

$$[Cu(NH_3)_4]^{2+}(aq) \rightleftharpoons Cu^{2+}(aq) + 4NH_3(aq)$$

$$K_d^{\ominus} = \frac{c(Cu^{2+})[c(NH_3)]^4}{c([Ag(NH_3)_4]^{2+})}$$

$K_d^{\ominus}$ 是配离子的解离平衡常数，常称为不稳定常数。

与其他平衡一样，改变配离子解离平衡时的条件，平衡将发生移动。当 NH_3 或弱酸根离子（如 F^-、Ac^-、$C_2O_4^{2-}$、CN^- 等）作配体时，因它们均能与 H^+ 结合成弱电解质，配合物的稳定性将会受到不同程度的影响。例如深蓝色的 $[Cu(NH_3)_4]^{2+}$ 溶液中加入一定量的酸，溶液会由深蓝色转变为浅蓝色。这是由于加入的 H^+ 与 NH_3 结合，生成了 NH_4^+，促使 $[Cu(NH_3)_4]^{2+}$ 进一步解离：

$$[Cu(NH_3)_4]^{2+}(aq) + 4H^+(aq) \rightleftharpoons Cu^{2+}(aq) + 4NH_4^+(aq)$$

一种配离子溶液中，由于另外一种形成体或配位体的加入，若能形成更稳定的配离子，则使原配位平衡破坏，发生了配离子间的转化。

4.6.4 实验用品

4.6.4.1 仪器和材料

pH 试纸、试管、酒精灯、点滴板。

4.6.4.2 药品

HCl（0.1mol/L）、HOAc（0.1mol/L）、甲基橙（1%）、NaOAc（0.1mol/L）、NaOH（0.1mol/L、6mol/L）、$Pb(NO_3)_2$（0.1mol/L、0.001mol/L）、KI（0.1mol/L、0.001mol/L）、$AgNO_3$（0.1mol/L）、K_2CrO_4（0.1mol/L）、NaCl（0.1mol/L）、淀粉液（0.2%）、H_2SO_4（1mol/L）、H_2O_2（3%）、$KMnO_4$（0.01mol/L）、Na_2SO_3（0.5mol/L）、$Na_2C_2O_4$（0.1mol/L）、$Fe(NO_3)_3$（0.1mol/L）、NH₄SCN（0.5mol/L）、NH₄F（2mol/L）、$CuSO_4$（0.1mol/L）、$NH_3 \cdot H_2O$（2mol/L）、HNO_3（6mol/L）、饱和$(NH_4)_2C_2O_4$、CCl_4。

4.6.5 实验步骤

4.6.5.1 酸碱平衡与缓冲溶液

（1）用 pH 试纸测定 0.1mol/L HCl 溶液和 0.1mol/L HOAc 溶液的 pH 值，并与计算值比较。

（2）取 2mL 0.1mol/L HOAc 溶液，加入 1 滴甲基橙指示剂，观察现象，再加入 0.1mol/L NaOAc 溶液，观察溶液颜色的变化，并解释现象。

（3）缓冲溶液 pH 值的测定。

1）用量筒分别量取 5mL 0.1mol/L HOAc 溶液和 5mL 0.1mol/L NaOAc 溶液放入 1 个 50mL 小烧杯中。用玻璃棒搅拌均匀后，测定溶液的 pH 值。然后向溶液中加入 0.1mol/L HCl 溶液 3 滴，搅拌均匀后，测定溶液的 pH 值。再加入 0.1mol/L NaOH 溶液 6 滴，搅拌均匀后，测定溶液的 pH 值，将测得的 pH 值记入表 4.10。

2）用量筒量取 10mL 去离子水放入 1 个 50mL 烧杯中，搅拌均匀后，测定 pH 值。然后向烧杯的水中加入 0.1mol/L HCl 溶液 3 滴，搅拌均匀后，测定 pH 值。再加入 0.1mol/L NaOH 溶液 6 滴，搅拌均匀后，测定 pH 值，将测得的 pH 值记入表 4.10。

表 4.10 缓冲溶液 pH 值测定结果

溶　　液	pH 值
HOAc 和 NaOAc 的混合溶液	
混合溶液+0.1mol/L HCl 溶液 3 滴	
+0.1mol/L NaOH 溶液 6 滴	
水	
水+0.1mol/L HCl 溶液 3 滴	
+0.1mol/L NaOH 溶液 6 滴	

4.6.5.2 沉淀-溶解平衡

（1）在试管中加入 1mL 0.1mol/L Pb(NO$_3$)$_2$ 溶液，再加入 1mL 0.1mol/L KI 溶液，观察是否有沉淀生成；在另一试管中加入 1mL 0.001mol/L Pb(NO$_3$)$_2$ 溶液，再加入 1mL 0.001mol/L KI 溶液，观察是否有沉淀生成，利用溶度积规则进行解释。

（2）在试管中加入 1 滴 0.1mol/L AgNO$_3$ 溶液和 1 滴 0.1mol/L Pb(NO$_3$)$_2$ 溶液，稀释到 5mL，摇匀。逐滴加入 0.1mol/L K$_2$CrO$_4$ 溶液，每加 1 滴都要充分摇匀，观察现象并解释。

（3）在试管中加入 6 滴 0.1mol/L AgNO$_3$ 溶液和 1 滴 0.1mol/L K$_2$CrO$_4$ 溶液，观察现象，再逐滴加入 0.1mol/L NaCl 溶液，充分摇匀，观察现象并解释。

4.6.5.3 氧化还原平衡

（1）在试管中加入 5 滴 0.1mol/L KI 溶液和 2 滴 0.2% 淀粉液，再加入 15 滴 1mol/L H$_2$SO$_4$ 溶液，最后慢慢滴加 3%H$_2$O$_2$ 溶液，观察现象；在另一试管中加入 3 滴 0.01mol/L KMnO$_4$ 溶液和 15 滴 1mol/L H$_2$SO$_4$ 溶液，然后慢慢滴加 3%H$_2$O$_2$ 溶液，观察现象。根据实验结果比较 MnO$_4^-$、H$_2$O$_2$ 和 I$_2$ 氧化能力的大小。

（2）取 3 支试管，分别加入 3 滴 0.01mol/L KMnO$_4$ 溶液。随后在第 1 支试管中加入 15 滴 1mol/L H$_2$SO$_4$ 溶液，然后慢慢滴加 0.5mol/L Na$_2$SO$_3$ 溶液，观察现象；在第 2 支试管中加入 15 滴 6mol/L NaOH 溶液，然后慢慢滴加 0.5mol/L Na$_2$SO$_3$ 溶液，观察现象；在第 3 支试管中慢慢滴加 0.5mol/L Na$_2$SO$_3$ 溶液，观察现象；解释上述实验现象。

（3）取 2 支试管分别加入 2 滴 0.01mol/L KMnO$_4$ 溶液，10 滴 1mol/L H$_2$SO$_4$ 溶液和 20 滴 0.1mol/L Na$_2$C$_2$O$_4$ 溶液，观察现象，然后一支水浴加热，一支常温放置，观察现象。

4.6.5.4 配位平衡

（1）在试管中加入 10 滴 0.1mol/L Fe(NO$_3$)$_3$ 溶液，再加入 1 滴 0.5mol/L NH$_4$SCN 溶液，观察现象；然后慢慢滴加 2mol/L NH$_4$F 溶液，观察现象。

（2）在试管中加入 10 滴 0.1mol/L CuSO$_4$ 溶液，慢慢滴加 2mol/L NH$_3$·H$_2$O，观察现象；再慢慢滴加 6mol/L HNO$_3$，每加 1 滴都要充分摇匀，观察现象。

（3）向两支试管中分别加入 5 滴 0.1mol/L Fe(NO$_3$)$_3$ 溶液，然后向其中一支试管加入 5 滴饱和 (NH$_4$)$_2$C$_2$O$_4$ 溶液，向另一支试管加入 5 滴去离子水，最后都加入 5 滴 0.1mol/L KI 溶液和 5 滴 CCl$_4$，充分摇匀，观察现象。

4.6.6 习题

（1）向含 Fe^{3+} 的溶液中加入 NH$_4$SCN，要使血红色不出现，应先加入何种试剂？

（2）已知 HOAc-NaOAc 混合溶液中 HOAc 和 NaOAc 的浓度，如何计算混合溶液的 pH 值？

5 元素及化合物的性质

5.1 主族金属元素化合物的性质

5.1.1 实验目的

（1）了解镁、钙、钡、锡、铅、锑、铋的氢氧化物的溶解性。
（2）了解锡、铅、锑、铋化合物的氧化还原性质。
（3）了解锡、锑、铋化合物的水解性。
（4）了解锡、铅、锑、铋难溶盐的溶解性质。

5.1.2 思考题

（1）如何配制 $SnCl_2$ 溶液？
（2）如何鉴定 PbO_2 与 HCl 反应时产生的气体？

5.1.3 实验原理

碱土金属（除 Be 和 Mg 外）溶于水生成相应的氢氧化物，$Be(OH)_2$ 为两性，$Mg(OH)_2$ 为中强碱，其他为强碱。碱土金属的硫酸盐、碳酸盐、磷酸盐、草酸盐以及除 BeF_2 之外的氟化物均难溶。上述难溶盐中除硫酸盐外，其余盐均溶于盐酸。

锡、铅、锑、铋位于元素周期表 p 区 ⅣA 和 ⅤA 族，价层电子构型分别为 ns^2np^2 和 ns^2np^3。锡、铅常见的化合物为 +2 价化合物，而锑、铋常见的化合物为 +3 价化合物。

$Sn(OH)_2$、$Pb(OH)_2$、$Sb(OH)_2$ 是两性氢氧化物，$Bi(OH)_3$ 为碱性氢氧化物。

Sn^{2+}、Sb^{3+}、Bi^{3+} 在水溶液中发生显著的水解反应，加入相应的酸可以抑制水解。水解产物为碱式盐。

$Sn(Ⅱ)$ 具有强还原性，由元素电势图：

$$E_A^\ominus/V \quad Sn^{4+} \xrightarrow{\ 0.1539V\ } Sn^{2+} \xrightarrow{\ -0.141V\ } Sn$$

$$E_B^\ominus/V \quad [Sn(OH)_6]^{2-} \xrightarrow{\ -0.93V\ } [Sn(OH)_4]^{2-} \xrightarrow{\ -0.91V\ } Sn$$

可见，在酸性条件下发生下述反应：

$$2Sn^{2+} + O_2 + 4H^+ == 2Sn^{4+} + 2H_2O$$

$$Sn^{4+} + Sn == 2Sn^{2+}$$

碱性条件下发生下述反应：

$$Sn(OH)_2 + 2OH^- == Sn(OH)_4^{2-}$$

$Pb(Ⅳ)$ 具有强氧化性，Pb 的元素电势图如下：

$$E_A^\ominus/V \quad PbO_2 \xrightarrow{\ 1.458V\ } Pb^{2+} \xrightarrow{\ -0.126V\ } Pb$$

$$E_B^{\ominus}/V \quad PbO_2 \xrightarrow{0.2483V} PbO \xrightarrow{-0.58V} Pb$$

在酸性条件下，Pb(Ⅳ)具有强氧化性，可发生下述反应：

$$5PbO_2 + 2Mn^{2+} + 4H^+ === 2MnO_4^- + 5Pb^{2+} + 2H_2O$$

$$3PbO_2 === Pb_3O_4 + O_2\uparrow$$

锡、铅、锑、铋的硫化物都难溶于水，且有颜色，如表5.1所示。

表5.1　锡、铅、锑、铋硫化物的颜色

SnS(棕)	PbS(黑)	Sb_2S_3(橙)	Bi_2S_3(黑)
SnS_2(黄)	不存在 PbS_2	Sb_2S_5(橙)	不存在 Bi_2S_5

上述硫化物具有如下性质：

（1）均不溶于水，不溶于稀 HCl。

（2）溶于浓 HCl，发生配位溶解。

（3）多溶于碱，其中 SnS、PbS、Bi_2S_3 碱性强，不溶于碱。

（4）多溶于碱金属硫化物（其中 SnS，PbS 不溶）。

（5）发生氧化溶解。

Pb(Ⅱ)盐多数难溶，如 $PbCl_2$、$PbSO_4$、PbI_2(金黄)、$PbCrO_4$(黄)；少数可溶，如 Pb $(NO_3)_2$、$Pb(OAc)_2$(味甜，俗称铅糖)，可溶性铅盐均有毒。

5.1.4　实验用品

5.1.4.1　仪器和材料

性质实验常用仪器，离心机，碘化钾淀粉试纸，pH 试纸。

5.1.4.2　试剂

H_2SO_4(2mol/L)，HCl(2mol/L、浓)，HNO_3(2mol/L、6mol/L)，HOAc(2.0mol/L)，NaOH(2mol/L)，$NH_3\cdot H_2O$(2mol/L)，$MgCl_2$(0.1mol/L)，$CaCl_2$(0.1mol/L)，$BaCl_2$(0.1mol/L)，$SnCl_2$(0.1mol/L)，$SbCl_3$(0.1mol/L)，$HgCl_2$(0.1mol/L)，NH_4Cl(饱和)，$Pb(NO_3)_2$(0.1mol/L)，$Bi(NO_3)_3$(0.1mol/L)，Na_2S(0.5mol/L)，$MnSO_4$(0.1mol/L)，$KMnO_4$(0.1mol/L)，Na_2CO_3(0.1mol/L)，$(NH_4)_2C_2O_4$(饱和)，KI(0.1mol/L)，K_2CrO_4(0.1mol/L)，NH_4OAc(饱和)，PbO_2(s)，$NaBiO_3$(s)，$SnCl_2$(s)，$SbCl_3$(s)，$BiCl_3$(s)。

5.1.5　实验步骤

5.1.5.1　氢氧化物的性质

（1）取 3 支试管分别加入 0.1mol/L $MgCl_2$ 溶液、0.1mol/L $CaCl_2$ 溶液和 0.1mol/L $BaCl_2$ 溶液各 5 滴，再与等体积的 2mol/L NaOH 溶液混合，放置，观察沉淀的生成。

（2）用 2mol/L $NH_3\cdot H_2O$ 溶液代替 2mol/L NaOH 溶液进行实验，观察沉淀的生成情况。往沉淀中加入饱和 NH_4Cl 溶液，观察沉淀的溶解情况。

由上述两个实验结果总结碱土金属氢氧化物溶解度变化情况。

（3）取 4 支试管分别加入 0.1mol/L $SnCl_2$ 溶液、0.1mol/L $Pb(NO_3)_2$ 溶液、0.1mol/L $SbCl_3$ 溶液、0.1mol/L $Bi(NO_3)_3$ 溶液各 10 滴，逐滴滴加 2mol/L NaOH 溶液，直到有沉淀

生成为止。然后把沉淀分成 2 份，分别逐滴加入 2mol/L HNO_3 溶液和 2mol/L NaOH 溶液，观察沉淀有何变化。

5.1.5.2　氧化还原性质

（1）取 0.1mol/L $SnCl_2$ 溶液 3 滴，逐滴加入过量的 2mol/L NaOH 溶液至最初生成的沉淀刚好溶解。滴加 0.1mol/L $Bi(NO_3)_3$ 溶液 2 滴，观察现象。此反应可用来鉴定 Bi^{3+}。

（2）取 0.1mol/L $KMnO_4$ 溶液 5 滴，逐滴加入 0.1mol/L $SnCl_2$ 溶液，观察现象。

（3）取 3 滴 0.1mol/L $HgCl_2$ 溶液，逐滴加入 0.1mol/L $SnCl_2$ 溶液，观察沉淀的颜色。当加入过量 $SnCl_2$ 且放置一段时间，观察沉淀颜色的变化。此反应可用来鉴定 Sn^{2+} 和 Hg^{2+}。

（4）取少量 PbO_2 固体置于试管中，滴加 2mol/L HCl 溶液，观察现象，并在管口用湿润的碘化钾淀粉试纸检验生成的气体。

（5）取少量 PbO_2 固体置于试管中，加入 20 滴 6mol/L HNO_3 溶液酸化，再加 2 滴 0.1mol/L $MnSO_4$ 溶液，水浴加热，观察现象。

（6）取 2 滴 0.1mol/L $MnSO_4$ 溶液，加入 20 滴 6mol/L HNO_3 溶液酸化，加入少量 $NaBiO_3$ 固体，微热，观察现象。

5.1.5.3　水解性

（1）取微量固体 $SnCl_2$ 放入试管中，用去离子水溶解，有何现象？溶液的酸碱性如何？往溶液中滴加浓 HCl 溶液后有何变化，稀释后又有何变化？

（2）分别用少量固体 $SbCl_3$ 和固体 $BiCl_3$ 代替 $SnCl_2$，重复上述实验，观察现象。

5.1.5.4　溶解性

（1）取 3 支试管分别加入 0.1mol/L $MgCl_2$ 溶液、0.1mol/L $CaCl_2$ 溶液和 0.1mol/L $BaCl_2$ 溶液各 5 滴，再各加 5 滴 0.1mol/L Na_2CO_3 溶液，观察现象，分别试验沉淀在 2mol/L HOAc 溶液和 2mol/L HCl 溶液中的溶解性。

（2）取 3 支试管分别加入 0.1mol/L $MgCl_2$ 溶液、0.1mol/L $CaCl_2$ 溶液和 0.1mol/L $BaCl_2$ 溶液各 3 滴，再各加 3 滴饱和 $(NH_4)_2C_2O_4$ 溶液，观察现象，此反应可作为 Ca^{2+} 离子的鉴定反应。分别试验沉淀在 2mol/L HOAc 溶液和 2mol/L HCl 溶液中的溶解性。

（3）取 4 支试管分别加入 0.1mol/L $SnCl_2$ 溶液、0.1mol/L $Pb(NO_3)_2$ 溶液、0.1mol/L $SbCl_3$ 溶液和 0.1mol/L $Bi(NO_3)_3$ 溶液各 5 滴，各加入 1 滴 0.5mol/L Na_2S 溶液，观察生成沉淀的颜色。离心分离、弃去溶液，再分别试验沉淀在浓 HCl 和 0.5mol/L Na_2S 溶液中的溶解性。

（4）取 0.1mol/L $Pb(NO_3)_2$ 溶液 5 滴，加入 2mol/L HCl 溶液，观察沉淀的生成，然后依次进行水浴加热、冷却，最后滴加浓 HCl，观察现象。

（5）取 0.1mol/L $Pb(NO_3)_2$ 溶液 5 滴，加入 0.1mol/L KI 溶液，观察沉淀的生成。

（6）取 0.1mol/L $Pb(NO_3)_2$ 溶液 5 滴，加入 2mol/L H_2SO_4 溶液，观察沉淀的生成，然后加入饱和 NH_4OAc 溶液，观察沉淀变化。

（7）取 0.1mol/L $Pb(NO_3)_2$ 溶液 5 滴，加入 0.1mol/L K_2CrO_4 溶液，观察沉淀的生成，然后加入 6mol/L HNO_3 溶液，观察沉淀变化。

5.1.5.5　未知液的鉴别

有一未知液，可能是 Sn^{2+}、Pb^{2+}、Sb^{3+}、Bi^{3+} 四种离子中的一种，请设计实验方案鉴定是哪一种离子，写出鉴定过程和相关的离子反应方程式。

5.1.6 习题

（1）检验 $Pb(OH)_2$ 的碱性时，应使用何种酸，为什么？

（2）水溶液中含 Sn^{2+}、Bi^{3+}，向其中加入 NaOH 溶液直至过量，会发生什么现象，为什么？

5.2 副族元素的性质

5.2.1 实验目的

（1）熟悉铬、钴、镍、铜、银、锌、镉等元素氢氧化物的生成和性质。

（2）掌握锰、铜等元素化合物的氧化还原性。

（3）了解钒重要化合物的性质。

（4）掌握铜、银、镉等元素硫化物的生成和性质。

（5）掌握 Fe^{2+}、Fe^{3+}、Ni^{2+} 等离子的鉴定方法。

5.2.2 思考题

（1）$KMnO_4$ 的氧化性是否受介质酸度的影响？

（2）在什么条件下，$Cu(I)$ 才能稳定存在？

5.2.3 实验原理

位于元素周期表第四周期的 Sc～Zn 称为第一过渡系元素。其中 V、Cr、Mn、Fe、Co、Ni 是过渡元素中常见的重要元素，它们的主要性质如下。

5.2.3.1 V 的化合物

V 属 VB 族元素，最常见的氧化态为+5。V_2O_5 是钒的重要化合物之一，可由 NH_4VO_3 加热分解制得：

$$2NH_4VO_3 \xrightarrow{\triangle} V_2O_5 + 2NH_3 + H_2O$$

V_2O_5 呈橙色至深红色，微溶于水，是两性偏酸性的氧化物，易溶于碱，能溶于强酸中：

$$V_2O_5 + 6NaOH \longrightarrow 2Na_3VO_4 + 3H_2O$$
$$V_2O_5 + H_2SO_4 \longrightarrow (VO_2)_2SO_4 + H_2O$$

V_2O_5 溶解在盐酸中时，$V(V)$ 被还原成 $V(IV)$：

$$V_2O_5 + 6HCl \longrightarrow 2VOCl_2 + Cl_2 + 3H_2O$$

在钒酸盐的酸性溶液中，加入还原剂（如锌粉），可观察到溶液的颜色由黄色逐渐变成蓝色、绿色，最后成紫色。这些颜色分别对应于 $V(IV)$、$V(III)$ 和 $V(II)$ 的化合物：

$$NH_4VO_3 + 2HCl \longrightarrow VO_2Cl + H_2O + NH_4Cl$$
$$2VO_2Cl + Zn + 4HCl \longrightarrow 2VOCl_2 + ZnCl_2 + 2H_2O$$
$$2VOCl_2 + Zn + 4HCl \longrightarrow 2VCl_3 + ZnCl_2 + 2H_2O$$

$$2VCl_3 + Zn \longrightarrow 2VCl_2 + ZnCl_2$$

向钒酸盐的溶液中加酸，随 pH 值逐渐下降，生成不同缩合度的多钒酸盐，其缩合平衡为：

$$2VO_4^{3-} + 2H^+ \Longrightarrow 2HVO_4^{2-} \Longrightarrow V_2O_7^{4-} + H_2O\,(pH \geqslant 13)$$

$$3V_2O_7^{4-} + 6H^+ \Longrightarrow 2V_3O_9^{3-} + 3H_2O\,(pH \geqslant 8.4)$$

$$10V_3O_9^{3-} + 12H^+ \Longrightarrow 3V_{10}O_{28}^{6-} + 6H_2O\,(8 > pH > 3)$$

随着缩合度的增大，溶液的颜色逐渐加深，由淡黄色变到深红色。溶液转为酸性后，缩合度不再改变，而是发生获得质子的反应：

$$[V_{10}O_{28}]^{6-} + H^+ \Longrightarrow [HV_{10}O_{28}]^{5-}$$

$$[HV_{10}O_{28}]^{5-} + H^+ \Longrightarrow [H_2V_{10}O_{28}]^{4-}$$

在 pH $\approx$ 2 时，有红棕色 V_2O_5 水合物沉淀析出，pH = 1 时，溶液中存在稳定的黄色 VO_2^+：

$$[H_2V_{10}O_{28}]^{4-} + 14H^+ \Longrightarrow 10VO_2^+ + 8H_2O$$

在钒酸盐的溶液中加过氧化氢，若溶液呈弱碱性、中性或弱酸性，得到黄色的二过氧钒酸离子 $[VO_2(O_2)_2]^{3-}$；若溶液是强酸性，得到红棕色的过氧钒阳离子 $[V(O_2)_2]^+$，两者间存在下列平衡，在分析上可用于鉴定钒和比色测定：

$$[VO_2(O_2)_2]^{3-} + 4H^+ \Longrightarrow [V(O_2)_2]^+ + 2H_2O$$

5.2.3.2　Cr 的化合物

Cr 属ⅥB 族元素，最常见的是 +3 和 +6 氧化态的化合物。Cr(Ⅲ)盐溶于水后，显示出蓝绿色 Cr^{3+} 的颜色。与氨水或碱反应可制得灰蓝色氢氧化铬胶状沉淀，它具有两性，既溶于酸又溶于碱：

$$Cr(OH)_3 + 3H^+ \longrightarrow Cr^{3+} + 3H_2O$$

$$Cr(OH)_3 + OH^- \longrightarrow CrO_2^- + 2H_2O$$

在碱性溶液中 Cr(Ⅲ)有较强的还原性，较易被氧化成 CrO_4^{2-}：

$$2CrO_2^- + 3H_2O_2 + 2OH^- \longrightarrow 2CrO_4^{2-} + 4H_2O$$

工业上和实验室中常见的 Cr(Ⅵ)化合物是它的含氧酸盐：铬酸盐和重铬酸盐。它们在水溶液中存在下列平衡：

$$2CrO_4^{2-} + 2H^+ \Longrightarrow Cr_2O_7^{2-} + H_2O$$

除加酸、加碱可使平衡发生移动外，向溶液中加入 Ba^{2+}、Pb^{2+} 或 Ag^+，由于生成溶度积较小的铬酸盐，也能使上述平衡向左移动。所以，向铬酸盐溶液或重铬酸盐溶液中加入这些金属离子，生成的都是铬酸盐沉淀。如：

$$Cr_2O_7^{2-} + 2Ba^{2+} + H_2O \longrightarrow 2H^+ + 2BaCrO_4 \downarrow$$

重铬酸盐在酸性溶液中是强氧化剂，其还原产物是 Cr^{3+} 的盐。如：

$$Cr_2O_7^{2-} + 3SO_3^{2-} + 8H^+ \longrightarrow 2Cr^{3+} + 3SO_4^{2-} + 4H_2O$$

$$Cr_2O_7^{2-} + 6Fe^{2+} + 14H^+ \longrightarrow 2Cr^{3+} + 6Fe^{3+} + 7H_2O$$

后一个反应在分析化学中常用来测定铁含量。

5.2.3.3　Mn 的化合物

Mn 属ⅦB 族元素，最常见的是 +2、+4 和 +7 氧化态的化合物。+2 氧化态的锰盐溶于水后得到肉色的 Mn^{2+}，在酸性介质中比较稳定，与碱反应生成白色的 $Mn(OH)_2$ 沉淀。

$Mn(OH)_2$属碱性氢氧化物，在空气中易被氧化成褐色的$MnO(OH)$，$MnO(OH)$很容易被氧化成棕黑色的$MnO(OH)_2$沉淀。

MnO_2是$Mn(Ⅳ)$的重要化合物，可由$Mn(Ⅶ)$与$Mn(Ⅱ)$的化合物作用而得到：

$$2MnO_4^- + 3Mn^{2+} + 2H_2O \longrightarrow 5MnO_2 + 4H^+$$

在酸性介质中MnO_2是一种强氧化剂：

$$MnO_2 + SO_3^{2-} + 2H^+ \longrightarrow Mn^{2+} + SO_4^{2-} + H_2O$$

$$2MnO_2 + 2H_2SO_4(浓) \longrightarrow 2MnSO_4 + O_2\uparrow + 2H_2O$$

在碱性介质中，有氧化剂存在时，$Mn(Ⅳ)$能被氧化转变成$Mn(Ⅵ)$的化合物：

$$2MnO_2 + 4KOH + O_2 \longrightarrow 2K_2MnO_4 + 2H_2O$$

锰酸盐只有在强碱性溶液中（$pH \geq 14.4$）才是稳定的。如果在酸性或弱碱性、中性条件下，会发生歧化反应：

$$3MnO_4^{2-} + 4H^+ \longrightarrow 2MnO_4^- + MnO_2 + 2H_2O$$

$Mn(Ⅶ)$的化合物中最重要的是高锰酸钾（$KMnO_4$）。其固体加热到473K以上分解放出氧气，是实验室制备氧气的简便方法：

$$2KMnO_4 \longrightarrow K_2MnO_4 + MnO_2 + O_2\uparrow$$

$KMnO_4$是最重要和常用的氧化剂之一，它的还原产物因介质的酸碱性不同而不同。

酸性介质：　　$2MnO_4^- + 5SO_3^{2-} + 6H^+ \longrightarrow 2Mn^{2+} + 5SO_4^{2-} + 3H_2O$

中性介质：　　$2MnO_4^- + 3SO_3^{2-} + H_2O \longrightarrow 2MnO_2 + 3SO_4^{2-} + 2OH^-$

碱性介质：　　$2MnO_4^- + SO_3^{2-} + 2OH^- \longrightarrow 2MnO_4^{2-} + SO_4^{2-} + H_2O$

5.2.3.4　铁系元素化合物

Fe、Co、Ni属Ⅷ族元素，常见氧化态为+2和+3。铁系元素氢氧化物均难溶于水，其氧化还原性质可归纳如下：

还原性增强

← —————————————————————

$Fe(OH)_2$	$Co(OH)_2$	$Ni(OH)_2$
白色	粉红	绿色
$Fe(OH)_3$	$Co(OH)_3$	$Ni(OH)_3$
棕红色	棕色	黑色

————————————————————— →

氧化性增强

$Fe(OH)_2$极不稳定。碱滴入Fe^{2+}溶液，几乎看不到白色沉淀，而是迅速得到灰绿色沉淀。$Co(OH)_2$也不稳定。$Ni(OH)_2$不能被空气中的O_2所氧化，但可在强碱性条件下，与Cl_2、$NaClO$等强氧化性物质反应。

$$Fe(OH)_3 + 3H^+ \longrightarrow Fe^{3+} + 3H_2O$$

$$Fe(OH)_3 + 3OH^- \longrightarrow [Fe(OH)_6]^{3-}$$

$Ni(OH)_3$、$Co(OH)_3$具有氧化性，$Ni(OH)_3$氧化性比$Co(OH)_3$强。$Ni(OH)_3$、$Co(OH)_3$虽为碱性，但溶于酸（非氧化性），得到的是$Ni(Ⅱ)$盐和$Co(Ⅱ)$盐。

铁系元素能形成多种配合物，配合物的形成常作为Fe^{2+}、Fe^{3+}、Co^{2+}、Ni^{2+}离子的鉴定方法。

5.2.3.5　Cu、Ag、Zn、Cd 化合物

Cu^{2+}、Ag^+、Zn^{2+}、Cd^{2+} 与 NaOH 溶液反应生成 $Cu(OH)_2$（浅蓝色）、Ag_2O（棕色）、$Zn(OH)_2$（白色）、$Cd(OH)_2$（白色）。若将 $Cu(OH)_2$、$Zn(OH)_2$ 水溶液加热则生成 CuO（黑色）、ZnO（白色）。

$Cu(OH)_2$ 和 $Zn(OH)_2$ 具有两性，但 $Cu(OH)_2$ 两性以碱性为主，略有酸性。它们与过量的 NaOH 溶液反应则生成 $Cu(OH)_4^{2-}$ 和 $Zn(OH)_4^{2-}$ 而溶解。向 $CuSO_4$ 溶液中加少量氨水，得到浅蓝色碱式盐 $Cu_2(OH)_2SO_4$，继续加入 $NH_3 \cdot H_2O$ 时，得深蓝色的溶液。

Cu^{2+}、Ag^+、Zn^{2+}、Cd^{2+} 与氨水反应生成 $[Cu(NH_3)_4]^{2-}$（蓝色）、$[Ag(NH_3)_2]^+$（无色）、$[Zn(NH_3)_4]^{2+}$（无色）、$[Cd(NH_3)_4]^{2+}$（无色）等配离子。

Cu^{2+}、Ag^+、Zn^{2+}、Cd^{2+} 与 Na_2S 溶液反应生成难溶的硫化物 CuS（黑色）、Ag_2S（黑色）、ZnS（白色）、CdS（黄色）。ZnS 能溶于稀盐酸中。CdS 能溶于浓盐酸中，Ag_2S 和 CuS 不溶于盐酸，但溶于浓硝酸中。

Cu(Ⅰ) 在水溶液中不能稳定存在，会发生歧化反应生成 Cu 和 Cu^{2+}。Cu(Ⅰ) 的化合物都难溶于水，而 Cu(Ⅱ) 的化合物易溶于水的较多。常见的 Cu(Ⅰ) 化合物在水中的溶解度顺序为：

$$CuCl > CuBr > CuI > CuSCN > CuCN > Cu_2S$$

Cu^+ 有还原性，在空气中 CuCl 可被氧化：

$$4CuCl + O_2 + 4H_2O \longrightarrow 3CuO \cdot CuCl_2 \cdot 3H_2O + 2HCl$$

Cu^{2+} 具有氧化性：

$$2Cu^{2+} + 4I^- \longrightarrow 2CuI(s) + I_2$$

$$CuI + I^- \longrightarrow CuI_2^-$$

$CuCl_2$ 易溶于水，在很浓的 $CuCl_2$ 水溶液中或当水溶液中 Cl^- 浓度高时，可形成黄色的配离子 $[CuCl_4]^{2-}$。在 $CuCl_2$ 稀溶液中由于水分子多，$CuCl_2$ 变为 $[Cu(H_2O)_4]Cl_2$ 水合离子显蓝色。$CuCl_2$ 溶液由于同时含有两者，通常呈绿色。

5.2.4　实验用品

5.2.4.1　仪器和材料

性质实验常用仪器，离心机，水浴锅，坩埚，酒精灯，KI 淀粉试纸，pH 试纸，电吹风，量筒（5mL、20mL）。

5.2.4.2　试剂

HCl（2.0mol/L、6mol/L），HNO_3（浓）NaOH（2mol/L），H_2SO_4（6mol/L），$NH_3 \cdot H_2O$（2mol/L、6mol/L），$CoCl_2$（0.1mol/L），$NiSO_4$（0.1mol/L），$CuCl_2$（0.2mol/L），$CdSO_4$（0.1mol/L），$CrCl_3$（0.1mol/L），$MnSO_4$（0.2mol/L），H_2O_2（3%），$KMnO_4$（0.01mol/L），NH_4VO_3（饱和），$(NH_4)_2Fe(SO_4)_2$（0.1mol/L），$K_4[Fe(CN)_6]$（0.1mol/L），$K_3[Fe(CN)_6]$（0.1mol/L），镍试剂，$K_2Cr_2O_7$（0.1mol/L），$BaCl_2$（0.1mol/L），$Pb(NO_3)_2$（0.1mol/L），$CuSO_4$（0.1mol/L），$AgNO_3$（0.1mol/L），$Zn(NO_3)_2$（0.1mol/L），$Cd(NO_3)_2$（0.1mol/L），$Fe(NO_3)_3$（0.1mol/L），KI（0.1mol/L），Na_2S（0.5mol/L），淀粉溶液。

5.2.5 实验步骤

5.2.5.1 氢氧化物的性质

（1）取 2 支试管，均加入 5 滴 0.1mol/L $CrCl_3$ 溶液和几滴 2mol/L NaOH 溶液，直至生成沉淀。在 1 支试管中加入 2mol/L HCl 溶液，在另 1 支试管中加入 2mol/L NaOH 溶液，观察现象。若沉淀溶解，继续水浴加热，观察现象。

（2）取 3 支试管，均加入 5 滴 0.1mol/L $CoCl_2$ 溶液和几滴 2mol/L NaOH 溶液，直至生成沉淀。在第 1 支试管中加入 2mol/L HCl 溶液，在第 2 支试管中加入 2mol/L NaOH 溶液，第 3 支试管在空气中充分摇荡，观察现象。

（3）用 0.1mol/L $NiSO_4$ 溶液代替 $CoCl_2$ 溶液，重复实验（2）。

（4）取 2 滴 0.2mol/L 的 $MnSO_4$ 溶液，再滴加 2mol/L 的 NaOH 溶液 1 滴，观察并记录产物的颜色和状态。放置 3min 后观察并记录沉淀的变化。向沉淀中加 2 滴 3% H_2O_2，观察又发生了什么变化。

（5）取 4 支试管分别加入 0.1mol/L $CuSO_4$ 溶液、0.1mol/L $AgNO_3$ 溶液、0.1mol/L $Zn(NO_3)_2$ 溶液、0.1mol/L $Cd(NO_3)_2$ 溶液 10 滴，然后向各试管中加入 3~5 滴 2mol/L 的 NaOH 溶液，观察现象。除 $AgNO_3$ 试管外，将其余 3 支试管放于水浴中加热，观察各试管中的沉淀有何变化。

5.2.5.2 氧化还原性质

（1）取 0.01mol/L $KMnO_4$ 溶液 1 滴和 6mol/L H_2SO_4 溶液 3 滴，然后慢慢向其中加入 0.1mol/L $(NH_4)_2Fe(SO_4)_2$ 溶液，观察溶液颜色变化。

（2）取饱和 NH_4VO_3 溶液 1mL，加入 2 滴 6mol/L 的 HCl 酸化后，加入少量锌粉，放置片刻，仔细观察并记录溶液颜色的变化。再逐滴加入 0.01mol/L 的 $KMnO_4$ 溶液并摇匀，观察并记录溶液的颜色变化。

（3）在离心管中加入等体积的 0.1mol/L 的 $CuSO_4$ 溶液和 0.1mol/L 的 KI 溶液，搅拌，离心分离后观察并记录沉淀和溶液颜色。将上层清液转移至另一试管中，加入淀粉溶液，观察并记录现象。

5.2.5.3 硫化物的性质

取 4 支试管分别加入 0.1mol/L $CuSO_4$ 溶液、0.1mol/L $AgNO_3$ 溶液、0.1mol/L $Zn(NO_3)_2$ 溶液、0.1mol/L $Cd(NO_3)_2$ 溶液各 5 滴，然后向各试管中逐滴加入 0.5mol/L 的 Na_2S 溶液，观察现象。分别检验沉淀在 2mol/L HCl 溶液、6mol/L HCl 溶液、浓硝酸中的溶解情况。

5.2.5.4 离子的鉴定

（1）取 5 滴 0.1mol/L $K_4[Fe(CN)_6]$ 溶液，滴加 5 滴 0.1mol/L $Fe(NO_3)_3$ 溶液，观察现象。此反应可用来鉴定 Fe^{3+}。

（2）取 5 滴 0.1mol/L $K_3[Fe(CN)_6]$ 溶液，滴加 5 滴 0.1mol/L $(NH_4)_2Fe(SO_4)_2$ 溶液，观察现象。此反应可用来鉴定 Fe^{2+}。

（3）取 5 滴 0.1mol/L $NiSO_4$ 溶液，滴加 5 滴 2mol/L $NH_3 \cdot H_2O$，再加入 1 滴镍试剂，观察现象。此反应可用来鉴定 Ni^{2+}。

（4）取 3 支试管，均加入 0.1mol/L $K_2Cr_2O_7$ 溶液，再分别加入 0.1mol/L $BaCl_2$ 溶液、

0.1mol/L $Pb(NO_3)_2$ 溶液、0.1mol/L $AgNO_3$ 溶液，观察并记录铬酸钡、铬酸铅和铬酸银的生成及它们的颜色。向这三支试管中分别加入 2mol/L 的 HCl，检验其溶解性。这些反应可用来鉴定 Ba^{2+}、Pb^{2+}、Ag^+。

5.2.6 习题

（1）$Co(OH)_3$ 和 $Ni(OH)_3$ 分别加入 HCl 和 H_2SO_4 时会出现什么现象？

（2）为什么硫酸铜溶液中加入 KI 时，生成碘化亚铜，加 KCl 产物是什么？

5.3 氧化还原反应与配位化合物

5.3.1 实验目的

（1）加深理解电极电势与氧化还原反应的关系。

（2）了解介质酸碱性对氧化还原反应的影响。

（3）了解氧化还原反应和沉淀反应对配位平衡的影响。

5.3.2 思考题

（1）电极反应中离子浓度变化如何影响电极电势？

（2）Co^{3+} 在水溶液中不能稳定存在，为什么 $[Co(en)_3]^{3+}$ 在溶液中可以稳定存在？

（3）如何鉴定混合溶液中的 Fe^{3+} 和 Co^{2+}？

5.3.3 实验原理

电解质水溶液中的氧化还原反应是生产和科研中经常遇到的重要化学反应，经常遇到的基本问题有三个，即氧化还原反应进行的方向性、氧化还原反应的限度和氧化还原反应的速度问题。

在电解质水溶液中，两种物质能否发生氧化还原反应可根据电极电势来判断。电极电势低的还原型物质与电极电势高的氧化型物质之间能够发生反应；反之，则不能进行反应。若一元素具有不同氧化态的物质，其最高氧化态的物质只能作氧化剂，最低氧化态的物质只能作还原剂，中间氧化态的物质既可作氧化剂也可作还原剂。若一种还原剂与两种或两种以上的氧化剂反应，或一种氧化剂与两种或两种以上的还原剂反应，则还原剂优先与电极电势高的氧化剂反应，氧化剂优先与电极电势低的还原剂反应。

在氧化还原反应中，当反应条件改变或物质状态改变时，氧化还原反应可能发生方向性的变化。这是由于反应条件和物质状态的改变引起电极电势的变化，从而改变氧化还原反应的方向。

（1）反应物浓度对氧化还原反应方向的影响。例如，金属 Sn 能与 $Pb(NO_3)_2$ 浓溶液反应置换出金属 Pb，但与 $Pb(NO_3)_2$ 稀溶液不能反应，因为：

$$Sn^{2+} + 2e \longrightarrow Sn \qquad E^\ominus = -0.136V$$

$$Pb^{2+} + 2e \longrightarrow Pb \qquad E^\ominus = -0.126V$$

根据标准电极电势判断反应是能够进行的。但若 $c(Pb^{2+}) = 0.01mol/L$，则：

$$E(\text{Pb}^{2+}/\text{Pb}) = E^{\ominus}(\text{Pb}^{2+}/\text{Pb}) + \frac{0.0592}{2}\lg c(\text{Pb}^{2+}) = -0.126 + \frac{0.0592}{2}\lg 10^{-2} = -0.185\text{V}$$

此时，$E(\text{Pb}^{2+}/\text{Pb})$ 低于 $E^{\ominus}(\text{Sn}^{2+}/\text{Sn})$，所以置换反应不能进行。

一般来说，反应物浓度对氧化还原反应方向的改变并不是很重要。因为上述情况必须在电极电势相差很小、同时浓度变化很大时才能发生，在实际工作中较少遇到这种情况。

（2）溶液酸碱性对氧化还原反应方向的影响。例如，AsO_4^{2-} 在酸性溶液中能将 S^{2-} 氧化为单质 S，而在碱性溶液中则不能。这可根据下面电极电势看出：

$$\text{S}+2\text{e} \longrightarrow \text{S}^{2-} \qquad\qquad E^{\ominus} = -0.48\text{V}$$
$$\text{H}_3\text{AsO}_4+2\text{H}^++2\text{e} \longrightarrow \text{HAsO}_2+2\text{H}_2\text{O} \qquad E_a^{\ominus} = +0.550\text{V}$$
$$\text{AsO}_4^{3-}+2\text{H}_2\text{O}+2\text{e} \longrightarrow \text{AsO}_2^-+4\text{OH}^- \qquad E_b^{\ominus} = -0.67\text{V}$$

（3）难溶物质对氧化还原反应的影响。例如，将氯水加入 Co^{2+} 溶液中并不能将 Co^{2+} 氧化成 Co^{3+}，这是因为：

$$\text{Cl}_2+2\text{e} \longrightarrow 2\text{Cl}^- \qquad E^{\ominus} = 1.359\text{V}$$
$$\text{Co}^{3+}+\text{e} \longrightarrow \text{Co}^{2+} \qquad E^{\ominus} = 1.84\text{V}$$

但若向 Co^{2+} 溶液中加入 NaOH 溶液使其变为 Co(OH)_2 沉淀，再加氯水则很容易将 Co(OH)_2 氧化成棕黑色的 Co(OH)_3 沉淀。因为：Co(OH)_2 的 $K_{sp}^{\ominus} = 1.6\times10^{-15}$，$\text{Co(OH)}_3$ 的 $K_{sp}^{\ominus} = 1.6\times10^{-44}$。若含有 Co(OH)_2 和 Co(OH)_3 沉淀的溶液中 $c(\text{OH}^-) = 1\text{mol/L}$，则溶液中 $c(\text{Co}^{2+}) = 1.6\times10^{-15}\text{mol/L}$，$c(\text{Co}^{3+}) = 1.6\times10^{-44}\text{mol/L}$，代入能斯特公式：

$$E(\text{Co}^{3+}/\text{Co}^{2+}) = E^{\ominus}(\text{Co}^{3+}/\text{Co}^{2+}) + 0.0592\lg\frac{c(\text{Co}^{3+})}{c(\text{Co}^{2+})} = 1.84 + 0.0592\lg\frac{1.6\times10^{-44}}{1.6\times10^{-15}} = 0.13\text{V}$$

$$\text{Co(OH)}_3 + \text{e} \longrightarrow \text{Co(OH)}_2 + \text{OH}^- \qquad E^{\ominus} = 0.13\text{V}$$

配位化合物是由一定数目的离子或分子与中心原子或离子以配位键相结合，按一定的组成和空间构型所形成的化合物，如 $[\text{Cu(NH}_3)_4]\text{SO}_4$。与中心原子直接相连的原子叫配位原子，配位原子的个数称为配位数。在 $[\text{Cu(NH}_3)_4]\text{SO}_4$ 中 N 原子为配位原子，配位数是 4。

复盐与配合物盐的主要区别是在水溶液中的电离情况。复盐在水溶液中完全电离成各组分离子，而配合物盐在水溶液中存在着配离子离解平衡。

元素周期表中几乎所有的金属元素都可以作为配合物的中心原子，但生成配合物的能力不同。一般周期表中两端的元素形成配合物的能力较弱，尤其是碱金属、碱土金属，只能形成少数稳定螯合物。位于元素周期表中部的元素形成配合物能力最强，特别是第Ⅷ族元素以及 Cu、Mn、Cr 等副族元素。

一种金属离子在水溶液中能与不同配合剂形成不同配合物，当配离子形成时，常伴随溶液颜色改变。例如：

$$\text{Cu}^{2+}+4\text{NH}_3 \longrightarrow [\text{Cu(NH}_3)_4]^{2+} \qquad （蓝\rightarrow深蓝）$$
$$\text{Fe}^{2+}+6\text{CN}^- \longrightarrow [\text{Fe(CN)}_6]^{4-} \qquad （淡绿\rightarrow黄）$$
$$\text{Ni}^{2+}+6\text{NH}_3 \longrightarrow [\text{Ni(NH}_3)_6]^{2+} \qquad （绿\rightarrow蓝）$$
$$\text{Fe}^{3+}+6\text{F}^- \longrightarrow [\text{FeF}_6]^{3-} \qquad （黄\rightarrow无色）$$

另一个重要现象为配位反应发生时，可能发生沉淀生成或沉淀溶解，如丁二肟与镍离子反应，生成螯合物为难溶红色沉淀。另一方面，许多沉淀由于生成配离子而溶解，利用该现象可以进行物质的分离分析。

　　加入配合剂后，水溶液中的金属离子形成配离子，使金属离子的浓度大大降低，金属离子就不易还原为金属。相反，金属在配合剂存在下容易氧化进入溶液中。对于变价金属离子，因高价金属离子配位能力一般较低价金属离子强，所以形成配离子后电极电位明显下降，这样使高价金属离子不易被还原为低价金属离子，而低价金属离子容易被氧化为高价离子。金属离子形成配合物后的电极电势可根据配合物的稳定常数和能斯特方程进行计算。

5.3.4　实验用品

5.3.4.1　仪器和材料
性质实验常用仪器，pH 试纸，小铁钉（长约 2cm），天平，显微镜，载玻片，离心机，称量纸。

5.3.4.2　试剂
$AgNO_3$(0.1mol/L)，$Co(NO_3)_2$(0.1mol/L)，$CuSO_4$(0.1mol/L)，$Fe(NO_3)_3$(0.1mol/L)，KI(0.1mol/L)，KIO_3(0.1mol/L)，KBr (0.1mol/L)，$K_2Cr_2O_7$(0.1mol/L)，$K_2S_2O_8$ (0.1mol/L)，$MnSO_4$(0.1mol/L)，NH_4SCN (0.5mol/L)，$Na_2C_2O_4$(0.1mol/L)，NaClO(0.1mol/L)，Na_2SO_3(0.1mol/L)，Na_2S (0.1mol/L)，Na_3AsO_4(0.1mol/L)，NaCl(0.1mol/L)，EDTA (0.1mol/L)，H_2SO_4(3mol/L)，HNO_3(2mol/L、6mol/L)，NaOH(2mol/L、6mol/L)，硫磷混酸 （1mol/L），$NH_3 \cdot H_2O$(2mol/L)，$SnCl_2$(0.5mol/L)，H_2O_2(6%)，$KMnO_4$(0.01mol/L)，0.2%淀粉液，$BaCl_2$(0.05mol/L)，$Fe(NO_3)_3$(0.05mol/L)，$Pb(NO_3)_2$(0.05mol/L)，$Na_2S_2O_3$(0.5mol/L)，Na_2SO_3(0.5mol/L)，NH_4F (2mol/L)，$(NH_4)_2C_2O_4$ 饱和溶液，乙二胺 （0.1mol/L），CCl_4，奈斯勒试剂，亚硝酸铜铅钠（$[Na_2PbCu(NO_2)_6]$）溶液，$NH_4Fe(SO_4)_2 \cdot 12H_2O(s)$，$K_3Fe(C_2O_4)_3 \cdot 2H_2O(s)$，CNS 型阴离子交换树脂，淀粉 （2%）。

5.3.5　实验步骤

5.3.5.1　氧化还原反应与电极电势
　（1）取 20 滴 0.1mol/L $CuSO_4$ 溶液，加入一个新的小铁钉，振荡数分钟后，将溶液倒入回收瓶，观察铁钉表面的现象。

　（2）取 5 滴 0.1mol/L KI 溶液，加入 10 滴 3mol/L H_2SO_4 溶液，再加入 5 滴 0.1mol/L NaClO 溶液，最后加入 2 滴 0.2%淀粉溶液，观察现象。

　（3）取 5 滴 0.1mol/L KI 溶液和 2 滴 0.2%淀粉溶液，再加入 5 滴 3mol/L H_2SO_4 溶液，最后慢慢滴加 2 滴 6% H_2O_2，观察现象。

　（4）取 5 滴 0.1mol/L $Fe(NO_3)_3$ 溶液和 1 滴 0.5mol/L NH_4SCN 溶液，然后慢慢滴加 0.5mol/L $SnCl_2$ 溶液，观察现象。

　（5）取 3 滴 0.01mol/L $KMnO_4$ 溶液和 5 滴 3mol/L H_2SO_4 溶液，然后慢慢滴加 6% H_2O_2，观察现象。

　（6）取 2 滴 0.01mol/L $KMnO_4$ 溶液和 3 滴 0.1mol/L $K_2Cr_2O_7$ 溶液，再加入 5 滴 3mol/L H_2SO_4 溶液，然后慢慢滴加 0.1mol/L Na_2SO_3 溶液，观察颜色的变化。

5.3.5.2　影响氧化还原反应方向的因素
　（1）取 10 滴 0.1mol/L KI 溶液和 2 滴 0.1mol/L KIO_3 溶液，加入几滴淀粉溶液，摇

匀，观察现象。再滴加 1 滴 3mol/L H_2SO_4 溶液，摇匀，观察现象。最后滴加 2~3 滴 6mol/L NaOH 溶液，摇匀，观察现象。

（2）取 10 滴 0.1mol/L $Co(NO_3)_2$ 溶液，加入 10 滴 6mol/L NaOH 溶液，再加入 5 滴 6% H_2O_2，观察现象。

5.3.5.3 影响氧化还原反应速率的因素

（1）取 20 滴 0.1mol/L $K_2S_2O_8$ 溶液和 6 滴 2mol/L NaOH 溶液，加入 2 滴 0.1mol/L Na_2S 溶液，摇匀后放置，观察现象。

（2）取 20 滴 0.1mol/L $K_2S_2O_8$ 溶液和 2 滴 3mol/L H_2SO_4 溶液，加入 2 滴 0.1mol/L Na_2S 溶液，摇匀后放置，观察现象并与 5.3.5.3(1) 比较。

（3）取 2 滴 0.01mol/L $KMnO_4$ 溶液和 5 滴 3mol/L H_2SO_4 溶液，加入 20 滴 0.1mol/L $Na_2C_2O_4$ 溶液，观察有无变化，然后水浴加热，再观察现象。

（4）取 40 滴 0.1mol/L $K_2S_2O_8$ 溶液，加入 1 滴 0.1mol/L $MnSO_4$ 溶液和 10 滴 1mol/L 硫磷混酸溶液，再加入 2 滴 0.1mol/L $AgNO_3$ 溶液，水浴加热，观察现象。

5.3.5.4 复盐与配盐在水溶液中的性质比较

（1）称取 0.25g 硫酸铁铵固体，溶于 10mL 去离子水进行下述实验。

1）取上述溶液 1mL，加入 2 滴奈斯勒试剂，观察现象。

2）取上述溶液 1mL，滴加 2 滴 0.05mol/L $BaCl_2$ 溶液，观察是否有沉淀产生。

3）取上述溶液 1mL，滴加 2 滴 0.5mol/L NH_4SCN 溶液，观察溶液颜色。

分析上述实验能得出什么结论。

（2）称取 0.25g 三草酸合铁(Ⅲ)酸钾固体，溶于 10mL 去离子水中并进行下述实验。

1）在载玻片上滴 1 滴上述溶液，用试管夹夹住载玻片在石棉网上小火加热，当液体边缘出现固体痕迹撤离火焰，稍冷后向载玻片加 1 滴亚硝酸铜铅钠溶液，放置 6min，在显微镜下观察亚硝酸铜铅钾的结晶形状和颜色。

2）取上述溶液 1mL，加入 2 滴 0.5mol/L NH_4SCN 溶液，有何现象；然后再加入 2~3 滴 0.05mol/L $BaCl_2$ 溶液，观察现象。

3）取上述溶液 1mL，加入 2 滴 2mol/L NaOH 溶液，有何现象，为什么？

4）取上述溶液 1mL，加入 2~3 滴 0.05mol/L $Pb(NO_3)_2$ 溶液，观察现象。

上述实验现象能否证明两种难溶盐哪个溶度积常数更小些，该盐是何种颜色？

5.3.5.5 配合物的稳定性

（1）取 10 滴 0.1mol/L $Fe(NO_3)_3$ 溶液，加入 0.5mol/L NH_4SCN 溶液，观察现象。然后慢慢滴加 2mol/L NH_4F 溶液，观察现象。最后滴加饱和 $(NH_4)_2C_2O_4$ 溶液，观察现象。

（2）取 10 滴 0.1mol/L $CuSO_4$ 溶液，滴加 0.1mol/L 乙二胺溶液，观察溶液颜色；再慢慢滴加 0.1mol/L EDTA 溶液，观察现象。

（3）取 CNS 型阴离子交换树脂少许，放入点滴板，加 1~2 滴 0.1mol/L $Co(NO_3)_2$ 溶液，用玻璃棒搅动后树脂颜色如何？再加 1 滴 0.1mol/L $Fe(NO_3)_3$ 溶液，有什么变化？然后加入 1 滴 2mol/L NH_4F 溶液，用玻璃棒搅动溶液，观察树脂颜色。

5.3.5.6 配合物与酸碱反应

（1）取 10 滴 0.1mol/L $Fe(NO_3)_3$ 溶液，加入 2 滴 0.5mol/L NH_4SCN 至溶液显色，再

慢慢加入饱和（NH_4）$_2C_2O_4$ 溶液至溶液变色，然后滴加 6mol/L HNO_3 溶液，观察现象。

（2）取 10 滴 0.1mol/L $CuSO_4$ 溶液，慢慢滴加 2mol/L $NH_3 \cdot H_2O$，有什么现象产生？最后慢慢滴加 6mol/L HNO_3，观察现象。

5.3.5.7　配合反应与沉淀反应

（1）取 3 滴 0.1mol/L $AgNO_3$ 溶液，加入 3 滴 0.1mol/L NaCl 溶液，观察现象，然后慢慢加入 2mol/L $NH_3 \cdot H_2O$，观察现象。

（2）取 3 滴 0.1mol/L $AgNO_3$ 溶液，加入 3 滴 0.1mol/L KBr 溶液，观察现象，然后慢慢加入 0.5mol/L $Na_2S_2O_3$ 溶液，观察现象。

（3）取 3 滴 0.1mol/L $AgNO_3$ 溶液，加入 0.5mol/L Na_2SO_3 溶液，观察现象，继续加入 Na_2SO_3 溶液，观察现象。

5.3.5.8　配合反应与氧化还原反应

（1）向两支试管中分别加入 5 滴 0.1mol/L $Fe(NO_3)_3$ 溶液，然后向其中一支试管加入 5 滴饱和（NH_4）$_2C_2O_4$ 溶液，向另一支试管加入 5 滴去离子水，最后都加入 5 滴 0.1mol/L KI 溶液和 5 滴 CCl_4 溶液，充分摇动试管，观察现象。

（2）向两支试管中分别加入 5 滴 0.1mol/L $Co(NO_3)_2$ 溶液，向其中一支试管滴加 5 滴 0.1mol/L 乙二胺溶液，向另一支试管加入 5 滴去离子水，最后都加入 5 滴 6% H_2O_2 溶液，充分摇动试管，观察现象。

5.3.5.9　扩展实验

（1）利用本实验提供的 $KMnO_4$、$K_2Cr_2O_7$、H_2O_2、$SnCl_2$、Na_2SO_3、H_2SO_4、NaOH 及去离子水，设计 5 个与本实验不同但确实发生的氧化还原反应，写出实验步骤、现象及反应方程式。

（2）选择下列试剂使其先生成一个难溶盐的沉淀，然后加入配合剂使难溶盐溶解，最后改变溶液酸碱性使难溶盐沉淀再度生成。

0.1mol/L $AgNO_3$，2mol/L $NH_3 \cdot H_2O$，0.1mol/L KI，0.1mol/L KIO_3，2mol/L HNO_3，饱和（NH_4）$_2C_2O_4$ 溶液。

（3）选择下列试剂进行实验，说明配合反应对氧化还原反应的影响。

0.1mol/L $Fe(NO_3)_3$，0.1mol/L EDTA，0.1mol/L KI，2mol/L NH_4F，2mol/L $NH_3 \cdot H_2O$，CCl_4。

5.3.6　习题

（1）向含 Fe^{3+} 的溶液中加入 NH_4SCN 溶液，要使血红色不出现，应先加入何试剂？

（2）Cu^{2+}-乙二胺配合物与 Cu^{2+}-EDTA 配合物相比，哪个配合物更稳定，为什么？

5.4　阳离子未知溶液的分离和鉴定

5.4.1　实验目的

掌握常见阳离子的鉴定和分离方法。

5.4.2 思考题

（1）若溶液中存在 Cr^{3+} 和 Mn^{2+}，应如何分离鉴定？
（2）什么是阳离子鉴定系统分析法？

5.4.3 实验原理

无机定性分析就是分析和鉴定无机阳离子和阴离子，按照阳离子的分离和鉴定方法分为系统分析法和分别分析法。分别分析法是对一定的样品，排除鉴定方法的干扰离子，加入能与溶液中某种离子发生特征反应的试剂，根据反应现象判断是否存在该种离子。系统分析法是利用阳离子的某些共性，用"组试剂"将性质相似的离子分成一组，再利用其个性分别检出。常见的系统分析法包括"两酸两碱"系统法和硫化氢系统法。

"两酸两碱"系统法的基本思路是利用两酸（盐酸、硫酸）两碱（氨水、氢氧化钠）作为组试剂，将阳离子分为五个组，具体步骤如图5.1所示。

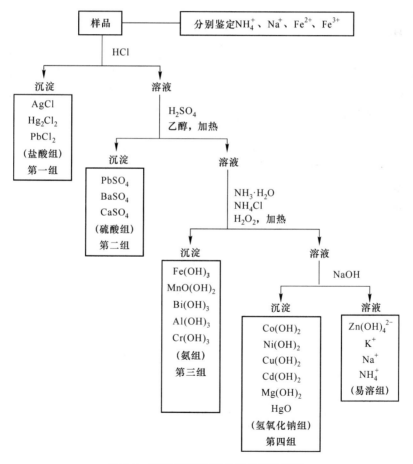

图5.1　两酸两碱法阳离子分组示意图

（1） NH_4^+ 和 Na^+ 在分组时会加入，而 Fe^{2+} 在分组过程中会氧化成 Fe^{3+}，因此必须从原始液中检出它们。

（2）第一组（盐酸组）。本组阳离子包括 Ag^+、Hg_2^{2+}、Pb^{2+}，它们的氯化物不溶于水。根据 AgCl 可溶于氨水、$PbCl_2$ 可溶于 NH_4OAc 和热水，可分离和鉴定本组离子，如图 5.2 所示。

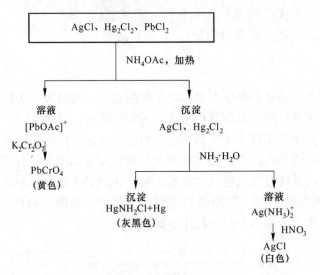

图 5.2　第一组阳离子分离和鉴定

（3）第二组（硫酸组）。本组阳离子包括 Ba^{2+}、Ca^{2+}、Pb^{2+}，它们的硫酸盐不溶于水，但是在水中溶解度差异较大。$CaSO_4$ 溶解度较大，加入乙醇可降低其溶解度。分离和鉴定本组离子方法如图 5.3 所示。

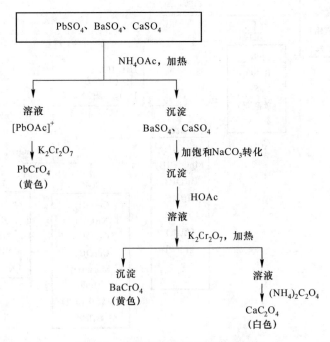

图 5.3　第二组阳离子分离和鉴定

（4）第三组（氨组）。Fe^{3+}、Al^{3+}、Mn^{2+}、Cr^{3+} 等离子在过量氨水中生成氢氧化物沉淀，而 Cu^{2+}、Cd^{2+}、Co^{2+}、Ni^{2+} 等离子与过量氨水生成相应的配合物，从而分开两组离子。

分离和鉴定本组离子方法如图5.4所示。

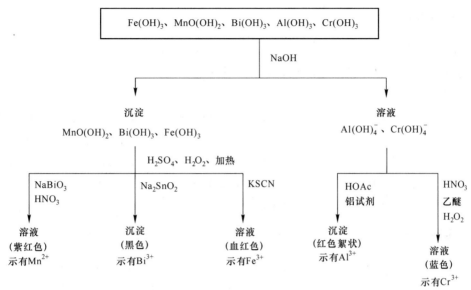

图 5.4 第三组阳离子分离和鉴定

（5）第四组（氢氧化钠组）。将所得沉淀溶于 HNO_3 溶液中，得到含有 Cu^{2+}、Cd^{2+}、Co^{2+}、Ni^{2+} 等离子的混合溶液，分离和鉴定本组离子方法如图5.5所示。

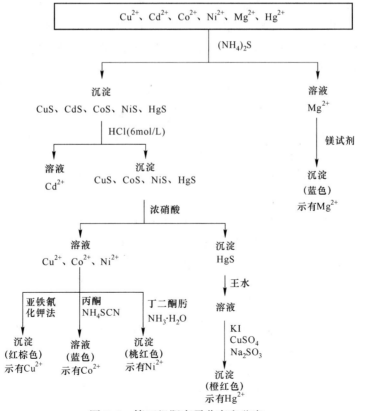

图 5.5 第四组阳离子分离和鉴定

（6）易溶组。本组阳离子中 NH_4^+ 和 Na^+ 取原液检出。

5.4.4　实验用品

5.4.4.1　仪器

离心机，离心试管，$Pb(OAc)_2$ 试纸，pH 试纸。

5.4.4.2　试剂

HCl（1mol/L、2mol/L），HOAc（6mol/L），NH_4OAc（3mol/L），$K_2Cr_2O_7$（0.1mol/L），$NH_3 \cdot H_2O$（6mol/L），HNO_3（2mol/L、6mol/L），H_2SO_4（1mol/L、6mol/L、浓），95%乙醇，饱和 Na_2CO_3，饱和（NH_4）$_2C_2O_4$，NH_4Cl（3mol/L），3% H_2O_2，NaOH（6mol/L），$K_4[Fe(CN)_6]$（0.1mol/L），KSCN（0.1mol/L），固体 $NaBiO_3$，酚酞，乙醚，$AgNO_3$（0.1mol/L），$KMnO_4$（0.01mol/L），$BaCl_2$（mol/L），固体 $FeSO_4$，铝试剂。

5.4.5　实验步骤

5.4.5.1　Ag^+、Pb^{2+}、Ba^{2+}、Ca^{2+}、Fe^{3+}、Al^{3+}、Cr^{3+}、Mn^{2+} 混合离子的分离与鉴定

（1）取 20 滴 Ag^+、Pb^{2+}、Ba^{2+}、Ca^{2+}、Fe^{3+}、Al^{3+}、Cr^{3+}、Mn^{2+} 混合离子溶液，加 2mol/L HCl 溶液，搅拌，离心分离。取离心液加入 2mol/L HCl 溶液观察沉淀是否完全。如沉淀完全，将溶液与沉淀分离，离心液（编号①）保留供下面实验使用。沉淀用 1mol/L HCl 溶液洗涤，离心分离，弃去溶液，沉淀可以鉴定 Ag^+、Pb^{2+} 的存在。

在得到的沉淀中加入 5 滴 3mol/L NH_4OAc 溶液，在水浴中加热并搅拌，趁热离心分离，将离心液与沉淀分离。在离心液中加入 2~3 滴 0.1mol/L K_2CrO_4 或 $K_2Cr_2O_7$ 溶液，如有黄色沉淀，示有 Pb^{2+} 存在。沉淀用 3mol/L NH_4OAc 溶液洗涤，离心分离，弃去溶液，沉淀用作鉴定 Ag^+ 的存在。

取上面得到的沉淀，滴加 6mol/L $NH_3 \cdot H_2O$ 溶液，不断搅拌，离心分离，在离心液中滴加 6mol/L HNO_3 溶液酸化，如有白色沉淀生成，示有 Ag^+ 存在。

（2）取 20 滴离心液①，滴加 5 滴 1mol/L H_2SO_4 溶液，搅拌，如果不生成白色沉淀，则 Pb^{2+}、Ba^{2+} 不存在；再加 1mL 95%乙醇，如果不生成白色沉淀或浑浊，则 Ca^{2+} 不存在。如有沉淀，离心分离，离心液（编号②）保留供下面实验使用。沉淀用 95%乙醇洗涤，弃去洗涤液。

在得到的沉淀中加入 10 滴 3mol/L NH_4OAc 溶液，加热搅拌，离心分离，离心液按上面方法鉴定 Pb^{2+} 的存在，沉淀用来鉴定 Ba^{2+}、Ca^{2+} 的存在。

取上面得到的沉淀，加入 10 滴饱和 Na_2CO_3 溶液，置于沸水浴中加热搅拌 1~2min，离心分离，弃去溶液。沉淀再用饱和 Na_2CO_3 溶液处理 2 次后，去离子水洗涤，沉淀用 HOAc 溶解，加入 $NH_3 \cdot H_2O$ 调节 pH 值为 4~5。加入 0.1mol/L $K_2Cr_2O_7$ 溶液，加热搅拌，生成黄色沉淀，示有 Ba^{2+} 存在。离心分离，在离心液中加入饱和（NH_4）$_2C_2O_4$ 溶液，温热，有白色沉淀生成，示有 Ca^{2+} 存在。

（3）取 20 滴离心液②，加入 2 滴 3mol/L NH_4Cl，3~4 滴 3% H_2O_2，加浓氨水至碱性，如有沉淀，浓氨水需过量 4~5 滴，水浴中加热 2min，充分搅拌，离心分离。离心液（编号③）保留，沉淀用来鉴定 Fe^{3+}、Al^{3+}、Cr^{3+}、Mn^{2+} 的存在。

在上述沉淀中，加入 15 滴 6mol/L NaOH 和 3~4 滴 3% H_2O_2，充分搅拌并在沸水浴中加热 3~5min，离心分离。离心液（编号④）用来鉴定 Al^{3+}、Cr^{3+} 的存在。沉淀用来鉴定 Fe^{3+}、Mn^{2+} 的存在。

在沉淀中加入 10 滴 6mol/L H_2SO_4 和 2~3 滴 3% H_2O_2，充分搅拌下加热 3~5min，使 H_2O_2 分解完全，溶液用来鉴定 Fe^{3+} 和 Mn^{2+}。取 1 滴溶液加到点滴板穴中，加 1 滴 0.1mol/L $K_4[Fe(CN)_6]$ 溶液，产生蓝色沉淀，示有 Fe^{3+} 存在。或取 1 滴溶液加到点滴板穴中，加 1 滴 0.1mol/L KSCN 溶液，溶液变成血红色，示有 Fe^{3+} 存在。取 1 滴溶液加水稀释 10 倍，再加入少许固体 $NaBiO_3$，搅拌，如溶液出现紫红色，示有 Mn^{2+} 存在。

取 4 滴离心液④，加 2 滴蒸馏水、2 滴 3mol/L NH_4OAc 溶液和 2 滴铝试剂，搅拌后微热，如产生红色沉淀，示有 Al^{3+} 存在。

取 4 滴离心液④，加入 6 滴乙醚，然后慢慢滴入 6mol/L HNO_3 酸化振荡，如乙醚层出现蓝色，示有 Cr^{3+} 存在。

5.4.5.2　未知溶液的鉴定

领取未知液，其阳离子可能为 Ag^+、Pb^{2+}、Ba^{2+}、Ca^{2+}、Fe^{3+}、Al^{3+}、Cr^{3+}、Mn^{2+} 离子中的 2 种。将鉴定结果填在卡片上，由老师检查后离开实验室。

5.4.6　习题

（1）一混合溶液中含有 Mg^{2+}、Fe^{3+}、Zn^{2+}，应如何分离鉴定？

（2）你在实验中遇到哪些问题？

5.5　阴离子未知溶液的分离和鉴定

5.5.1　实验目的

掌握常见阴离子的鉴定和分离方法。

5.5.2　思考题

（1）为什么阴离子鉴定多数情况下可以采用分别分析法？

（2）已知 S^{2-}、SO_4^{2-} 阴离子混合液，如何分离和鉴定？

5.5.3　实验原理

常见阴离子主要是非金属元素组成的简单离子或复杂离子，如 Cl^-、S^{2-}、SO_4^{2-}、NO_3^-、CO_3^{2-} 等。大多数阴离子彼此干扰较少，实际上可能共存的阴离子不多，因此常用分别分析法。利用阴离子的特性初步分析并确定可能存在的阴离子，然后利用特征反应进行分离和鉴定。阴离子的初步实验方法列在表 5.2 中。

表 5.2　阴离子的初步实验

阴离子	稀 H_2SO_4	$BaCl_2$ 中性或弱碱性	$AgNO_3$ 稀 HNO_3	I_2-淀粉 稀 H_2SO_4	$KMnO_4$ 稀 H_2SO_4	KI-淀粉 稀 H_2SO_4
Cl^-			白色沉淀		（褪色）	
Br^-			淡黄色沉淀		褪色	
I^-			黄色沉淀		褪色	
NO_3^-						
NO_2^-	气体				褪色	变蓝
SO_4^{2-}		白色沉淀				
SO_3^{2-}	气体	白色沉淀		褪色	褪色	
$S_2O_3^{2-}$	气体	（白色沉淀）	溶液或沉淀	褪色	褪色	
S^{2-}	气体		黑色沉淀	褪色	褪色	
PO_4^{3-}		白色沉淀				
CO_3^{2-}	气体	白色沉淀				

注：（ ）表示离子浓度大时才会发生反应。

5.5.4　实验用品

5.5.4.1　仪器和材料

试管、离心试管、点滴板、pH 试纸、药匙、玻璃棒、胶头滴管、恒温水浴锅、离心机。

5.5.4.2　试剂

HCl（6mol/L、1mol/L），Na_2CO_3（0.1mol/L），新制石灰水，$NaNO_3$（0.1mol/L），$NaNO_2$（0.1mol/L），HOAc（2mol/L），对氨基苯磺酸，α-萘胺，Na_2SO_4（0.1mol/L），$BaCl_2$（0.1mol/L），Na_2SO_3（0.5mol/L），H_2SO_4（1mol/L、浓），$Na_2S_2O_3$（0.1mol/L），$AgNO_3$（0.1mol/L），Na_3PO_4（0.1mol/L），HNO_3（6mol/L），$(NH_4)_2MoO_4$（0.1mol/L），Na_2S（0.1mol/L），NaOH（2mol/L），$Na_2[Fe(CN)_5NO]$（9%），NaCl（0.1mol/L），$NH_3 \cdot H_2O$（6mol/L、饱和），KI（0.1mol/L），CCl_4，饱和氯水，KBr（0.1mol/L），$ZnSO_4$ 饱和溶液，$K_4[Fe(CN)_6]$（0.1、0.5mol/L），$FeSO_4$（s）。

5.5.5　实验步骤

5.5.5.1　阴离子的鉴定

（1）CO_3^{2-} 的鉴定。取 10 滴 0.1mol/L Na_2CO_3 溶液于试管中，测量 pH 值，加入 6 滴 6mol/L HCl 溶液，管内有气泡生成，表示 CO_3^{2-} 可能存在，将生成的气体导入盛有饱和石灰水的试管，如生成白色沉淀，表示有 CO_3^{2-}。

（2）NO_3^- 的鉴定。取 2 滴 0.1mol/L $NaNO_3$ 溶液于点滴板上，加少量 $FeSO_4$ 固体，再加 1 滴浓 H_2SO_4，如果 H_2SO_4 与试液交界出现棕色环，表示有 NO_3^- 存在。

（3）NO_2^- 亚硝酸根的鉴定。取 2 滴 0.1mol/L $NaNO_2$ 溶液于点滴板上，加 1 滴 2mol/L

HOAc 溶液，再滴加 1 滴对氨基苯磺酸和 1 滴 α-萘胺，如溶液显紫红色，表示存在 NO_2^-。

（4）SO_4^{2-} 的鉴定。取 2 滴 0.1mol/L Na_2SO_4 溶液于试管中，加 2 滴 6mol/L HCl，再滴加 1 滴 0.1mol/L $BaCl_2$，如果出现白色沉淀，表示有 SO_4^{2-}。

（5）SO_3^{2-} 的鉴定。取 2 滴 0.5mol/L Na_2SO_3 溶液于点滴板上，加 $ZnSO_4$ 饱和溶液、0.1mol/L $K_4[Fe(CN)_6]$ 和 $Na_2[Fe(CN)_5NO]$ 各 1 滴，如果出现红色沉淀，表示有 SO_3^{2-} 存在。

（6）$S_2O_3^{2-}$ 的鉴定。取 2 滴 0.1mol/L $Na_2S_2O_3$ 溶液于试管中，加 10 滴 0.1mol/L $AgNO_3$ 溶液，如果有白色沉淀生成，且沉淀颜色很快逐渐变为黄棕色，最后变成黑色，表示有 $S_2O_3^{2-}$ 存在。

（7）PO_4^{3-} 的鉴定。取 3 滴 0.1mol/L Na_3PO_4 溶液于试管中，加 5 滴 6mol/L HNO_3，再滴加 10 滴 0.1mol/L $(NH_4)_2MoO_4$，50℃恒温水浴锅中微热，如果出现黄色沉淀，表示有 PO_4^{3-}。

（8）S^{2-} 的鉴定。取 1 滴 0.1mol/L Na_2S 溶液于试管中，加 1 滴 2mol/L NaOH，再滴加 1 滴 9% $Na_2[Fe(CN)_5NO]$，如溶液显紫红色，表示存在 S^{2-}。

（9）Cl^- 的鉴定。取 3 滴 0.1mol/L NaCl 溶液于离心试管中，加 1 滴 6mol/L HNO_3，再逐滴加入 10 滴 0.1mol/L $AgNO_3$，产生白色沉淀。50℃恒温水浴锅中微热，离心分离，弃去上清液，滴加 3 滴 6mol/L $NH_3 \cdot H_2O$，沉淀溶解；再滴加 5 滴 6mol/L HNO_3，白色沉淀复出，表示有 Cl^- 存在。

（10）I^- 的鉴定。取 5 滴 0.1mol/L KI 溶液于试管中，加 2 滴 1mol/L H_2SO_4，再滴加 3 滴 CCl_4，逐滴滴加饱和氯水，振荡，如果 CCl_4 层呈紫红色又褪去，表示有 I^-。

（11）Br^- 的鉴定。取 5 滴 0.1mol/L KBr 溶液于试管中，加 2 滴 1mol/L H_2SO_4，再滴加 2 滴 CCl_4，逐滴加入饱和氯水，振荡，如果 CCl_4 层呈黄色或棕色，表示有 Br^-。

5.5.5.2 Cl^-、Br^-、I^- 离子的分离和鉴定

（1）取 0.1mol/L NaCl、0.1mol/L KBr 和 0.1mol/L KI 混合溶液于试管中，加 2 滴 6mol/L HNO_3 溶液，再逐滴滴加 0.1mol/L $AgNO_3$ 溶液，观察现象，离心分离，弃去上清液。

（2）向沉淀中滴加 5 滴 6mol/L $NH_3 \cdot H_2O$，离心分离。将上层清液转移到另一支试管中，滴加 5 滴 6mol/L HNO_3 酸化，有 AgCl 白色沉淀生成，表示有氯离子存在。

（3）往上述沉淀中加入少量锌粉，滴加 5 滴 1mol/L H_2SO_4，振荡，沉淀变成黑色，离心分离，弃去沉淀。往上清液中加入 5 滴 CCl_4，然后滴加氯水，每加 1 滴后都要振荡试管，若 CCl_4 层变为紫色，表示存在 I^-。继续滴加氯水，CCl_4 层变为黄色或橙黄色，表示存在 Br^-。

5.5.5.3 未知溶液的鉴定

领取未知液，阴离子可能为 CO_3^{2-}、NO_3^-、SO_4^{2-}、PO_4^{3-} 中的一种或几种。将鉴定结果填在卡片上，由老师检查后离开实验室。

5.5.6 习题

（1）检验 CO_3^{2-} 时可能的干扰离子有哪些？

（2）有一未知液，可能含有 Cl^-、NO_3^-、SO_4^{2-} 离子中的一种或几种，如何进行分离和鉴定？写出实验方案。

5.6　分子结构和晶体结构模型

5.6.1　实验目的

（1）通过动手搭建分子和晶体的结构模型，加深对价键理论和杂化轨道理论的理解。

（2）进一步了解金属晶体的密堆积构型。

（3）熟悉典型晶体的空间构型。

5.6.2　思考题

（1）BCl_3 分子与 NH_3 分子的空间构型是否相同？试用杂化轨道理论解释。

（2）影响离子晶体的晶格能的因素有哪些？

5.6.3　实验原理

在晶体内，原子、分子或离子之间存在着各种相互作用，包括范德华力、化学键（金属键、离子键和共价键）和氢键。按照占据晶格结点的质点种类及质点间相互作用力的不同，晶体划分为金属晶体、离子晶体、分子晶体、原子晶体四类，如表 5.3 所示。

表 5.3　晶体类型及主要物理性质

晶体类型	组成粒子	粒子作用力	物理性质			举例
			熔沸点	硬度	熔融导电性	
金属晶体	原子、离子	金属键	高或低	大或小	好	Cr、K
原子晶体	原子	共价键	高	大	差	SiO_2
离子晶体	离子	离子键	高	大	好	NaCl
分子晶体	分子	分子间力	低	小	差	干冰

金属晶体是金属原子或离子依靠金属键结合而成。金属晶体中，晶格结点上排列的粒子就是金属原子。为了形成稳定的金属结构，金属原子尽可能采取紧密方式堆积起来，所以金属晶体一般密度较大，而且每个原子都被较多的相同原子包围着。金属键没有方向性，金属晶体内原子以高配位数为特征。金属晶体中粒子的排列方式常见的有三种：六方最密堆积（hcp），面心立方最密堆积（ccp），体心立方密堆积（bcc）。

离子晶体是依靠阴、阳离子间静电引力结合而成的晶体。离子晶体中阴、阳离子在空间的排列情况是多种多样的。AB 型离子晶体三种典型的结构类型为 NaCl 型、CsCl 型和立方 ZnS 型。NaCl 型是 AB 型离子晶体中最常见的结构类型。它的晶胞形状是正立方体，阳、阴离子的配位数均为 6。许多晶体如 KI、LiF、NaBr、MgO、CaS 等均属 NaCl 型。CsCl 型晶体的晶胞也是正立方体，其中每个阳离子周围有八个阴离子，每个阴离子周围同样也有八个阳离子，阴、阳离子的配位数均为 8。许多晶体如 TlCl、CsBr、CsI 等均属 CsCl 型。立方 ZnS 型晶体的晶胞也是正方体，但粒子排列较复杂，阴、阳离子配位数均为 4。BeO、ZnSe 等晶体均属于立方 ZnS 型。

分子晶体内原子或分子通过分子间作用力以及氢键结合在一起。简单的无机分子或离子的空间构型可以根据价层电子对互斥理论进行推测，利用杂化轨道理论对分子的空间构型加以解释。

5.6.4 实验用品

球棒模型（彩色塑料球、金属棒）1 套。

5.6.5 实验步骤

5.6.5.1 分子晶体结构模型的组装
用彩色塑料球和金属棒组装表 5.4 中分子晶体的结构模型，并填表。

表 5.4 分子的空间构型

物质	杂化方式	杂化轨道数	杂化轨道夹角	空间构型
$BeCl_2$				
BCl_3				
CH_4				
CH_3Cl				
NH_3				
H_2O				

5.6.5.2 离子晶体结构模型的组装
用彩色塑料球和金属棒组装表 5.5 中离子晶体的晶胞构型，并填表。

表 5.5 三种典型的离子晶体

物质	晶体构型	晶格结点上粒子	粒子间作用力	空间构型
CsCl				
NaCl				
立方 ZnS				

5.6.5.3 金属晶体密堆积模型的组装
用彩色塑料球组装表 5.6 中金属晶体的密堆积结构模型，并填表。

表 5.6 金属晶体的密堆积

堆积方式	配位数	空间利用率	实例
面心立方堆积			
体心立方堆积			
密集六方堆积			

5.6.6 习题

（1）简述 AB 型离子晶体的空间结构特征。

（2）用离子极化理论解释下列物质熔点变化关系：$NaCl > MgCl_2 > AlCl_3$。

6 无机化合物的制备和表征

6.1 水热法合成 NaA 型分子筛及粉末 X 射线衍射表征

6.1.1 实验目的

(1) 了解多孔材料的基本定义和分类。
(2) 了解 NaA 型分子筛的主要结构特点。
(3) 了解并掌握水热法的基本原理和操作过程。
(4) 学习粉末 X 射线衍射 (XRD) 的基本原理及数据分析过程。

6.1.2 思考题

(1) 列举 5 例分子筛在生活中的应用。
(2) NaA 分子筛制备过程中，如何控制晶粒的大小?
(3) 为什么 A 型分子筛的阳离子不同时，孔径会发生相应变化?

6.1.3 实验原理

多孔材料是指材料内部具有连通孔隙结构的功能材料，具有特殊的孔隙特征、高比表面积、可调变的活性位点等优点，在离子交换、选择吸附、催化、光电、膜处理等领域广泛应用。按照国际纯粹与应用化学联合会 (IUPAC) 的定义，根据多孔材料孔径大小的不同，可以将多孔材料分为微孔材料 (孔径小于 2nm)，介孔材料 (孔径 2~50nm)，大孔材料 (孔径大于 50nm) 等，有时也将孔径小于 0.7nm 的微孔称为超微孔，将孔径大于 1μm 的大孔称为宏孔。根据多孔材料组成成分的不同，可以将多孔材料分为无机多孔材料 (如沸石分子筛、多孔氧化铝等)、有机-无机杂化的金属有机骨架材料 (如 ZIF-8、MOF-5等)、多孔有机骨架材料等。

沸石分子筛是一类典型的无机多孔材料，是无机微孔晶体材料中最重要的家族。分子筛的定义是指由 TO_4 四面体通过共顶点连接而形成的具有规则孔道结构的无机晶体材料，其中骨架 T 原子通常指的是 Si、Al 或 P 原子，在少数情况下也包含其他杂原子，如 B、Ga和 Be 等。沸石分子筛的晶胞化学组成常见的表达式为 $M_{2/n}O \cdot Al_2O_3 \cdot xSiO_2 \cdot yH_2O$，其中M 为 K^+、Na^+、Ca^{2+} 等金属阳离子，n 为金属阳离子价态，x 为 SiO_2 分子数，y 为结晶 H_2O的分子数。按照分子筛中硅/铝比的不同，可以分为低硅铝比 (硅铝比 = 1.0~1.5)、中等硅铝比 (硅铝比 = 2.0~5.0)、高硅铝比 (硅铝比 = 10~100) 以及全硅沸石分子筛。目前，分子筛在吸附与分离、石油炼制、煤化工、放射性废料的处理等领域得到了重要应用。

A 型分子筛的结构与 NaCl 的晶体结构相类似，属于立方晶系，是由 α 笼和 β 笼组成，如图 6.1 所示。β 笼是截取八面体的六个角得到的，用 β 笼代替氯化钠晶格中所有的 Na^+

和 Cl⁻，将 β 笼放在正四面体的八个顶角上，并且两个相邻的 β 笼间通过氧桥相互连接，这样就得到了 A 型分子筛的晶体结构。8 个 β 笼相互连接后整体组成一个新的大笼，称 α 笼。NaA 分子筛的理想晶胞组成为 $Na_{96}(Al_{96}Si_{96}O_{384}) \cdot 216H_2O$，相当于 8 个 β 笼，沿着 [100]、[010]、[001] 三个方向形成三维八元环孔道体系，孔道自由直径为 4.1Å×4.1Å ($1Å = 0.1nm = 10^{-10}m$)，通常称作 4A 型分子筛。NaA 型分子筛中的 Na^+ 被 K^+ 和 Ca^{2+} 交换后，分别称为 KA 和 CaA（或 3A 和 5A）分子筛。NaA 型分子筛由于其特殊孔道特点、高的交换容量，在离子交换、吸附、主客体功能材料制备等领域的应用较广。

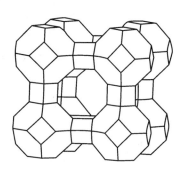

图 6.1　A 型分子筛的结构图

1756 年，人们最早发现天然沸石的存在。19 世纪末，人们在沉积岩中发现大储量的沸石。经过长期的实践活动，人们对这些天然沸石的性质了解越来越多，并开发了沸石在离子交换、气体和液体的干燥和分离、污水处理以及土壤改良中的应用。由于工业需求的大幅度提高，合成沸石逐渐代替天然沸石。20 世纪 40 年代，人们开始模仿天然沸石的生成环境，提出水热合成技术。水（溶剂）热合成是在密闭的容器或高压反应釜中（图 6.2），在一定的压力（1～100MPa）和温度（100～1000℃）下，水或者其他溶剂处于亚临界或超临界状态，反应物活性升高，反应物发生特定化学反应，进而合成产物的过程。水（溶剂）热合成条件不仅增强水的有效溶剂化能力，而且提高反应物在溶剂中的溶解度和反应活性，有利于初级凝胶的溶解和重排，加快成核速度和晶化速度。

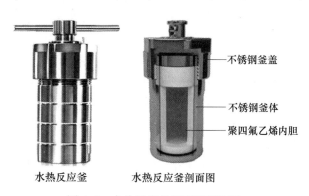

水热反应釜　　　　水热反应釜剖面图

不锈钢釜盖

不锈钢釜体

聚四氟乙烯内胆

图 6.2　水热反应釜照面及剖面图

目前，分子筛晶体解析与结构定性主要依赖于 X 射线衍射方法。X 射线衍射方法是将一定波长的 X 射线照射在样品上，X 射线遇到晶体内周期性排列的原子发生散射，在某些散射位置叠加，而另外一些位置可能减弱或者抵消，在探测器上获得明暗相间的衍射斑点。衍射斑点的强度和空间位置与晶体的内部结构密切相关，可以反映出晶体内部原子周期性分布规律。衍射线在空间的分布规律称为衍射几何，它由晶胞的大小、形状和位相决定的，衍射线束的强度取决于原子在晶胞中的位置。获得 X 射线衍射数据后，可以通过软件程序进行结构解析，这种方式通常需要能够培养出足够大的分子筛单晶。但是，并非所有分子筛都能够获得大单晶，可以用多晶粉末 X 射线衍射进行结构解析。

我们常用的晶体衍射分析为粉末 X 射线衍射，和单晶 X 射线衍射不同，粉末 X 射线衍射实验需要将样品粉碎成很细的粉末，其基本原理与单晶 X 射线衍射相同。通过 X 射线轰击样品，在满足布拉格公式 $2d\sin\theta=n\lambda$（式中，d 为晶面间距；θ 为入射角的余角；λ 为波长；n 为反射级数）条件时产生衍射，通过分析衍射线的位置、数目及相对强度等确定样品的晶相、晶体组成、晶粒大小，解析未知样品的晶体结构等。

6.1.4 实验用品

6.1.4.1 仪器

塑料烧杯（50mL，100mL），玻璃棒，搅拌子，离心机，电热鼓风干燥箱（烘箱），反应釜（50mL），滴管，反应釜固定架，扳手，隔热防护手套。

6.1.4.2 试剂

NaOH，铝酸钠（$Na_2O \cdot Al_2O_3 \cdot 3H_2O$），偏硅酸钠（$Na_2SiO_3 \cdot 5H_2O$），去离子水。

6.1.5 实验步骤

（1）取 100mL 塑料烧杯，加入 80mL 去离子水，然后将 0.36g NaOH 固体缓慢加入去离子水中，边加边搅拌至完全溶解。

（2）铝溶胶的制备。取 1 个 50mL 塑料烧杯，编号为铝溶胶。加入上述 NaOH 溶液 20mL，搅拌条件下加入 4.13g 铝酸钠，持续搅拌约 20min，得到澄清均匀的铝溶胶。

（3）硅溶胶的制备。另取 1 个 50mL 塑料烧杯，编号为硅溶胶。加入上述 NaOH 溶液 20mL，在搅拌条件下加入 7.74g 偏硅酸钠，持续搅拌约 20min，得到澄清均匀的硅溶胶。

（4）将硅溶胶溶液分 3 次加入到铝溶胶中，持续搅拌至生成稠状凝胶。

（5）将上述凝胶转移到 50mL 带聚四氟乙烯内胆的反应釜中，用扳手封紧反应釜，将反应釜放入 100℃ 恒温烘箱中，晶化 3h。带防护隔热手套取出反应釜，自然冷却至室温。

（6）打开反应釜，取出样品，离心收集产物，用去离子水洗涤至 pH 值小于 9，100℃ 烘箱干燥。

（7）所制备的 NaA 分子筛进行粉末 X 射线衍射测试，使用 Origin 软件绘制样品的 XRD 图谱，分析样品的特征衍射峰位置，并对照标准 PDF 卡片分析衍射峰所对应的晶面，判断是否有杂峰出现，确定所制备样品的晶体结构是否属于 NaA 型分子筛。

6.1.6 习题

（1）使用反应釜时需要注意哪些事项？

（2）除了可利用 X 射线衍射表征材料晶体结构外，还有哪些表征技术可以对晶体材料进行结构表征？

6.2　水热法制备 TiO₂ 薄膜及其亲/疏水性测试

6.2.1　实验目的

（1）了解亲水性和疏水性的基本概念。
（2）掌握 TiO_2 材料亲水和疏水改性的基本原理和基本方法。
（3）了解接触角测试仪的基本操作。

6.2.2　思考题

（1）生活中常见的亲/疏水材料有哪些？
（2）请查阅 $TiCl_3$ 溶液的基本性质以及配置 $TiCl_3$ 溶液的注意事项。
（3）查阅资料，解释荷叶表面超疏水的原因。

6.2.3　实验原理

固体表面浸润性是固体材料的重要性质之一，通常将溶剂滴在固体水平面上，测量静态接触角来衡量固体表面的浸润性。接触角定义是指在固体水平平面上固-液-气三相交界点处，其气-液界面和固-液界面两切线把液相夹在其中时所成的角。人们习惯把接触角小于 90° 的表面称为亲水表面，接触角小于 5° 的表面称为超亲水表面；把接触角大于 90° 的表面称为疏水表面，接触角大于 150° 的表面称为超疏水表面（图 6.3）。亲/疏水材料在自然界及人工合成材料中非常常见。典型的超疏水表面如荷叶和玫瑰花等，水滴落到荷叶表面，由于超疏水特性形成水珠自由滚动而带走灰尘，实现荷叶表面的"自清洁"。超亲水材料在防水雾和生物医学等方面应用较多。超疏水材料在防腐、防雪、防污染、抗氧化、建筑物自清洁等方面也有着广泛的应用。亲/疏水材料的浸润性取决于固体表面的化学组成、表面自由能和微观结构，可以通过调节上述条件实现材料表面亲/疏水特性的调节。

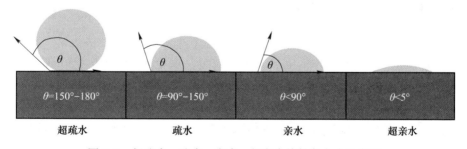

图 6.3　超疏水、疏水、亲水、超亲水接触角大小示意图

二氧化钛（TiO_2）材料是一种重要的无机半导体功能材料，具有优越的光催化、湿敏、气敏、介电效应等特点，在传感器、光催化降解污染物、太阳能电池等领域有着重要的应用前景。关于 TiO_2 材料的亲/疏水特性的研究和应用可以追溯到 1997 年，Wang Rong 等发现 TiO_2 半导体薄膜具有光致两亲性（亲水/亲油）。紫外光辐射下，TiO_2 涂层表面水的接触角会随着时间的延长而减小，最后接近零度，表现出超亲水性。目前研究认为 TiO_2

的光致亲水性是由于光激发产生了氧空位，氧空位吸附羟基等亲水官能团，产生亲水性区域，进而使得 TiO_2 薄膜表面具有超亲水性。

TiO_2 的超疏水界面构筑主要有两种方法：一种是在疏水界面上构建粗糙结构，例如等离子体刻蚀法、阳极氧化法、电化学沉积法等；另一种是在粗糙表面上修饰低表面能物质或接枝有机基团，如氟化烷基硅烷、氟聚合物、正辛基三乙氧基硅烷、乙烯基三甲氧基硅烷等。利用硅烷偶联剂进行改性时，先使硅烷偶联剂充分水解，然后再进行修饰。以正辛基三乙氧基硅烷为例，其水解反应为：

$$R-Si \begin{array}{l} O-CH_2CH_3 \\ O-CH_2CH_3 \\ O-CH_2CH_3 \end{array} + 3H_2O \longrightarrow R-Si \begin{array}{l} OH \\ OH \\ OH \end{array} + 3CH_3CH_2OH$$

$$R=CH_3CH_2CH_2CH_2CH_2CH_2CH_2CH_2-$$

硅烷偶联剂水解后，其产生的硅醇键 Si—OH 与 TiO_2 表面的羟基—OH 发生缩合反应形成 Si—O—Ti 键，这样在 TiO_2 表面就接枝上了有机基团，获得疏水改性，其缩合反应为：

$$R-Si \begin{array}{l} OH \\ OH \end{array} -OH + TiO_2-OH \longrightarrow R-Si \begin{array}{l} OH \\ OH \end{array} -O-TiO_2 + H_2O$$

$$R=CH_3CH_2CH_2CH_2CH_2CH_2CH_2CH_2-$$

接触角测量仪，是利用光学成像的方法来分析液滴和固体基之间的接触角的一种仪器。其基本操作流程为：

（1）接触角测量仪的 LED 光源发出光线；

（2）自动滴定系统按照需要在适当的高度滴定出适当的液滴；

（3）此液滴滴在需要的基材上；

（4）光学分析系统对此接触的图像进行捕获，并传递到计算机内；

（5）软件系统对此图像进行优化，并选择合适的计算模型进行分析，得出接触角。

6.2.4　实验用品

6.2.4.1　仪器

超声清洗器，烧杯，载玻片，电热鼓风干燥箱（烘箱），反应釜（50mL），镊子，反应釜固定架，扳手，紫外灯（380nm），接触角测量仪，隔热防护手套。

6.2.4.2　试剂

浓硫酸/过氧化氢混合洗液，$TiCl_3$ 溶液（0.15mol/L），正辛基三乙氧基硅烷，去离子水，无水乙醇，罗丹明 B 溶液（2mg/L）。

6.2.5　实验步骤

6.2.5.1　玻璃片准备

将载玻片置入体积比为 7∶3 的浓硫酸/过氧化氢混合溶液中，80℃保留 60min，小心取出后用去离子水超声洗涤，确保载玻片基底上无其他残留物质，自然晾干或用高纯氮气吹干，置于密闭瓶中干燥保存，备用。

6.2.5.2 水热生长 TiO_2 薄膜

取 30mL 0.15mol/L $TiCl_3$ 溶液加入 50mL 带有聚四氟乙烯内胆的反应釜中，用镊子将 3 片经过处理的载玻片直立于 $TiCl_3$ 溶液中，注意载玻片呈三角对立，不要相互贴紧。

用扳手封紧反应釜后，放于 160℃ 烘箱中反应 2h。带隔温手套取出反应釜（避免烫伤!），自然冷却至室温后，将反应釜用扳手拧开，小心取出载玻片，置于去离子水中浸洗，可以观察到在玻璃基底上沉积了一层致密的 TiO_2 薄膜，室温晾干备用。

6.2.5.3 超亲水改性

取 1 片沉积 TiO_2 薄膜的载玻片，用 380nm 紫外灯光照 1h，得到超亲水改性的 TiO_2 薄膜。

6.2.5.4 超疏水改性

称取 1.50g 正辛基三乙氧基硅烷，加入 1g 乙醇和 17.5g 去离子水的混合溶液中，搅拌超声 0.5h，得到正辛基三乙氧基硅烷的预水解溶液。

取 1 片沉积 TiO_2 薄膜的载玻片，放入到预水解溶液中，反应 2h 后，用无水乙醇浸洗 3 次，室温自然晾干，得到超疏水改性的 TiO_2 薄膜。

6.2.5.5 亲/疏水性质比较

分别滴 1 滴罗丹明 B 溶液到沉积 TiO_2 薄膜、超亲水改性的 TiO_2 薄膜及超疏水改性的 TiO_2 薄膜上，观察亲/疏水性质。

6.2.5.6 接触角测试

用接触角测量仪测量三个薄膜的接触角大小，并记录。

6.2.6 习题

（1）除了水热法，还可以用什么方法制备 TiO_2 薄膜？

（2）本实验中，超疏水改性后的 TiO_2 薄膜能否经光照后重新转变为亲水 TiO_2 薄膜？

6.3 浸渍-提拉法制备 SiO_2 薄膜及红外表征

6.3.1 实验目的

（1）了解制备薄膜材料的基本方法。

（2）掌握浸渍-提拉法制备 SiO_2 薄膜的工艺流程。

（3）了解红外光谱仪的基本原理、结构和操作方法。

（4）学习红外光谱图的解析。

6.3.2 思考题

（1）请举例说明薄膜材料或涂层材料在生活中的应用。

（2）浸渍-提拉法制备 SiO_2 薄膜时需要注意的事项有哪些？

6.3.3 实验原理

当固体或液体的一个维度的线性尺度远远小于其他两个维度时，我们常称该固体或液体为膜材料。按照膜材料的厚度来区分，我们常将厚度大于 1μm 的膜材料称为涂层或厚膜，小于 1μm 的膜材料称为薄膜。厚膜主要用于材料的保护涂层或装饰涂层，而薄膜更多用于光电子学、微电子学等领域。膜材料的制备方法主要有电镀、化学镀、阳极氧化、溶胶-凝胶、真空蒸镀、磁控溅射、化学气相沉积、浸渍提拉法等。

SiO₂ 薄膜具有熔点高、膜层牢固、抗磨、耐腐蚀、对光的散射吸收小等性质。溶胶-凝胶过程是制备 SiO₂ 薄膜的常见方法，将硅的醇盐或烷氧基化合物和溶剂（通常为乙醇）在一定条件下混合，在酸/碱催化剂作用下，经过水解和缩聚过程，形成稳定的溶胶；然后将这种溶胶涂覆在基底上，随着溶剂的蒸发和缩聚反应的进行，溶胶固化转变为凝胶；经过干燥和后续热处理后，在基底上形成 SiO₂ 薄膜。反应中，常以盐酸作为催化剂，在溶胶-凝胶的转化过程中，水量、黏度、凝胶速度及时间等因素均会影响 SiO₂ 薄膜的厚度及微观结构。

用正硅酸乙酯（TEOS）为原料；溶胶-凝胶过程的典型水解-缩聚反应为：

水解反应：$Si(OC_2O_5)_4 + 4H_2O \longrightarrow Si(OH)_4 + 4C_2O_5OH$

聚合反应：$nSi(OH)_4 \longrightarrow nSiO_2 + 2nH_2O$

浸渍-提拉技术是制备薄膜材料较早的一种方法，其操作设备较便宜、方法简便、污染小，适用于不同形状和任意尺寸的基片，可用于制备大面积薄膜材料。浸渍-提拉法的具体过程是，将整个洗净的基片浸入到溶胶溶液中，浸渍一段时间后，将基片以一定速度平稳地从溶胶溶液中提拉出来；在重力和黏度的作用下，在基片表面会形成一层均匀的溶胶膜，溶胶膜经过凝胶干燥后，可以在基底表面形成均匀的薄膜。浸渍-提拉技术可以通过改变溶胶的黏度和提拉速率等调控溶胶膜的厚度和均一性。此外，通过多次提拉的方式，可以获得不同厚度的薄膜。多次在不同组分中提拉，还可获得各层化学成分不同的多层膜，丰富薄膜的性质和应用。

红外光谱是分子吸收光谱的一种。它是利用物质分子中各种不同基团的振动能级和转动能级的跃迁，对不同频率的红外光产生选择性吸收而形成光谱。基团的振动/转动频率和吸收强度与组成基团的原子质量、基团类型以及分子的几何构型有关，对红外光谱进行剖析，可以对物质进行定性或定量分析。

6.3.4 实验用品

6.3.4.1 仪器
载玻片，烧杯（20mL），移液管（1mL），量筒（20mL），搅拌子，搅拌器，保鲜膜，恒温水浴锅，马弗炉，电热鼓风干燥箱（烘箱），玛瑙研钵，浸渍-提拉机，刮刀，红外光谱仪。

6.3.4.2 试剂
去离子水，酸洗液（去离子水、双氧水、浓盐酸体积比为 6∶1∶1），碱洗液（去离子水、双氧水、浓氨水体积比为 6∶1∶1），丙酮，正硅酸乙酯，无水乙醇，盐酸溶液（0.0075mol/L），光谱纯 KBr。

6.3.5 实验步骤

6.3.5.1 玻璃基底清洗

将载玻片依次在去离子水、酸洗液、碱洗液、丙酮、去离子水中超声清洗 15min，然后放入 60℃ 的烘箱中烘干备用。

6.3.5.2 SiO_2 溶胶制备

用量筒取 11.5mL 无水乙醇置于干净干燥的 20mL 烧杯中，向其中加入 0.75mL 的 0.0075mol/L 盐酸溶液，搅拌条件下，缓慢加入 2mL 正硅酸乙酯溶液，用保鲜膜密封后，持续搅拌 1h，然后放于 30℃ 恒温水浴中静置 0.5h，得到 SiO_2 溶胶。

6.3.5.3 浸渍-提拉技术制备 SiO_2 凝胶薄膜

将盛有 SiO_2 溶胶的烧杯放置在提拉机底座上。选择一片清洗干净的载玻片，放在提拉机的夹子上夹紧，调节载玻片高度使得载玻片底部几乎与装有 SiO_2 溶胶的烧杯接触，浸渍 10min。

开启提拉机，以 80mm/min 的提拉速度将载玻片从烧杯溶胶中拉出，室温放置至表层干燥后放入 80℃ 烘箱中干燥 20min，得到涂覆 SiO_2 凝胶薄膜的载玻片。

观察上述载玻片上的 SiO_2 凝胶薄膜，如果涂覆过薄，可重复上述浸渍-提拉-烘干过程多次涂覆。

6.3.5.4 制备 SiO_2 薄膜

将干燥好的载玻片置于坩埚中，放于马弗炉内，10℃/min 升温至 400℃，保温煅烧 2h，冷却后取出。

6.3.5.5 红外表征对比

对 SiO_2 溶胶干粉和煅烧后 SiO_2 膜进行红外表征，具体操作为：取少量 SiO_2 溶胶烘干，与 KBr 按 1∶100 的配比在玛瑙研钵内研磨均匀，压片，测试。用刮刀将载玻片表面 SiO_2 薄膜刮下少量，与 KBr 按 1∶100 的配比在玛瑙研钵内研磨均匀，压片，测试。将获得的红外谱图进行对比分析。

6.3.6 习题

（1）为什么要保证基底载玻片干燥？

（2）本实验中盐酸的作用是什么，加入过量盐酸会产生什么影响？

6.4 溶胶-凝胶法制备 $BaTiO_3$ 粉体材料及热分析表征

6.4.1 实验目的

（1）熟悉并掌握溶胶-凝胶法制备 $BaTiO_3$ 粉体材料的原理和方法。

（2）了解无机材料热分析（TGA-DSC）技术基本原理、结构和操作方法。

（3）了解粉体材料热分析数据处理方法。

6.4.2 习题

（1）溶胶-凝胶法制备 $BaTiO_3$ 粉体材料时影响因素有哪些（至少写出 5 点）？

（2）溶胶-凝胶法制备粉体材料的优缺点。

6.4.3 实验原理

溶胶-凝胶法（Sol-Gel 法）是 20 世纪 60 年代发展起来的一种制备玻璃、氧化物粉体和涂层、功能陶瓷粉体等无机材料的重要工艺。以无机物或金属醇盐作为前驱体，在液相中将前驱体均匀混合，控制发生水解、缩聚等化学反应，经过"溶液-溶胶-凝胶"过程，获得凝胶固体；再将凝胶经干燥、煅烧处理获得氧化物或者其他化合物粉末或薄膜等材料。以金属醇盐作为前驱体的溶胶-凝胶法的基本反应为：

水解反应：$\qquad M(OR)_n + xH_2O \longrightarrow M(OH)_x(OR)_{n-x} + xROH$

聚合反应：$\qquad —M—OH + HO—M \longrightarrow —M—O—M— + H_2O$

$\qquad\qquad\qquad —M—OR + HO—M \longrightarrow —M—O—M— + ROH$

随着—M—OH 和—M—OR 的不断聚合，溶液黏度不断增大，最后形成具有金属—氧—金属键（—M—O—M—）网络结构的凝胶。在溶胶-凝胶法制备粉体材料过程中，控制前驱体的水解-缩聚过程是关键。本实验将基于上述基本原理，利用溶胶-凝胶方法制备 $BaTiO_3$ 粉体材料。

制备 $BaTiO_3$ 粉体的基本原理：本实验选择钛酸丁酯 $[Ti(C_4H_9O)_4]$ 和乙酸钡 $[Ba(CH_3COO)_2]$ 为主要原料制备 $BaTiO_3$ 超细粉。钛酸丁酯是一种非常活泼的金属醇盐，遇水会剧烈水解，形成白色沉淀。为了避免沉淀反应，在实验过程中，要严格控制反应过程的水量。同时，可以加入醋酸或乙酰丙酮作为水解抑制剂，抑制钛酸丁酯的水解-缩聚过程。以钛酸丁酯和乙酸钡为原料，利用溶胶-凝胶法制备 $BaTiO_3$ 粉体的基本流程为：将钛酸丁酯溶于异丙醇或无水乙醇中，加入冰醋酸，得到黄色透明溶液；缓慢加入乙酸钡水溶液，使得水解-缩聚反应发生，获得溶胶溶液；经凝胶和陈化后得到凝胶固体，干燥、煅烧后得到 $BaTiO_3$ 粉体。其反应原理为：

$$Ti(OR)_4 + xHOAc \longrightarrow Ti(OR)_{4-x}(OAc)_x + xROH$$

$$Ti(OR)_{4-x}(OAc)_x + (4-x)H_2O \longrightarrow Ti(OH)_{4-x}(OAc)_x + (4-x)ROH$$

$$Ti(OR)_{4-x}(OAc)_x + (x+2)H_2O \longrightarrow Ti(OH)_6^{2-} + x(OH)Ac + 2H^+$$

$$Ti(OH)_6^{2-} + Ba^{2+} \longrightarrow BaTiO_3 + 3H_2O$$

热重分析法（thermogravimetric analysis，简称 TGA）是在程序控制温度下，测量物质质量与温度关系的一种技术。许多物质在加热过程中常伴随质量的变化，这种变化过程有助于研究晶体性质的变化，如熔化、蒸发、升华和吸附等物理现象，也有助于研究物质的脱水、解离、氧化、还原等化学现象。

差式扫描量热法（differential scanning calorimetry，DSC）是在程序控制温度下，测量输给物质与参比物的功率差与温度关系的技术。在物质加热或冷却过程中，会发生物理或化学等变化，与此同时，伴随着吸热或放热现象。选择一个热稳定的、在整个变温过程中无热效应产生的物质作为参比物，在相同的条件下加热（或冷却）时，由于样品发生物理或化学变化且伴随热效应，样品和参比物之间就会产生温度差，通过测定这种温度差了解物质随温度的变化规律。

6.4.4　实验用品

6.4.4.1　仪器

分析天平，烧杯（50mL），保鲜膜，磁力搅拌器，恒温水浴，电热鼓风干燥箱（烘箱），马弗炉，量筒，pH 试纸，研钵，瓷坩埚，移液管，热分析仪。

6.4.4.2　试剂

异丙醇，钛酸丁酯，冰醋酸，乙酸（质量分数 36%），乙酸钡。

6.4.5　实验步骤

（1）取一个 50mL 烧杯，称取 9g 异丙醇加入烧杯中，再加入 8.5g 钛酸丁酯，用保鲜膜密封，置于磁力搅拌器上搅拌 15min。再用滴管滴加 4.5g 冰醋酸到烧杯中，继续搅拌 15min，得到近乎透明的黄色液体。

（2）取另一个 50mL 烧杯，加入 40mL 乙酸溶液（质量分数 36%），称取 6.375g 乙酸钡溶于乙酸溶液中，置于磁力搅拌器上搅拌 30min，直至乙酸钡完全溶解。

（3）将配置好的乙酸钡溶液滴加到（1）溶液中，继续搅拌 20min，使得水解反应进行完全，溶液颜色由黄色变为清澈透明溶胶溶液。

（4）将上述溶液搅拌均匀后，滴加冰醋酸调整 pH 值为 3~4，继续搅拌 15min。

（5）将上述反应混合物放入 80℃的水浴中，使其发生溶胶-凝胶转化，得到透明的凝胶体，静置陈化 1h 取出。

（6）将取出的凝胶捣碎，置于烘箱中，120℃下充分干燥。

（7）取出少量干燥后的凝胶用于测试 TGA-DSC，分析凝胶的热化学性质。

（8）将其余干燥的凝胶转移至瓷坩埚中，放入马弗炉中，10℃/min 升温至 800℃，保温 1h 后。待温度降至低于 100℃后取出坩埚，得到 $BaTiO_3$ 粉体。

6.4.6　习题

（1）制备过程中两次加入冰醋酸，作用分别是什么？

（2）使用钛酸丁酯时需要注意什么？

6.5　三草酸合铁（Ⅲ）酸钾的制备（间接法）

6.5.1　实验目的

（1）学习三草酸合铁(Ⅲ)酸钾的制备方法。

（2）了解三草酸合铁(Ⅲ)酸钾的光化学性质。

（3）练习过滤、蒸发、结晶等基本操作。

6.5.2　思考题

（1）制备最后一步，加入乙醇的作用是什么？

（2）配置硫酸亚铁铵溶液时，为什么加入硫酸？

6.5.3 实验原理

三草酸合铁(Ⅲ)酸钾($K_3[Fe(C_2O_4)_3] \cdot 3H_2O$) 为翠绿色单斜晶体，溶于水，难溶于乙醇。100℃失去结晶水，230℃分解。

本实验用硫酸亚铁铵与草酸反应制备难溶 $FeC_2O_4 \cdot 2H_2O$，然后在有 $K_2C_2O_4$ 存在下，用 H_2O_2 氧化得到 $K_3[Fe(C_2O_4)_3]$，反应中生成的 $Fe(OH)_3$ 可加适量草酸使其转化为配合物。

$$(NH_4)_2Fe(SO_4)_2 \cdot 6H_2O + H_2C_2O_4 =\!=\!= FeC_2O_4 \cdot 2H_2O + (NH_4)_2SO_4 + H_2SO_4 + 4H_2O$$

$$6FeC_2O_4 \cdot 2H_2O + 3H_2O_2 + 6K_2C_2O_4 =\!=\!= 4K_3[Fe(C_2O_4)_3] \cdot 3H_2O + 2Fe(OH)_3$$

$$2Fe(OH)_3 + 3H_2C_2O_4 + 3K_2C_2O_4 =\!=\!= 2K_3[Fe(C_2O_4)_3] \cdot 3H_2O$$

总反应为：

$$2FeC_2O_4 \cdot 2H_2O + H_2O_2 + 3K_2C_2O_4 + H_2C_2O_4 =\!=\!= 2K_3[Fe(C_2O_4)_3] \cdot 3H_2O$$

$K_3[Fe(C_2O_4)_3] \cdot 3H_2O$ 对光敏感，光照下发生光化学反应，变成黄色。

$$2K_3[Fe(C_2O_4)_3] =\!=\!= 2FeC_2O_4 + 3K_2C_2O_4 + 2CO_2$$

6.5.4 实验用品

6.5.4.1 仪器和材料

数显恒温水浴锅，循环水式多用真空泵，天平，电炉，玻璃棒，烧杯（250mL、100mL、50mL），量筒（50mL、5mL），胶头滴管，布氏漏斗，滤纸，棉签。

6.5.4.2 药品

$(NH_4)_2Fe(SO_4)_2 \cdot 6H_2O$，$H_2SO_4$(3mol/L)，$H_2C_2O_4 \cdot 2H_2O$，$K_2C_2O_4$，$H_2O_2$(6%)，乙醇（95%），$K_3Fe(CN)_6$（0.5mol/L）。

6.5.5 实验步骤

6.5.5.1 $FeC_2O_4 \cdot 2H_2O$ 的制备

（1）称取 6.0g（$NH_4)_2Fe(SO_4)_2 \cdot 6H_2O$ 固体放入 250mL 烧杯中，加入 20mL 蒸馏水和 1mL 3mol/L H_2SO_4，微热、搅拌使之溶解。

（2）称取 $H_2C_2O_4 \cdot 2H_2O$ 3.5g 于 100mL 烧杯中，加入 35mL 蒸馏水，微热、搅拌使之溶解。

（3）取（2）中配制的 $H_2C_2O_4$ 溶液 20mL 加入步骤（1）的 250mL 烧杯中，不断搅拌，加热至沸后，微沸 5min，室温下静置，待黄色 $FeC_2O_4 \cdot 2H_2O$ 晶体沉淀后用倾析法弃去上层清液。再向沉淀中加入 20mL 热水，搅拌，静置后再弃去清液，尽可能把清液倾倒干净（酸性条件下检验不到 SO_4^{2-}）。

6.5.5.2 $K_3[Fe(C_2O_4)_3] \cdot 3H_2O$ 的制备

（1）在第 6.5.5.1 节（3）的沉淀中加入 15mL 饱和 $K_2C_2O_4$ 溶液，水浴加热至约 40℃，用滴管慢慢滴加 12mL 6% H_2O_2，边加边充分搅拌，保持温度在 40℃左右。

（2）水浴加热至沸（加热过程中不断搅拌）以除去 H_2O_2，再加入第 6.5.5.1 节（2）中剩余 $H_2C_2O_4$ 溶液至溶液完全变为透明翠绿色（pH 值为 3.0~3.5）；滴加过程中不断搅拌，并保持水浴沸腾。

（3）冷却，向烧杯中加入 20mL 95%乙醇，置于暗处，冷却结晶，减压过滤，称量，计算产率。

6.5.5.3　光化学试验

（1）在表面皿上或者点滴板上放少许 $K_3[Fe(C_2O_4)_3]\cdot 3H_2O$ 产品，置于日光下一段时间，观察晶体颜色变化，与放在暗处的比较。

（2）利用产品和 $K_3Fe(CN)_6$ 设计实验，验证 $K_3[Fe(C_2O_4)_3]\cdot 3H_2O$ 的光化学性质。

6.5.6　习题

（1）若 FeC_2O_4 没有氧化完全，即使加很多草酸溶液，也不能使溶液变透明，此时应采取什么补救措施？

（2）滴加 H_2O_2 后为什么要煮沸？

6.6　海盐制备试剂级氯化钠

6.6.1　实验目的

（1）通过提纯海盐，熟悉盐类溶解度的知识及其在无机物提纯中的应用。

（2）掌握加热、溶解、过滤（常压过滤和减压过滤）、蒸发、结晶和干燥等有关的基本操作。

（3）学习目视比色和比浊进行限量分析的原理和方法。

6.6.2　思考题

（1）制备过程中涉及哪些基本操作？

（2）怎样检验 Ca^{2+}、Mg^{2+} 和 SO_4^{2-} 离子？

6.6.3　实验原理

较高纯度的氯化钠（例如试剂级和医用级别）是由粗食盐提纯制备的。粗食盐中含有泥沙和 K^+、Ca^{2+}、Mg^{2+}、Fe^{3+}、SO_4^{2-} 和 CO_3^{2-} 等杂质。不溶性杂质可用溶解和过滤除去。由于氯化钠的溶解度随温度的变化很小，难以用重结晶的方法纯化，需用化学方法进行离子分离。通过选用合适的试剂将 Ca^{2+}、Mg^{2+}、Fe^{3+} 和 SO_4^{2-} 等可溶性杂质离子生成不溶性化合物而除去。具体方法是先在粗食盐的饱和溶液中加入稍微过量的 $BaCl_2$ 溶液，则：

$$Ba^{2+} + SO_4^{2-} \longrightarrow BaSO_4 \downarrow$$

将溶液过滤，除去 $BaSO_4$ 沉淀。再在溶液中加入 Na_2CO_3 溶液，则：

$$Ca^{2+} + CO_3^{2-} \longrightarrow Ca_2CO_3 \downarrow$$

$$2Mg^{2+} + 2CO_3^{2-} + H_2O \longrightarrow [Mg(OH)]_2CO_3 \downarrow + CO_2 \uparrow$$

$$2Fe^{3+} + 3CO_3^{2-} + 3H_2O \longrightarrow Fe(OH)_3 \downarrow + 3CO_2 \uparrow$$

$$Ba^{2+} + CO_3^{2-} \longrightarrow BaCO_3 \downarrow$$

过滤溶液，不仅除去了 Ca^{2+}、Mg^{2+}、Fe^{3+}，还可将前面过量的 Ba^{2+} 一起除去。过量的 Na_2CO_3 用 HCl 中和后除去。其他少量可溶性杂质（如 KCl）和上述沉淀剂不起作用，但由于 KCl 的溶解度比 NaCl 大，将母液蒸发浓缩后，NaCl 析出，而 KCl 留在母液中。

提纯后的 NaCl 还要进行杂质 Fe^{3+} 和 SO_4^{2-} 的限量分析。限量分析是将被分析物配成一定浓度的溶液，与标准系列溶液进行目视比色或比浊，以确定杂质含量范围。如果被分析溶液颜色或浊度不深于某一标准溶液，则杂质含量就低于某一规定的限度，这种分析方法称为限量分析。

在上述目视比色法中标准系列法较为常用。其方法是利用一套由相同玻璃质料制造的一定体积和形状的比色管，把一系列不同量的标准溶液依次加入各比色管中，并分别加入等量的显色剂和其他试剂，再稀释至等同体积，配成一套颜色由浅至深的标准色阶。把一定量的被测物质加入同规格的比色管中，在同样条件下显色，并稀释至同等体积，摇匀后将比色管的塞子打开，与标准色阶进行比较。比较时应从管口垂直向下观察，这样观察的液层比从比色管侧面观察的液层要厚得多，能提高观察的灵敏度。如被测溶液与标准系列中某一溶液深度相同，则被测溶液的浓度就等于该溶液的浓度。若介于相邻两种标准溶液之间，则可取这两种标准溶液的平均值。

6.6.4　实验用品

6.6.4.1　仪器

托盘天平，离心机，烧杯，玻璃棒，滴管，研钵，普通漏斗，布氏漏斗，吸滤瓶，蒸发皿，洗瓶，移液管，比色管，滤纸，剪刀，火柴，pH 试纸。

6.6.4.2　试剂

粗食盐，$BaCl_2$（1mol/L、25%），Na_2CO_3（20%），KSCN（25%），HCl（3mol/L、2mol/L），镁试剂，$(NH_4)_2C_2O_4$（0.5mol/L）。

6.6.5　实验步骤

6.6.5.1　试剂氯化钠的制备

A　除去 SO_4^{2-}

在托盘天平上称取 20g 粗食盐，研细后倒入 150mL 烧杯中，加水 65mL，用玻璃棒搅拌，并加热使其溶解。然后趁热边搅拌边逐滴加入 1mol/L $BaCl_2$ 溶液，将溶液中全部的 SO_4^{2-} 都转化为 $BaSO_4$ 沉淀。由于 $BaCl_2$ 的用量随粗食盐的来源不同而异，所以应通过实验确定最少用量。

为了检验沉淀是否完全，用离心试管取 2mL 溶液于离心试管中，在离心机上离心分离，分离后在上层清液中加入一滴 $BaCl_2$ 溶液，如仍有沉淀产生，表明 SO_4^{2-} 尚未除尽，需向烧杯中补加 $BaCl_2$ 溶液。如此操作并反复检验，直到在上层清液中加入一滴 $BaCl_2$ 溶液后，不再产生白色沉淀时为止，表明 SO_4^{2-} 已除尽，记录所用 $BaCl_2$ 溶液的量。沉淀完全后，继续加热 5min，以使沉淀颗粒长大而易于沉降，用普通漏斗常压过滤。

B　除去 Ca^{2+}、Mg^{2+}、Ba^{2+}

将滤液加热至沸，用小火保持微沸，边搅拌边滴加 20% Na_2CO_3 溶液，使 Ca^{2+}、Mg^{2+}、

Ba^{2+} 都转化为难溶碳酸盐或碱式碳酸盐沉淀，检验 Ca^{2+}、Mg^{2+}、Ba^{2+} 生成的沉淀是否完全，当不再生成沉淀时，记录 Na_2CO_3 溶液的用量。在此过程中注意补充蒸馏水，保持原体积，防止 NaCl 析出。当沉淀完全后，进行第二次常压过滤。

C 除去多余的 CO_3^{2-}

向滤液中滴加 2mol/L HCl，调 pH≈6，记录所用 HCl 的体积。将滤液倒入蒸发皿中，微火蒸发使 CO_3^{2-} 转化为 CO_2 逸出。

D 蒸发浓缩制备试剂级 NaCl

将蒸发皿中的溶液微火蒸发，浓缩至稠粥状（切勿蒸干），趁热进行减压过滤，将 NaCl 结晶尽量抽干。

E 干燥

将结晶移于蒸发皿中，在石棉网上用小火烘炒，用玻璃棒不断翻动，防止结块。当无水蒸气逸出后，改用大火烘炒数分钟，即得到洁白、松散的 NaCl 晶体。冷却至室温。产品称重，计算产率。

6.6.5.2 产品纯度的检验

取 1.00g NaCl 产品溶于 5mL 去离子水中，检验 Ca^{2+}、Mg^{2+}、Fe^{3+}、SO_4^{2-} 是否存在。本实验只就 Fe^{3+}、SO_4^{2-} 进行限量分析。

A Fe^{3+} 的限量分析

在酸性介质中，Fe^{3+} 与 SCN^- 生成血红色配合物 $[Fe(SCN)_n]^{3-n}$，颜色的深浅与 Fe^{3+} 浓度成正比。

称取 3.00g NaCl 产品，放入 25mL 比色管中，加 10mL 蒸馏水使之溶解，再加入 2mL 25% KSCN 溶液和 2mL 3mol/L HCl，然后稀释到 25mL（比色管刻度线），摇匀。

按以下用量配制标准系列。在三支编号的 25mL 比色管中，分别加入浓度为 0.01mg/mL 的 Fe^{3+} 标准溶液 0.30mL、0.90mL 和 1.50mL，并加入 2.00mL 25% KSCN 和 2.00mL 3mol/L HCl，用蒸馏水稀释至刻度并摇匀，即得 Fe^{3+} 标准系列溶液。其浓度相当于优级纯（一级）试剂，内含 0.003mg Fe^{3+}；分析纯（二级）试剂，内含 0.009mg Fe^{3+}；化学纯（三级）试剂，内含 0.015mg Fe^{3+}。

将试样溶液与标准溶液进行目视比色，确定试剂的等级。

B SO_4^{2-} 限量分析

试样中微量的 SO_4^{2-} 与 $BaCl_2$ 溶液作用，生成白色难溶的 $BaSO_4$，溶液发生混浊。溶液的混浊度与 SO_4^{2-} 浓度成正比，因此借助比浊法可以对 SO_4^{2-} 进行限量分析。

称取 1.00g NaCl 产品，放入 25mL 比色管中，加入 10mL 蒸馏水使之溶解，再加入 1mL 3mol/L HCl 和 3.00mL 25% $BaCl_2$ 溶液，用水稀释至刻度，摇匀。

按以下用量配制标准系列。在三支编号的 25mL 比色管中，分别加入浓度为 0.01mg/mL 的 SO_4^{2-} 标准溶液 1.00mL、2.00mL 和 5.00mL，并加入 3mL 25% 的 $BaCl_2$ 和 1mL 3mol/L HCl 溶液，用蒸馏水稀释至刻度并摇匀，即得 SO_4^{2-} 标准系列溶液。其浓度相当于优级纯（一级）试剂，内含 0.01mg SO_4^{2-}；分析纯（二级）试剂，内含 0.02mg SO_4^{2-}；化学纯（三级）试剂，内含 0.05mg SO_4^{2-}。

将试样溶液与标准溶液进行目视比色，确定试剂的等级。

6.6.6　问题

（1）除去 Ca^{2+}、Mg^{2+} 和 SO_4^{2-} 时，为什么先加 $BaCl_2$ 溶液，然后要将 $BaSO_4$ 过滤掉后再加 Na_2CO_3 溶液？在什么情况下 $BaSO_4$ 可能转化为 $BaCO_3$？

（2）如何除去过量的 $BaCl_2$、Na_2CO_3？

（3）在蒸发浓缩结晶时为什么不能将溶液蒸干？

（4）在检验产品纯度时，能否用自来水来溶解 NaCl，为什么？

6.7　由废铜粉制备硫酸铜

6.7.1　实验目的

（1）掌握废铜粉制备硫酸铜的原理和方法。

（2）巩固和练习过滤、蒸发、结晶和干燥等基本操作。

6.7.2　思考题

（1）浓硝酸在本实验中起什么作用，为什么要分批加入？

（2）为什么精制后的硫酸铜要先滴稀硫酸调节 pH = 1~2，然后再加热蒸发？

（3）利用所做实验和所学化学理论知识，初步判断本实验的理论产率是多少？

6.7.3　实验原理

$CuSO_4 \cdot 5H_2O$，俗称胆矾、蓝矾或铜矾，是蓝色三斜晶体。在干燥空气中会缓慢风化，在 150℃ 以上会失去 5 个结晶水，成为无水硫酸铜（白色）。无水硫酸铜具有极强的吸水性，吸水后又显蓝色，因此，常用来检验某些有机液体中是否残留有水分。

$CuSO_4 \cdot 5H_2O$ 用途广泛，是制取其他固体铜盐和含铜农药如波尔多液的基本原料，在印染工业上，它还用作助催化剂。

纯铜属于不活泼金属，不能溶于非氧化性的酸中。工业上制备 $CuSO_4 \cdot 5H_2O$ 有多种方法，例如氧化铜酸化法——铜料或废铜经煅烧成氧化铜后与酸反应；硝酸氧化法——废铜与硫酸、硝酸反应等。

本实验是利用《化学反应热的测定及活性氧化锌的制备》实验中产生的副产品（Zn 粉和 Cu 粉混合物）来制备硫酸铜。首先对混合物进行有效处理，将铜进行提纯。提纯的铜与硫酸、浓硝酸作用制备硫酸铜，其中，浓硝酸作氧化剂，反应式为：

$$Cu + 2HNO_3 + H_2SO_4 \longrightarrow CuSO_4 + 2NO_2\uparrow + 2H_2O$$

溶液中除生成硫酸铜外，还含有一定量的硝酸铜和其他一些可溶性或不溶性的杂质。不溶性杂质可过滤除去，利用硫酸铜和硝酸铜在水中溶解度的不同可将硫酸铜分离提纯。

铜盐在 100g H_2O 中的溶解度（g）见表 6.1。

表 6.1 不同温度下几种铜盐的溶解度　　　　　（g/100g H_2O）

化学式	温度/℃				
	0	10	20	30	40
$CuSO_4 \cdot 5H_2O$	14.3	17.4	20.7	25.0	28.5
$Cu(NO_3)_2 \cdot 6H_2O$	81.8	95.28	125.1	——	——
$CuCl_2 \cdot 2H_2O$	70.7	73.76	77.0	80.34	83.8

由表 6.1 中数据可见，硝酸铜等在水中的溶解度，不论是高温还是低温下，都比硫酸铜大得多，因此，当热溶液冷却到一定温度时，硫酸铜首先达到过饱和而开始从溶液中结晶析出。随着温度的不断降低，硫酸铜不断从溶液中析出，剩余小部分的硝酸铜和其他一些可溶性杂质可再经重结晶的方法而被除去，最后达到制得纯硫酸铜的目的。

6.7.4　实验用品

6.7.4.1　仪器和材料

台秤，离心机，水浴锅，塑料离心试管（15mL），量筒（20mL），漏斗，表面皿，吸滤瓶，布氏漏斗，蒸发皿，石棉网，玻璃棒，药匙，滤纸。

6.7.4.2　药品

HCl（2mol/L），H_2SO_4（1mol/L、3mol/L），浓 HNO_3，$NH_3 \cdot H_2O$（2mol/L、6mol/L），废铜渣。

6.7.5　实验方法

6.7.5.1　铜的提纯

称取 4.0g 含有铜粉的废渣放入一只干净的 100mL 烧杯中，加入 20~25mL 的 2mol/L HCl，搅拌，使铜粉中的锌和 HCl 反应直至不再有气泡冒出为止。然后，将烧杯中的铜分批转移到 15mL 的塑料离心试管中，经离心后，用吸管小心地吸出上面的溶液，再添加烧杯中的剩余物，直到将铜全部转移到离心试管中为止。

向离心试管中加入蒸馏水约 10mL，搅拌、洗涤、离心后，再吸出上面的清液，这样反复 4~5 次后，将经过处理后的单质铜转移到干净的蒸发皿中。用 $AgNO_3$ 检测上清液中是否有 Cl^- 存在。

6.7.5.2　五水合硫酸铜的制备

在盛有单质铜的蒸发皿中加入 10mL 3mol/L 的 H_2SO_4，然后，缓慢分批加入 3mL 浓硝酸（反应过程中产生大量有毒的 NO_2 气体，操作应在通风橱内进行）。待铜溶解后，趁热用倾析法将溶液转移至一只小烧杯中，不溶性杂质保留。

将硫酸铜溶液再转回洗净的蒸发皿中（如溶液无杂质，此过程可不做）。在水浴上蒸发浓缩，至表面出现晶体膜（蒸发过程中不宜搅动），停止加热，小心取下蒸发皿，放置，让溶液慢慢冷却，$CuSO_4 \cdot 5H_2O$ 即可结晶出来。用减压过滤法滤出晶体，晶体用滤纸吸干，观察晶体的形状和颜色，称重并计算产率。

6.7.5.3　重结晶法提纯五水合硫酸铜

将粗产品以每克 1.2mL 水的比例，溶于蒸馏水中，加热使 $CuSO_4 \cdot 5H_2O$ 完全溶解。

冷却，滴加 3mL 3% H_2O_2，同时在不断搅拌下，滴加 2mol/L $NH_3 \cdot H_2O$，至溶液的 pH 值为 3.5~4.0(除去 Fe^{3+} 杂质)，再加热 10min，趁热抽滤，滤液转入蒸发皿中，用 1mol/L H_2SO_4 酸化，调节 pH 值至 1~2。然后再加热、蒸发浓缩至表面出现晶膜为止。冷却、结晶、抽滤，即可得到精制 $CuSO_4 \cdot 5H_2O$(如无晶体析出，可在水浴上再加热蒸发，使其结晶)。晶体用滤纸吸干，称重，计算产率。母液回收。

6.7.5.4　$CuSO_4 \cdot 5H_2O$ 热分析

按照热分析仪的操作步骤对产品进行热重分析。操作条件如下：样品质量 10~15mg，升温速度 5℃/min，设定升温温度 500℃。

测定完成后，处理数据，得出此水合硫酸铜分几步失水，每步失水的失水温度，样品总失水的质量，产品所含结晶水的百分数，每摩尔水合硫酸铜含多少摩尔结晶水（计算结果四舍五入取整数），确定出水合硫酸铜的化学式。再计算出每步失掉几个结晶水，最后查阅 $CuSO_4 \cdot 5H_2O$ 的结构，结合热重分析结果说明 $CuSO_4$ 五个结晶水的热稳定性不同的原因。

6.7.6　结果与讨论

根据实验记录数据，计算产率，讨论影响产率的因素。分析 $CuSO_4 \cdot 5H_2O$ 的失重温度。

6.7.7　问题

(1) 总结和比较倾析法、常压过滤、减压过滤和热过滤等固液分离方法的优缺点。

(2) $KMnO_4$、$K_2Cr_2O_7$、Br_2、H_2O_2 都可以将 Fe^{2+} 氧化成 Fe^{3+}，你认为选用哪一种氧化剂较为合适，为什么？

(3) 如何操作才能较好地除去杂质 Fe^{3+}？

(4) 调节溶液的 pH 值为什么常选用稀酸或稀碱，而不用浓酸或浓碱？还可选用哪些物质来调节溶液的 pH 值，选用的原则是什么？

7 生活中的化学实验

7.1 铝的阳极氧化

7.1.1 实验目的

（1）了解铝表面处理工艺技术。
（2）了解电解在生产实际中的应用。
（3）掌握铝的阳极氧化及化学着色技术。

7.1.2 思考题

（1）金属表面除油除污的方法。
（2）如何使氧化膜的形成速度大于溶解速度。
（3）电解池阳极的电流密度如何计算？

7.1.3 实验原理

在空气中，铝及铝合金表面容易生成一层极薄的氧化膜（10~20nm），在大气中有一定的抗蚀能力。但由于这层氧化膜是非晶态的，它使铝件表面失去光泽。此外，氧化膜疏松、多孔、不均匀，抗蚀能力不强，且容易沾染污迹。因此，铝及铝合金制品通常需要进行表面氧化处理。

用电化学方法可以在铝或铝合金表面生成较厚的致密氧化膜，这个过程称为阳极氧化。氧化膜厚度可达几十到几百微米，使铝及铝合金的抗蚀能力大有提高。同时氧化膜具有高绝缘性和耐磨性，还可以进行着色，提高美观度。

铝的阳极氧化膜的结构见图7.1。

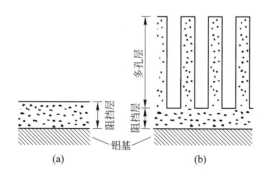

图 7.1　铝的阳极氧化膜结构示意图
（a）铝基表面形成的微薄的氧化膜阻挡层；（b）阳极氧化后形成的具有一定孔隙的氧化膜层

铝的阳极氧化方法较多，本实验采用硫酸体系阳极氧化法。以廉价无污染的石墨为阴极，铝为阳极，在一定浓度的硫酸介质中进行电解氧化，发生的电极反应如下：

阴极反应：$\qquad\qquad 2H^+(aq)+2e \longrightarrow H_2(g)$

阳极反应：$\qquad\qquad Al(s) \longrightarrow Al^{3+}(aq)+3e$

$$Al^{3+}(aq)+3H_2O \longrightarrow Al(OH)_3(s)+3H^+$$

$$2Al(OH)_3(s) \longrightarrow Al_2O_3+3H_2O$$

在阳极氧化过程中，硫酸可以使形成的 Al_2O_3 部分溶解，所以氧化膜的生长与金属的氧化速度和氧化膜的溶解速度有关。要得到一定厚度的氧化膜，必须控制氧化条件，如增大电压、增加溶液的导电能力等，使氧化膜的形成速度大于溶解速度。

阳极氧化膜着色方法大体有三种类型：浸渍着色、电解着色和整体着色。本实验使用浸渍着色-无机盐沉积法，着色原理如图 7.2 所示，溶液中某种粒子进入氧化膜孔隙，在孔隙中发生反应生成不易受腐蚀的物质，从而保护内层的纯铝不受外界物质浸入，增强铝合金表面的耐腐蚀能力。

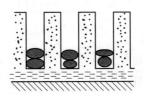

图 7.2　着色原理示意图

7.1.4　实验用品

7.1.4.1　仪器和材料
直流稳压电源，电解槽，万用表，铝片，温度计，酒精灯，量筒（20mL、200mL 各 1个）。

7.1.4.2　试剂
HNO_3（2mol/L），NaOH（5%），HCl（2mol/L），H_2SO_4（20%），$CuSO_4$（0.2mol/L），$K_4[Fe(CN)_6]$（0.1mol/L）。

7.1.5　实验步骤

7.1.5.1　铝片预处理
按照以下顺序预处理铝片。

打磨处理→水洗→盐酸洗（5~10min）→水洗→碱洗（1min）→水洗→硝酸洗（5~10min）→水洗。清洗后的铝片保存在水中（不可沾污）。

7.1.5.2　阳极氧化
用 20% H_2SO_4 为电解液，以石墨为阴极，2 个铝片为阳极，按图 7.3 连线。先接通电源，接好导线，使铝片带电入槽（为什么？）。调节电压 20V，调节电流大小，控制电流密度为 10~20mA/cm^2（电极面积按浸入溶液的面积计算），通电时间 30min。阳极氧化结束后，先取出铝片，再断电（为什么？）。用水冲洗后，做下一步处理。

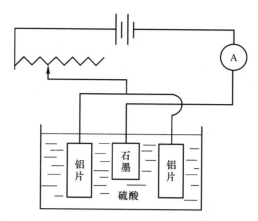

图 7.3　铝阳极氧化实验装置

7.1.5.3　水封和着色

阳极氧化得到的氧化膜，具有高孔隙度和吸附性，很容易被侵蚀、污染。氧化后的铝片要进行适当处理（一片铝片水封，另一片铝片着色后再水封）。

（1）水封。将阳极氧化后的铝片在沸水中水封 15~20min。自然晾干，检验导电性。

（2）着色。由于氧化膜具有高孔隙度和较高的吸附活性，可经一定工艺染上各种颜色。

取阳极氧化后铝片放入着色液中进行着色。先在着色液 A（$CuSO_4$ 溶液）中浸泡 5~10min，取出经水洗后，放入着色液 B（$K_4[Fe(CN)_6]$溶液）中浸泡 5~10min，取出，水洗后如颜色较浅可重复上述操作。写出着色反应方程式。

用醋酸调节水的 pH 值为 5.5~6.5（根据具体情况待定），加热到 80℃，放入着色后铝片水封 10min。自然晾干，观察颜色，检验导电性。

7.1.5.4　氧化膜耐腐蚀性

取阳极氧化后未着色的铝片及未阳极氧化的铝片，分别滴加 1 滴氧化膜质量检验液，观察反应。比较两部分产生气泡和液滴变绿时间的快慢（由于检验液中 Cr^{6+} 被铝还原为 Cr^{3+}，故颜色由橙色变为绿色，绿色出现的时间越长，氧化膜的质量越好）。

7.1.5.5　氧化膜形貌

用金相显微镜观察氧化膜的形貌及特征。

7.1.5.6　不同着色液对比实验（选做实验）

在着色步骤中，可以按照表 7.1 更换不同的着色液组成，进行着色效果对比。

表 7.1　阳极氧化实验着色液组成及着色效果

着色液 A	着色液 B	着色后颜色
硫代硫酸钠	高锰酸钾	金黄色
硫酸铜	六氰合铁（Ⅱ）酸钾	砖红色
茜素红		橙黄色或黄棕色
草酸高铁铵		金色

着色液 A	着色液 B	着色后颜色
高锰酸钾	醋酸钴	古铜色
硫酸铜	亚砷酸钠	绿色

7.1.6　结果与讨论

通过对实验所得两个铝片性能的测试及同未处理铝片比较，给出铝的阳极氧化在生产实际中的应用价值。

7.1.7　习题

（1）水封的作用是什么？
（2）铝氧化膜的结构与孔隙大小有何关系？
（3）为什么阳极氧化时电流密度要控制在一定大小范围？

7.2　动植物体中微量元素的检测

7.2.1　实验目的

（1）掌握 Ca^{2+}、PO_4^{3-}、Zn^{2+}、Fe^{3+} 的特征鉴定反应。
（2）了解目视比色法测定铁含量的分析方法。
（3）熟悉高温电炉、坩埚的使用方法。
（4）了解化学中对复杂试样进行预处理的办法。

7.2.2　思考题

（1）查阅相关材料，设计检测 Ca^{2+}、PO_4^{3-}、Zn^{2+}、Fe^{3+} 的方案。
（2）在 PO_4^{3-} 的鉴定反应中，为使磷钼酸铵沉淀完全，可采取哪些措施？
（3）在用 $(NH_4)_2C_2O_4$ 鉴定 Ca^{2+} 的反应中应注意哪些问题？

7.2.3　实验原理

生物体中含有钙、铁、磷、锌等微量元素。这些微量元素在生命活动中发挥着重要作用，任何一种元素的缺乏，都会导致生命活动失去平衡。对这些元素的检测，也显得尤为重要。

将植物的叶子、动物的骨头或人的头发灰化，然后用硝酸将其氧化为相应离子从而进入溶液，再利用这些离子的特征鉴定反应，就可将其检出。若再辅之以特殊的化学手段，便可实现定量的检测。例如通过原子吸收分光光度法可定量测定人体头发中锌元素的含量。

比色分析是通过测量同一束光经过标准溶液和待测试液后透射光强度比较来确定试样含量的方法。一般经过显色和比色两个步骤。显色即是用显色剂与待测离子反应生成有色物质；比色是测量有色化合物对光的吸收强度，可用眼睛观察（目视比色法），也可用光电仪器测量。本实验利用目视比色法。

目视颜色深浅的方法有三种：一是眼睛由比色管口沿中线向下注视；二是将标准色阶放在眼前，由管侧直视；三是比色管下层装有一镜条，将镜旋转45°，从镜面上观察比色管底端的颜色深度（不宜在强光下进行比色，易使眼睛疲劳，可用白纸作为背景进行比色）。

标准色阶的配制。取一套材质相同的比色管，编上号码，按照顺序加入体积逐增的标准溶液（浓度按一定梯度增加），加入相同体积的试剂（包括显色剂、缓冲试剂和掩蔽剂），然后稀释到相同体积，摇匀，即形成标准色阶。另取相同的比色管，加入一定体积的试样溶液及与标准色阶相同体积的试剂，并稀释到同一体积、摇匀，然后与标准色阶比较。当与标准色阶中某一比色管的颜色相同时，两者浓度相等；若颜色介于两标准色阶颜色深度之间，则试液浓度为两标准色阶浓度的平均值。

7.2.4　实验用品

7.2.4.1　仪器

吸量管（1mL、2mL、5mL），比色管6只（25mL），50mL容量瓶，高温电炉，坩埚，坩埚钳，三脚架，漏斗，酒精灯，镊子。

7.2.4.2　试剂

HNO_3（浓），$NH_3 \cdot H_2O$（2mol/L），NaOH（0.1mol/L，2mol/L），KSCN（2mol/L），$(NH_4)_2C_2O_4$（饱和），$K_4[Fe(CN)_6]$（0.1mol/L），饱和钼酸铵溶液，$NH_4Fe(SO_4)_2 \cdot 12H_2O$，$H_2SO_4$（1：1），$HClO_4$（浓），二苯硫腙，四氯化碳。

7.2.5　实验步骤

7.2.5.1　样品

取树叶、鸡蛋黄、骨头、头发四种样品中一种。

7.2.5.2　样品的预处理

称取一定质量的树叶（或骨头、煮熟的鸡蛋黄），用镊子夹取直接在酒精灯上加热燃烧至炭化，转移到坩埚中。将坩埚放入高温电炉中，在600~700℃下加热数分钟，灰化完全。向坩埚内加入浓硝酸、少量水，过滤。此滤液可检出 Ca^{2+}、PO_4^{3-}、Fe^{3+}。

头发取0.2g依次用洗涤剂、自来水、去离子水漂洗，放入100℃烘箱中烘干10min、冷却。放在50mL小烧杯内，加入5mL浓硝酸，盖上表面皿，在通风橱内小火加热，保持微沸。当溶液体积减少至一半时，停止加热，冷却。加入2mL $HClO_4$，加热保持微沸，直至剩下2mL，冷至室温，加入水。此滤液可检出 Zn^{2+}。

7.2.5.3　离子鉴定

取上述处理后的滤液1mL，鉴定是否存在 Ca^{2+}、PO_4^{3-}、Zn^{2+} 和 Fe^{3+}，实验方法可参照附录Ⅰ、Ⅱ，自行设计检测方案。

7.2.5.4　铁含量的测定

A　铁标准溶液的配制

准确配制浓度为 $5×10^{-4}$mol/L $NH_4Fe(SO_4)_2$ 溶液。

首先计算配置上述标准溶液所需 $NH_4Fe(SO_4)_2 \cdot 12H_2O$ 的量，用电子天平准确称量之，溶于少量去离子水中。加入 1mL 9mol/L H_2SO_4。然后转入 50mL 容量瓶中，稀释至刻度备用。

B 标准色阶的配制和试样的测定

分别取 1mL、2mL、3mL、4mL、5mL 的铁标准溶液于 5 支 25mL 的比色管中。

在样品管加入 2mL 待测液，然后向样品管和 5 支标准色阶管中分别加入 2mL 2mol/L KSCN 溶液，稀释至刻度，摇匀后比色。

C 样品浓度的计算

当样品管颜色与标准色阶中某一比色管的颜色相同时，两者浓度相等；若颜色介于两标准色阶颜色深度之间，则试液浓度为两标准色阶浓度的平均值。

7.2.6 习题与讨论

（1）在用 $K_4[Fe(CN)_6]$ 或 KSCN 鉴定 Fe^{3+} 的反应中，如果硝酸的浓度很大，会对鉴定反应有何影响？

（2）你的实验中出现哪些问题？

7.3 原子吸收分光光度法测定头发中锌元素的含量

7.3.1 实验目的

（1）熟悉和掌握原子吸收分光光度法进行定量分析的方法。

（2）理解样品的湿消化或干灰化技术。

（3）了解原子吸收分光光度法的使用方法。

7.3.2 思考题

（1）原子吸收光谱的理论依据是什么？

（2）干灰化法和湿消化法在操作上有什么不同？

（3）什么原因能够导致人体缺锌？

7.3.3 实验原理

原子吸收分光光度法是基于物质所产生的原子蒸气对特征谱线（即待测元素的特征谱线）的吸收作用来进行定量分析的一种方法。该法具有灵敏度高、选择性好、操作简便、快速和准确度好等特点，因此常作为测定微量元素的首选方法。一般情况下，其相对误差在 1%~2% 之间，可用于 70 种元素的微量测定。此法的缺点是分析不同元素时，必须换用不同元素的空心阴极灯，因而目前多元素同时分析还比较困难。

若使用锐线光源，待测组分为低浓度的情况下，基态原子蒸气对共振线的吸收符合如下公式：

$$A = \lg \frac{l}{T} = \lg \frac{I_0}{I} = alN_0 \qquad (7.1)$$

式中，A 为吸光度；T 为透射比；I_0 为入射光强度；I 为经原子蒸气吸收后的透射光强度；a 为比例系数；l 为样品的光程长度；N_0 为基态原子数目。

当用于试样原子的火焰温度低于 3000K 时，原子蒸气中基态原子数目实际上非常接近原子的总数目。在固定的实验条件下，待测组分原子总数与待测组分浓度的比例是一个常数，故式（7.1）又可写成朗伯-比尔定律数学表达式：

$$A = kcl \tag{7.2}$$

式中，k 为摩尔吸收系数；l 为原子蒸气的厚度，cm；c 为浓度，mol/L。此式就是朗伯-比尔定律数学表达式。如果控制 l 为定值，则上式就是原子吸收分光光度法的定量基础。定量的方法可用标准加入法或标准曲线法。

锌（Zn）广泛分布于有机体的所有组织中，是多种与生命活动密切相关的酶的重要成分。例如，锌是叶绿体内碳酸酐酶的组成成分，能促进植物的光合作用。锌对许多植物，尤其是玉米、柑橘和油桐的生长发育和产量有极为重大的影响。当土壤中有效 Zn 低于 1mg/kg（水浸）时，施用锌肥有良好的增产效果。因此，锌的测定是土壤肥力和植物营养的经常检测项目之一。

对于人和动物，缺锌会阻碍蛋白质的氧化以及影响生长素的形成。其症状表现为食欲不振，生长受阻，严重时甚至会影响繁殖机能。因此，锌元素也是人和动物营养诊断的检测项目之一。

从毛发中锌含量（简称"发 Zn"）可以确定 Zn 营养的正常与否，为此，发 Zn 是医院，特别是儿童医院常用的诊断手段。正常人发 Zn 的含量为 100~400mg/kg。

人和动物的毛发，用湿消化法或干灰化法处理成溶液后，溶液对波长为 213.9nm 的光（锌元素的特征吸收谱线）的吸光度与毛发中 Zn 的含量呈线性关系，故可直接用标准曲线法测定毛发中 Zn 含量。

7.3.4　实验用品

7.3.4.1　仪器

原子吸收分光光度计（TAS-990 原子吸收分光光度计或其他型号），无油空气压缩机，钢瓶（乙炔或空气），高温电炉（干灰化法），控温电热板（湿消化法），吸量管（5mL），聚乙烯试剂瓶（500mL），烧杯（200mL），容量瓶（50mL、500mL），瓷坩埚（30mL）（干灰化法），锥形瓶（100mL）（湿消化法）。

7.3.4.2　试剂

Zn 贮备标准溶液（1.000g/L），Zn 工作标准溶液（10mg/L），HCl（1%、10%）（干灰化法用），HNO_3-$HClO_4$ 混合溶液（浓 HNO_3($\rho = 1.42$) 和 $HClO_4$(60%) 以 4:1 的比例混合而成（湿消化法））。

7.3.5　实验步骤

7.3.5.1　样品的采集

用不锈钢剪刀取 1~2g 头发，剪碎至 1cm 左右。在烧杯中用普通洗发剂浸泡 2min，然后用水冲洗至无泡，以保证洗去头发样品上的污垢和油腻。最后，发样用蒸馏水冲洗三次，晾干，放入烘箱中于 80℃ 干燥至恒重（6~8h）。

采取下面两种方法中任一种处理发样。

7.3.5.2 干灰化法处理发样

准确称取 0.1000g 混匀的发样于 300mL 瓷坩埚中，先于酒精灯上炭化，再置于高温电炉中，升温至 500℃左右，直至完全灰化。冷却后用 5mL 10%HCl 溶解，用 1%HCl 溶液定容至 50.0mL，待测。

7.3.5.3 湿消化法处理发样

将 0.1000g 混匀的发样置于 100mL 锥形瓶中，加入 5mL HNO_3-$HClO_4$ 混合溶液，上加弯颈小漏斗，在控温电热板上加热消化，温度控制在 140~160℃，待大约剩余 0.5mL 清亮液体，停止加热，冷却后，用 H_2O 定容至 50.0mL，待测。

7.3.5.4 标准系列溶液的配制

在 5 支 50mL 容量瓶中，分别加入 1.00mL、2.00mL、3.00mL、4.00mL、5.00mL Zn 的工作标准溶液，加 H_2O 稀释至刻度，摇匀。

7.3.5.5 测量

参考原子吸收分光光度计的操作步骤开动机器，选定测定条件：波长 213.9nm，空心阴极灯的灯电流 3mA，灯高 4 格，光谱通带 0.2nm，燃助比 1：4。由于仪器的型号不同，上述测定条件仅供参考。

用蒸馏水调节仪器的吸光度为 0，按由稀到浓的次序测量标准系列溶液和未知试样的吸光度。

7.3.6 结果与讨论

（1）绘制标准曲线。绘制 Zn 的标准工作曲线。由未知试样的吸光度，求出毛发中的 Zn 含量。

（2）根据测定结果进行判断。由正常人发 Zn 含量范围，判断提供发样的人是否缺锌或者生活在锌污染区中（仅供初步判断）。

7.3.7 习题

（1）原子吸收分光光度法中，吸光度与样品浓度之间具有什么样关系？当浓度较高时，一般能出现什么情况？

（2）测"发 Zn"具有什么实际意义？

（3）影响测定结果准确性的因素有哪些？

7.4 废水的光催化降解处理

7.4.1 实验目的

（1）了解光催化降解有色废水的原理和方法。

（2）熟悉紫外-可见分光光度计的原理及使用方法。

（3）测定罗丹明 B（RhB）的光催化降解速度，并求出降解率。

7.4.2 思考题

（1）处理有色废水的方法有哪些？对比于其他方法，光催化方法处理有色废水有哪些优势？

（2）受污染水体中除了有色染料污染物之外，还可能会有其他污染物，如重金属离子、微塑料等，如何实现多重污染处理？

7.4.3 实验原理

水是生物体最重要的组成部分，也是所有生命生存的重要资源。水污染问题是目前全球面临的严重问题之一，对污水的处理刻不容缓。水污染的主要来源包括工业废水、生活污水、农业污水、原油泄漏等。印染废水是印染工业的主要污染之一，据不完全统计，每年约有 1.6 万亿立方米的染料废水排放到环境中，这类废水具有水质成分复杂、色度深、毒性大等特点。目前，印染废水的处理方法主要有吸附法、萃取法、臭氧氧化法、光催化法等。

光催化是目前污水处理较为常见的一种方法，与传统氧化法相比，光催化法有如下优势：

（1）具有较好的普适性；

（2）光催化剂相对廉价；

（3）降解产物主要为 H_2O、CO_2 等物质，无有毒副产物等。

自从 1972 年，A. Fujishima 等发现 TiO_2 光催化特性以来，以纳米 TiO_2 为代表的半导体光催化剂在环境污染治理方面引起了人们的普遍关注。

根据 TiO_2 的光催化机理（见图 7.4），光催化过程的实质是迁移到 TiO_2 颗粒表面的光生电子和空穴与表面吸附的有机分子发生氧化还原反应，所以迁移到 TiO_2 颗粒表面的光生电子和空穴的浓度及有机分子在 TiO_2 颗粒表面的吸附决定了 TiO_2 的光催化活性。TiO_2 颗粒的大小、分散性、比表面积、表面性质、表面活性位点的多少以及晶体结构（包括晶型、晶化程度、缺陷的浓度及分布）等，都会影响 TiO_2 的光催化活性。

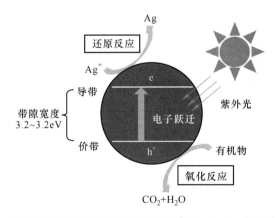

图 7.4 TiO_2 光催化氧化有机物以及还原金属离子（Ag^+）的反应机理示意图

光催化降解染料污水时通常用紫外–可见分光光度计测试反应过程中染料浓度的变化，

降解效率的基本计算公式为：

$$\eta = \frac{c_0 - c_t}{c_0} \times 100\%$$ (7.3)

式中，c_0 为初始罗丹明 B 浓度；c_t 为对应反应时间 t 时刻的罗丹明 B 浓度。

7.4.4　实验用品

7.4.4.1　仪器和材料

天平，容量瓶（500mL），比色皿，紫外-可见分光光度计，量筒（100mL），光催化反应器，注射器（5mL），离心机，离心管（5mL）。

7.4.4.2　试剂

罗丹明 B，商业 P25，去离子水。

7.4.5　实验步骤

7.4.5.1　罗丹明 B 标准溶液配制和标准曲线绘制

A　配置 5mg/L 罗丹明 B 标准溶液

准确称取 2.5mg 罗丹明 B 粉末于 50mL 烧杯中，加去离子水溶解后，转移至 500mL 容量瓶中，用去离子水稀释至刻度。

B　标准曲线的绘制

取 5 支干净干燥的小试管，贴好 1~5 号标签，分别加入 1.00mL、2.00mL、3.00mL、4.00mL、5.00mL 上述配置的 5mg/L 罗丹明 B 标准溶液，然后分别加入 4.00mL、3.00mL、2.00mL、1.00mL、0.00mL 去离子水，分别稀释成 1.00mg/L、2.00mg/L、3.00mg/L、4.00mg/L、5.00mg/L 罗丹明 B 溶液，轻轻震荡摇匀。

将 5 号溶液（即 5.00mg/L 罗丹明 B 溶液）放入紫外可见分光光度计，以去离子水做参比溶液，在 200~800nm 波长范围内测定溶液的吸光度，找出吸光度最大值，将该值所对应的波长记录下来，用于试样的吸光度的测量。

以去离子水做参比溶液，在上述找到的最大吸光度对应波长下测定 1~4 号罗丹明 B 溶液的吸光度。以测得的吸光度数据为纵坐标，以相应罗丹明 B 溶液浓度为横坐标，绘制出罗丹明 B 溶液的标准曲线图。

7.4.5.2　光催化反应

量取 100mL 5mg/L 的罗丹明 B 溶液于 150mL 光催化反应器中，黑暗状态搅拌 30min，达到吸附平衡，并用注射器吸出 5mL 平衡后罗丹明 B 溶液，注入小离心管中，编号为 1。然后打开光催化反应器紫外灯光源，磁力搅拌过程中持续进行光催化反应，并每隔 15min 用注射器取样 5mL 注入小离心管中，反应持续 1h，离心管按时间分别编号为 2、3、4、5。离心分离后取上层清液，用紫外-可见分光光度计在 200~800nm 波长范围内测定溶液的吸光度，观察溶液吸光度变化，并在罗丹明 B 溶液最大吸光度位置计算溶液浓度，绘制罗丹明 B 溶液浓度随时间变化的曲线。

7.4.5.3　计算去除率

绘制罗丹明 B 溶液的标准曲线，求得标准曲线方程。

计算光催化降解罗丹明 B 溶液的去除率。

7.4.6 习题

（1）如何进一步提高光催化效率？

（2）本实验以紫外-可见分光光度计测试染料废水的降解程度是否有弊端，为什么？

7.5 废水处理及需氧量的测定

7.5.1 实验目的

（1）了解吸附法处理有色废水的原理和方法。

（2）熟悉化学需氧量的测定原理和方法。

（3）掌握用高锰酸钾法测定水中化学需氧量（COD）的原理和方法。

7.5.2 思考题

（1）什么是化学需氧量，如何正确表示 COD？

（2）处理有色废水的方法有哪些？简述活性炭吸附法处理染料废水。

（3）受污染水体中的还原性物质为什么会造成水质恶化？

7.5.3 实验原理

受污染的水体中通常含有还原性物质，它们会消耗水中的溶解氧，使水中缺氧而造成水质恶化。水质被污染的程度或水中还原性物质的多少，常用化学需氧量（chemical oxygen demand，COD）来表征。化学需氧量是在一定条件下，用强氧化剂处理水样时所消耗的氧化剂的量，换算成氧的含量（以 mg/L 表示）。它是表示水体中还原性物质存在量的指标。除特殊水体外，还原性物质以有机质为主。通常以化学需氧量作为衡量水体中有机物含量的综合指标。化学需氧量越大，水质污染越严重。

常用的氧化剂为 $KMnO_4$ 和 $K_2Cr_2O_7$。常用的方法是 $KMnO_4$ 滴定法和 $K_2Cr_2O_7$ 回流法。以 $KMnO_4$ 为氧化剂测得的化学耗氧量称为高锰酸钾指数。

酸性高锰酸钾法适用于氯离子含量低于 300mg/L 的水样。当水样的高锰酸钾指数超过 5mg/L 时，应稀释后测定。

测定时加入 H_2SO_4 和一定量的 $KMnO_4$ 溶液，置沸水浴中加热，使其中的还原性物质被氧化，剩余的 $KMnO_4$ 用过量的 $Na_2C_2O_4$ 还原，再以 $KMnO_4$ 反滴定 $Na_2C_2O_4$ 的过量部分。方法的反应式为：

$$2MnO_4^- + 5C_2O_4^{2-} + 16H^+ \rule[0.5ex]{2em}{0.4pt} 2Mn^{2+} + 10CO_2 + 8H_2O$$

COD 测定结果按式（7.4）计算

$$COD = \frac{5c_1(V_1 + V_1' - V_0) - 2c_2V_2}{V_S} \times 8000 \tag{7.4}$$

式中，COD 为化学需氧量，$mg(O_2)/L(H_2O)$；c_1 为 $KMnO_4$ 溶液浓度，mol/L；c_2 为 $Na_2C_2O_4$ 溶液浓度，mol/L；V_1 为第一次加入的 $KMnO_4$ 溶液体积，mL；V_1' 为滴定水样时消

耗的 $KMnO_4$ 溶液体积，mL；V_0 为滴定空白时消耗的 $KMnO_4$ 溶液体积，mL；V_2 为 $Na_2C_2O_4$ 溶液的体积，mL；V_S 为水样体积，mL。

处理有机废水的方法很多，活性炭吸附是常用方法之一。污染物质被活性炭吸收。活性炭可以再生。

7.5.4　实验用品

7.5.4.1　仪器和材料

电热恒温水浴锅，封闭式电炉，烧杯（250mL 3 个、100mL 3 个），量筒（100mL、50mL、10mL），容量瓶（250mL），移液管（25mL、10mL），三角烧瓶（250mL），酸式滴定管（25mL），砂芯漏斗（3 号）。

7.5.4.2　试剂

染料废水，H_2SO_4(2mol/L)，$KMnO_4$(0.02mol/L)，$Na_2C_2O_4$，粒状活性炭。

7.5.5　实验步骤

7.5.5.1　标准溶液配制和标定

（1）0.005mol/L $Na_2C_2O_4$ 标准溶液配制。将 $Na_2C_2O_4$ 于 100～105℃ 干燥 2h，在干燥器中冷却至室温，准确称取 0.17g 于 50mL 烧杯中，加水溶解后，定量转移至 250mL 容量瓶中，以水稀释至刻度，计算准确浓度。

（2）0.002mol/L $KMnO_4$ 溶液配制。吸取 0.02mol/L $KMnO_4$ 标准溶液 25.00mL 置于 250mL 容量瓶中，以新煮沸且冷却的去离子水稀释至刻度。

（3）0.002mol/L $KMnO_4$ 溶液标定。移取 0.005mol/L $Na_2C_2O_4$ 溶液 10.00mL，置于 250mL 三角烧瓶中，加入 10mol/L H_2SO_4 10mL，在水浴上加热到 75～85℃，保持时间 5min。取出，趁热用 0.002mol/L 高锰酸钾滴定，直到溶液呈现微红色并持续半分钟内不褪色即为终点。平行测定 2～3 次，计算 $KMnO_4$ 溶液的浓度。

7.5.5.2　活性炭吸附处理废水

分别称 1.00g 活性炭置于 3 个 250mL 烧杯中，各加入 100mL 废水（注意搅拌完一个，再加入另一个），立即放置在磁力搅拌器上搅拌，搅拌时间 10min、20min、30min，静置片刻（1min 之内），立即倾倒出上面水样于 100mL 烧杯中待用（思考：为什么先取出水样?）。

7.5.5.3　COD 测定

取原水样 10mL，置于 250mL 三角烧瓶中补加去离子水至 100mL，加 10mL H_2SO_4，再准确加入 10mL 0.002mol/L $KMnO_4$ 溶液，立即加热至沸。从冒第一个气泡开始计时，用小火煮沸 10min。取下三角烧瓶，趁热加入 10.00mL 0.005mol/L $Na_2C_2O_4$ 标准溶液，摇匀，此时溶液应当由红色转为无色。用 0.002mol/L $KMnO_4$ 标准溶液滴定至淡红色，并持续 30s 不褪色。平行测定 2～3 次，取平均值。

取经过处理后的水样 10～50mL（一般 20～30mL），重复上述操作，且平行测定 2～3 次（每次取水样体积保持一致），取平均值。

取 100mL 去离子水代替水样，重复上述操作，求得空白值。

7.5.5.4 计算

按式（7.4）计算原水样和处理后水样的 COD 值。计算 COD 去除率。

7.5.6 注意事项

（1）水样需要稀释时，应取水样的体积，一般要求在测定中回滴过量的草酸钠标准溶液所消耗的高锰酸钾溶液的体积在 4~6mL。如果所消耗的体积过大或过小，都要重新再取适量的水样进行测定。

（2）7.5.5.3 节中加热煮沸 10min 以后，溶液仍应保持淡红色，如红色很浅或全部褪去，说明高锰酸钾的用量不够。此时，应将水样稀释倍数加大后再测定。

（3）在酸性条件下，草酸钠和高锰酸钾的反应温度应保持在 60~80℃，所以滴定操作必须趁热进行，若溶液温度过低，需适当加热。

7.5.7 结果与讨论

绘制表格，填写测定数据，计算 COD 的去除率。

7.5.8 思考题

（1）实验中加热的作用是什么？
（2）讨论影响 COD 去除率的因素。
（3）测定水中的 COD 有何意义，有哪些测定方法？
（4）水样加入 $KMnO_4$ 溶液煮沸后，若红色褪去，说明什么，应采取什么措施？

7.5.9 说明

实验室预先配制：

（1）0.02mol/L $KMnO_4$ 溶液。称取 $KMnO_4$ 固体约 1.6g 溶于 500mL 水中，盖上表面皿，加热至沸并保持微沸腾状态 1h，冷却后，用微孔玻璃漏斗过滤。滤液储存于棕色试剂瓶中。将溶液在室温条件下静置 2~3 天后过滤，配制成溶液。

（2）废水。万分之一的甲基红或甲基橙。

8 综合性实验

8.1 化学反应热的测定及活性氧化锌的制备

8.1.1 实验目的

（1）了解化学反应焓变的测定原理。

（2）了解活性氧化锌的制备方法。

8.1.2 实验原理

化学反应通常是在恒压条件下进行的，恒压下进行的化学反应的热效应称为恒压热效应。在化学热力学中，用焓变 ΔH 来表示。放热反应体系能量降低，ΔH 为负值。吸热反应体系能量增加，ΔH 为正值。

本实验在绝热条件下（实验装置如图8.1所示），使 Zn 粉和 $CuSO_4$ 溶液在量热计中反应，反应方程式如下：

$$Cu^{2+} + Zn \longrightarrow Cu + Zn^{2+}, \quad \Delta H^{\ominus} = -216.8 kJ/mol$$

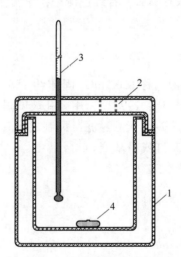

图 8.1　简易量热计示意图

1—有机玻璃保温杯；2—锌粉加料口；3—温度计；4—搅拌子

量热计中溶液温度升高的同时也使量热计的温度相应地提高。因此，反应放出的热量可按式（8.1）计算。

$$\Delta H = -\frac{mC_s + C_p}{1000n}\Delta T \tag{8.1}$$

式中，ΔH 为反应的焓变，kJ/mol；m 为溶液的质量，g；C_s 为溶液的比热容，J/(g·K)；C_p 为量热计的热容，J/K；n 为反应溶液中发生反应的物质的量，mol；ΔT 为温度差，K。

在使用绝热反应器且测定精度要求不高时，用水的比热容代替溶液的比热容，则反应焓变可由式（8.2）计算。

$$\Delta H = -\frac{mC_s + C_p}{1000n}\Delta T = \left(\frac{mC_s}{1000n} + \frac{C_p}{1000n}\right)\Delta T \tag{8.2}$$

$$C_s \approx C_{s(水)} = 4.18\,\text{J}/(\text{g}\cdot\text{K})$$

量热计的热容是指量热计温度升高 1K 所需的热量。在测定反应焓变之前必须先确定所用量热计的热容，否则 ΔH 测定值偏低。测定方法大致如下：在量热计中加入一定质量（G）的冷水，测定其温度为 T_1，加入相同质量温度为 T_2 的热水，混合后的温度为 T_3，即：

$$热水失热 = (T_2 - T_3) \times G \times C_s$$

$$冷水得热 = (T_3 - T_1) \times G \times C_s$$

$$量热计得热 = (T_3 - T_1) \times C_p$$

因为热水失热与冷水得热之差即为量热计得热，故量热器的热容：

$$C_p = \frac{(T_2 - T_3) \times G \times C_s - (T_3 - T_1) \times G \times C_s}{T_3 - T_1} \tag{8.3}$$

由于反应后的温度需要经过一段时间才能升到最高数值，而实验所用量热计又非严格的绝热体系；在实验中，量热计不可避免地会与环境发生少量热交换，再加上 1/10 刻度温度计中水银柱的热惰性等，所以实验必然会存在一定的系统误差。采用外推法可适当消除这一影响，外推法原理如图 8.2 所示。

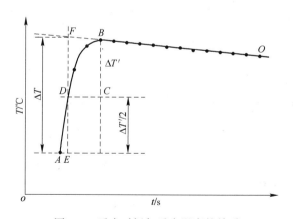

图 8.2 反应时间与反应温度的关系

（1）以温度为纵坐际，以时间为横坐标作图，得到温度随时间变化的曲线 ABO。B 点是观测到最高温度读数点，A 点是未加锌粉时溶液的恒定温度读数点。加锌粉后各点至最高点为一曲线（AB），最高点后各点绘成一直线（BO）。

（2）量取 AB 两点间的垂直距离为反应前后温度变化值 $\Delta T'$。

（3）通过 $\Delta T'$ 的中点 C 且平行于横坐标的直线，交 AB 曲线于 D 点。

（4）过 D 点做垂线，交 OB 直线延长线于 F 点。A 点和 F 点的垂直距离 EF 为校正后

的温度改变值 ΔT。

工业上常用碱式碳酸锌分解法制备活性氧化锌。理论上碱式碳酸锌加热300℃以上即分解，为提高反应速率，一般在600℃下热分解。

8.1.3　实验用品

8.1.3.1　仪器和材料

电子天平，循环水式真空泵，量筒，移液管，台秤，量热计，马弗炉，秒表，布氏漏斗，坩埚。

8.1.3.2　试剂

H_2SO_4（2mol/L），H_2O_2（6%），NaOH（2mol/L），HCl（6mol/L），NH_4SCN（0.5mol/L），$CuSO_4 \cdot 5H_2O$（s），$NaCO_3$（s），锌粉。

8.1.4　实验步骤

8.1.4.1　硫酸铜溶液配制

精确称量 $CuSO_4 \cdot 5H_2O$，配制0.2000mol/L $CuSO_4$ 溶液250mL。

8.1.4.2　测定量热计热容 C_p

（1）用量筒取50mL去离子水放入干燥的量热计中，盖好盖子，缓慢搅拌，数分钟后观察温度，若连续3min温度没有变化，说明体系温度已达到平衡，记下此时温度 T_1（精确到0.1℃）。

（2）准备好50mL约比 T_1 高20～30℃的热水，准确读出此温度 T_2。迅速将此热水倒入量热计中，盖好盖子，并不断搅拌。开始时每15s记录温度一次，当温度升到最高点 T_3 后，持续搅拌，继续观测3min，每30s记录一次温度。绘制温度-时间曲线图，求出 ΔT（$\Delta T = T_3 - T_1$）。

8.1.4.3　反应焓变的测定

（1）用台秤称取3g锌粉。

（2）用50mL移液管准确量取已配好的 $CuSO_4$ 溶液100mL，加入干净且干燥的量热计中。

（3）待 $CuSO_4$ 溶液温度稳定后，记下温度，随后迅速加入3g锌粉，立即盖好盖子，按下秒表，不断搅拌。每隔15s记录一次温度。记录到最高温度后，继续按每隔15s记录一次温度，测定温度3min。

（4）将量热计中的混合物倒入烧杯，用于制备活性氧化锌。

（5）按图8.2所示，用作图法求出温度差 ΔT，按式（8.2）计算反应焓变，并与理论值比较，计算误差并讨论。

8.1.4.4　制备活性氧化锌

A　活性氧化锌的制备

将上述测定焓变后的混合物过滤，固体回收。滤液用2mol/L H_2SO_4 酸化，调节至 $1<pH<2$，滴加10滴6% H_2O_2，搅拌。用2mol/L NaOH调节到 $pH=4$，过滤得到经过纯化的 $ZnSO_4$ 溶液。分批加入2.2g Na_2CO_3 固体，产生大量白色胶状沉淀。稍热，减压过滤，

洗涤沉淀。沉淀转移到坩埚中，在马弗炉中恒温 600℃灼烧 15~20min。冷却后，称重，计算产率。检验产品的溶解性和纯度。

B　氧化锌的溶解性、纯度检验

取三支试管，各加少许固体 ZnO 粉末，分别加入去离子水、6mol/L NaOH 和 6mol/L HCl，观察溶解情况。取适量酸溶后的溶液，加入 0.5mol/L NH$_4$SCN 溶液，检验 Fe^{3+}。

8.1.5　习题

（1）计算时用水的比热容代替溶液的比热容，对实验结果有何影响？

（2）去除杂质铁时，应先将 Fe^{2+}氧化为 Fe^{3+}，再加氢氧化钠。采用何种氧化剂，最后 pH 值为多少？

（3）影响焓变测定的误差因素有哪些？

8.2　MOFs/TiO$_2$ 纳米颗粒的合成及表面吸附性能研究

目前全球面临着严重的环境污染，工业的发展带来的废水、废气、农药污染物以及旅游、生活垃圾等剧增，使人类赖以生存的空气和水等环境受到严重的污染。这些污染物可归为三大类：（1）有机污染物；（2）无机污染物；（3）有害的金属离子和氮氧化合物。这些污染物的无害化处理，成为环境保护的重要研究课题。自 1972 年 Fujishima 和 Honda 发现 TiO$_2$ 电极在光照下分解水产生氢气以来，光催化技术由于可以将低密度太阳能转化为高密度化学能，在紫外-可见光辐射下，分解水制取氢气和氧气、矿化有机污染物、还原重金属离子、将温室气体 CO$_2$ 还原成可储存的甲烷，发展成为解决当今社会能源和环境问题的关键技术之一。以 TiO$_2$ 和 ZnO 为代表的宽带隙无机半导体材料的光催化性能被广泛研究。纳米 TiO$_2$ 具有光化学性质稳定、催化效率高、氧化能力强、无毒无害、价格便宜、无二次污染等优点。根据 TiO$_2$ 的光催化机理，光催化过程的实质是迁移到 TiO$_2$ 颗粒表面的光生电子和空穴与表面吸附的有机分子发生氧化还原反应，迁移到 TiO$_2$ 颗粒表面的光生电子和空穴的浓度及有机分子在 TiO$_2$ 颗粒表面的吸附决定了 TiO$_2$ 的光催化活性。因此，TiO$_2$ 颗粒的大小、分散性、比表面积、表面结构、表面活性位以及晶体结构（包括晶型、晶化程度、缺陷的浓度及分布等）等表面性质，都会影响 TiO$_2$ 的光催化活性。

由于表面效应，纳米材料对金属离子具有很强的吸附能力和较大的吸附容量，是一种有着巨大应用前景的吸附材料。早在 20 世纪 80 年代初，日本的 Hada 等人就报道了纳米 ZnO、TiO$_2$ 对 Ag$^+$的吸附。Vassileva 等在 1996 年研究了纳米 TiO$_2$ 作为固相萃取吸附剂对重金属离子的吸附性能。结果表明，锐钛矿 TiO$_2$ 具有高吸附容量、多元素同时吸附及良好的重现性能。

金属有机骨架（metal organic frameworks，MOFs）配合物由于其超大的比表面积以及 3D 骨架拓扑结构，成为开发新型多功能固体催化剂的重要平台材料。MOFs 结构是以金属阳离子或金属簇为节点，通过芳香酸或碱多齿有机配体连接而形成的一类多孔配位聚合物。自 1995 年，Yaghi 小组在 Nature 上报道了钴和均苯三甲酸形成二维结构材料，并第一次提出了金属有机骨架概念以来，MOFs 材料在储氢、CO$_2$ 捕获、气体选择分离、挥发性有机物吸附、药物传输、催化和传感等领域显示出巨大应用前景。特别是，MOFs 材料由于其特殊的有机-无机杂化结构，在生物酶固定工程崭露头角。继 2006 年，Kenneth J. Balkus Jr 课题组首次报道 Cu-MOFs 表面物理吸附固定微过氧化物酶（MP-11），MOFs 作为酶固定的新载体平台，其结构优势不断被挖掘。

本实验拟结合纳米 TiO$_2$ 的光催化活性及 MOFs 的表面吸附活性，构建 ZIF-8/TiO$_2$ 复合纳米颗粒，探究其在光催化降解有机染料、重金属离子吸附以及生物酶固定中的应用。并以单一 ZIF-8 及 TiO$_2$ 结构为参照物，探讨结构与性能的构效关系。此外，本实验尝试通过高温热解的方法，以 ZIF-8 为前驱体获得掺杂金属或者金属氧化物的多孔碳材料，并探讨其表面吸附活性和光催化性能。

8.2.1 实验目的

（1）了解 MOFs 材料的结构特点及合成方法。
（2）了解金属氧化物半导体材料的光催化机理。
（3）掌握以 MOFs 为前驱体制备无机多孔碳材料的实验方法。
（4）培养根据研究目标查阅文献、自行设计实验方案的科学研究能力。
（5）培养实验中发现问题、分析问题和解决问题的能力。

8.2.2 预习与思考题

（1）了解热重分析仪、紫外-可见分光光度计、原子吸收分光光度计等仪器的原理和操作办法。

（2）从 TiO$_2$、ZIF-8、ZIF-8/TiO$_2$ 三种颗粒中选择一种作为目标产物，开展合成与性能研究工作，根据参考实验方案，写出具体的实验流程，包括自主设计实验方案。

8.2.3 实验用品

8.2.3.1 仪器和材料
微波马弗炉，热重分析仪，紫外-可见分光光度计，原子吸收分光光度计，鼓风式干燥箱，光催化反应装置，高速离心机，循环水式真空泵，超声波清洗机，磁力搅拌器，恒温振荡器，坩埚，电子天平。

8.2.3.2 试剂
无水乙醇，钛酸四丁酯，2-甲基咪唑，Zn(NO$_3$)$_2$ · 6H$_2$O，Mn^{2+} 标准溶液（10μg/mL），硝酸溶液（0.5mol/L），甲基橙水溶液（15mg/L），考马斯亮蓝 G-250，85%磷酸，牛血清蛋白，脂肪酶，Na$_2$HPO$_4$ · 12H$_2$O。

8.2.4 实验步骤

8.2.4.1 ZIF-8、TiO$_2$ 和 ZIF-8/TiO$_2$ 纳米颗粒材料的合成
本实验提供纳米 TiO$_2$、ZIF-8 以及 ZIF-8/TiO$_2$ 的合成方法。要求至少合成其中一种纳米颗粒材料。

A 低温水热合成 TiO$_2$
水热合成法制备 TiO$_2$ 是将钛的有机醇盐或无机盐在一定的温度下，发生水解生成

TiO$_2$。水热合成法由于是在相对较高的温度和压力下进行，通常可直接得到晶化产物。水热温度、水热反应时间和水醇比是影响产物 TiO$_2$ 结构的重要参数。

（1）准备两个干燥的 250mL 烧杯。在一个烧杯中加入 100mL 无水乙醇和 10mL 钛酸四丁酯，搅拌使其混合均匀。另取 250mL 烧杯，加入 100mL 水，滴加 HNO$_3$ 1～2 滴，水浴加热到 70℃，不断搅拌将两种溶液充分混合。可观察到钛酸四丁酯水解，产生白色凝胶。用保鲜膜封住烧杯口，在 70℃ 水浴中静置 0.5h。

（2）将沉淀离心分离，10000r/min 离心 5min。沉淀用去离子水和乙醇充分洗涤后，将所得沉淀置于 70℃ 烘箱中烘干过夜。干燥后的粉末收集于样品袋中，留作下面的实验。

B ZIF-8 室温快速合成

称取 3.0g Zn(NO$_3$)$_2$·6H$_2$O 于 250mL 烧杯中，加入 100mL 无水乙醇溶解。另称取 6.5g 2-甲基咪唑置于另外 250mL 烧杯中，加入 100mL 无水乙醇溶解。在磁力搅拌下，将 Zn(NO$_3$)$_2$·6H$_2$O 溶液加入 2-甲基咪唑溶液中，静置 30min。离心收集固体，并用乙醇洗涤 1 次。将所得沉淀置于 70℃ 烘箱中烘干过夜，即得 ZIF-8。干燥后的粉末收集于样品袋中，留作下面的实验。

C ZIF-8/TiO$_2$ 合成

称取 1.5g Zn(NO$_3$)$_2$·6H$_2$O 于 250mL 烧杯中，加入 100mL 无水乙醇溶解。称取 3.25g 2-甲基咪唑置于另外 250mL 烧杯中，加入 100mL 无水乙醇溶解，加入 10mL 钛酸四丁酯。在磁力搅拌下，用滴管将 Zn(NO$_3$)$_2$·6H$_2$O 溶液逐滴加入 2-甲基咪唑溶液中，滴加结束，静置 30min。充分搅拌下，加入 10mL H$_2$O，离心收集固体，并用乙醇洗涤 1 次。将所得沉淀置于 70℃ 烘箱中烘干过夜，即得 ZIF-8/TiO$_2$。干燥后的粉末收集于样品袋中，留作下面的实验。

8.2.4.2 纳米颗粒的热分析曲线分析、TiO$_2$ 晶体合成及 ZIF-8 热解制备 C、N 掺杂 ZnO

物质在加热或冷却过程中可能发生诸如状态变化、晶型转变、异构化、水合物脱水、热分解、氧化还原反应等物理或化学变化。所有这些变化都伴随着热效应，有的还产生质量变化、体积变化或其他物化性能变化。每种物质在一定的实验条件下均有其特征的变化规律。热分析就是通过测量物质的这些变化达到对物质的定性、定量表征或达到其他研究目的的一种实验方法。基于研究目的的不同，热分析有许多具体方法，如差热分析法、差示扫描量热法、热重法等。差热分析法的工作原理是记录在同等条件下加热的样品与基准物之间的温度差 ΔT 与炉温 t 的关系曲线。当样品和基准物在同一条件下加热或冷却时，如果样品没有热效应产生，两者的温差几乎等于零。若样品有热效应发生，即使是很微弱的热效应，其温差将在热曲线上明显地反映出来。

根据热重曲线，我们可以确定自制 TiO$_2$ 粉在加热过程中有几个热效应发生，是吸热还是放热，热效应的温度范围等信息，从而判断自制 TiO$_2$ 粉的晶相转变温度。

根据热重曲线，可以判断 ZIF-8 的热分解温度，从而确定热处理的合适温度，使得 ZIF-8 热解获得 C、N 掺杂 ZnO 材料。

实验方法：

（1）取少量自制样品置于特制的坩埚内，按照一定升温速度（10℃/min）升温到

800℃，测定样品的 DTA 曲线。

对 DTA 曲线结果进行分析，判断 TiO_2 从无定形到锐钛矿相、从锐钛矿相到金红石相的相转变温度，或者 ZIF-8 的热分解温度。

（2）根据热分析曲线的分析结果，确定自制 TiO_2 的烧结温度。可以选择制备锐钛矿相 TiO_2、混晶结构 TiO_2 或金红石相 TiO_2。

根据热曲线的分析结果，确定 ZIF-8 分解温度。

（3）样品的热处理在微波马弗炉中进行，程序升温控制升温速度，禁止从室温一步升至所需烧结温度，保温时间为 10min。

8.2.4.3　纳米 TiO_2、C、N 掺杂 ZnO 对水中 Mn^{2+} 的吸附活性研究

本实验以原子吸收为检测手段，研究样品对金属 Mn^{2+} 的吸附性能。吸附介质的 pH 值、吸附剂的量、吸附振荡时间等因素都会影响 Mn^{2+} 的吸附效率。Mn^{2+} 的洗脱可以采取 0.5mol/L 的 HNO_3 溶液，洗脱时间为 0.5h。同学可参考给出的实验条件，变换其中的变量，测定不同吸附条件下的吸附率，小组之间将实验结果进行对比，得出影响 Mn^{2+} 在样品表面吸附量的规律。

A　Mn^{2+} 工作曲线的测定

准确移取 1.0mL、3.0mL、5.0mL、8.0mL、10.0mL 的 10μg/mL Mn^{2+} 标准溶液于 25mL 容量瓶，用 1% 的稀硝酸定容。得到 0.4μg/mL、1.2μg/mL、2.0μg/mL、3.2μg/mL、4.0μg/mL 的 Mn^{2+} 的工作曲线系列以及空白液。以吸光度为纵坐标，Mn^{2+} 浓度为横坐标，绘制工作曲线。

B　Mn^{2+} 吸附实验方法

在 25mL 具塞比色管中加入 10μg/mL 的 Mn^{2+} 标准溶液 8mL，用 $NH_3 \cdot H_2O$ 调节 pH 值为 10.0，定容至 20mL。加入 30mg 纳米颗粒，超声振荡 15min 后，将此溶液转移至 50mL 塑料离心试管中，8000r/min 离心 3min，移取上层清液（A）10mL 至 10mL 塑料离心试管中二次离心，再次将上清液转移至另一 10mL 塑料离心试管中；去除全部上清液后，沉积物用去离子水洗涤 2~3 次后，准确移取 1mol/L HNO_3 30mL，超声 15min 进行洗脱，静置后离心分离，移取上层清液（B）10mL 至 10mL 塑料离心试管中二次离心，再次将上清液转移至另一 10mL 塑料离心试管中。用原子吸收法测定 A、B 液中 Mn^{2+} 离子的含量。根据工作曲线，确定溶液 A 和 B 中 Mn^{2+} 的浓度。

C　数据处理

根据下式分别计算 Mn^{2+} 在纳米颗粒表面的吸附率及 Mn^{2+} 的洗脱率。

$$Mn^{2+} \text{ 的吸附率} = \left[c(Mn^{2+})_{\text{吸附实验前}} - c(Mn^{2+})_{\text{吸附实验后A}} \right] / c(Mn^{2+})_{\text{吸附实验前}}$$

$$Mn^{2+} \text{ 的洗脱率} = \left[c(Mn^{2+})_{\text{B溶液}} \right] / \left[c(Mn^{2+})_{\text{吸附实验前}} - c(Mn^{2+})_{\text{吸附实验后A}} \right]$$

8.2.4.4　纳米 TiO_2，C、N 掺杂 ZnO/TiO_2 对甲基橙的光催化降解

应用能带模型（band-gap model）可以很好地解释 TiO_2 的光催化机理。锐钛矿 TiO_2 的能带宽度为 3.2eV，在 $\lambda < 400$nm 的紫外光照射下，产生电子-空穴对：

$$TiO_2 \longrightarrow TiO_2(e + h^+)$$

光生空穴（h^+）可直接与粒子表面吸附的有机分子（RX）反应，电子从有机分子转移给 TiO_2 粒子：

$$TiO_2(h^+) + RX \longrightarrow TiO_2 + RX^+$$

h$^+$ 还可接受表面吸附的溶剂分子（H$_2$O 和 OH$^-$）提供的电子，发生如下的氧化反应：

$$TiO_2(h^+) + H_2O \longrightarrow TiO_2 + HO\cdot + H^+$$

$$TiO_2(h^+) + OH^- \longrightarrow TiO_2 + HO\cdot$$

这两种氧化过程在 TiO$_2$ 光催化降解有机物的实验中都可观察到，由于 TiO$_2$ 粒子表面吸附的 H$_2$O 分子和 OH$^-$ 的浓度较高，所以第二种氧化过程在有机物的光催化降解过程中起了重要作用。同时实验表明，O$_2$ 分子在 TiO$_2$ 的光催化过程中是一种必不可少的物质，它主要用来接受导带的光生电子，产生超氧离子（O$_2^-$）。超氧离子（O$_2^-$）不稳定，发生歧化反应，生成过氧化氢。H$_2$O$_2$ 还可以接受 TiO$_2$ 导带的光生电子产生氢氧自由基（·OH）：

$$TiO_2(e) + O_2 \longrightarrow TiO_2 + O_2^-$$

$$O_2^- + 2H_2O \longrightarrow 2H_2O_2 + e$$

$$TiO_2(e) + H_2O_2 \longrightarrow TiO_2 + HO\cdot + OH^-$$

氢氧自由基·OH 可将吸附在 TiO$_2$ 颗粒表面的大多数有机物氧化分解为 CO$_2$ 和 H$_2$O 等无机物。在实验中也发现，将 H$_2$O$_2$ 加入 TiO$_2$ 光催化体系可显著提高光催化效率。

实验过程：

分别称取 TiO$_2$ 等纳米晶体样品 0.1g，超声分散于 100mL 甲基橙水溶液（c = 15mg/L）中，反应温度为室温，光源为高压汞灯，功率为 100W，垂直照射在反应液上，光源与溶液的垂直距离为 20cm。磁力搅拌器保证溶液浓度的均匀性。每隔 10min 取少量溶液，离心分离后，取清液用紫外可见分光光度计测定其吸收光谱，扫描范围为 350~550nm。根据最大吸收峰的吸光度值变化确定甲基橙的浓度变化（测定时间为 1h）。

以甲基橙降解率 $\left(\dfrac{A_0 - A}{A_0}\right)$（$A_0$ 为甲基橙的起始吸光度，A 为 t 时刻甲基橙的吸光度）为纵坐标，时间为横坐标，比较不同晶体样品的光催化活性差异。

8.2.4.5 纳米 TiO$_2$，ZIF-8/TiO$_2$ 及 C、N 掺杂 ZnO/TiO$_2$ 对脂肪酶的固定实验

酶是生物体细胞产生的具有催化功能的一类特殊蛋白，酶催化具有高活性、专一性、低污染、反应条件温和等特点。以酶制剂取代化学催化剂，模仿自然界的生物化学过程，开发酶促催化体系在有机合成、药物合成等化工领域的应用，必然会产生巨大的环境效益和经济效益。但是在实际催化反应过程中，酶的稳定性极易受环境影响，且反应结束后，酶与底物和产物混杂在一起，即使酶仍有很高的活力，也难以回收利用，造成酶的成本普遍较高，限制了酶催化的工业应用。酶固定工程被认为是解决上述问题的简单有效的办法之一。

脂肪酶（Lipase，E. C. 3. 1. 1. 3）是一类特殊的甘油酯水解酶，它能在油水界面上催化酯水解或醇解、酯合成、酯交换、多肽合成、高聚物合成及手性拆分等反应过程。脂肪酶可以适用的反应介质相对广泛，如水、有机溶剂、离子液体、超临界流体、深度共晶溶剂等，有着巨大的工业生物催化的潜质。

A 工作曲线绘制

a 考马斯亮蓝试剂

考马斯亮蓝 G-250 100mg 溶于 50mL 95% 乙醇，加入 100mL 85% 磷酸，用超纯水稀释

至1000mL，滤纸过滤，保存在棕色试剂瓶中。

　b　标准蛋白质溶液

准确称取100mg牛血清蛋白，溶解后定容于100mL容量瓶中，配置成1000μg/mL的标准溶液A；分别取溶液A 20μL、40μL、80μL、100μL、120μL、140μL、160μL、200μL，用超纯水稀释成20μg/mL、40μg/mL、80μg/mL、100μg/mL、120μg/mL、140μg/mL、160μg/mL、200μg/mL不同浓度的蛋白质标准溶液。

　c　用考马斯亮蓝法测定蛋白质浓度

取5mL考马斯亮蓝试剂于10mL离心管中，加入1mL蛋白质标准溶液，摇匀后静置2min，采用紫外可见分光光度计测其595nm下的吸光度值。以蛋白质标准溶液浓度（μg/mL）为横坐标，所测蛋白质吸光度（A）为纵坐标，绘制蛋白质标准曲线，拟合出线性回归方程，即$A_{595nm}=aX+b$。

　B　脂肪酶吸附动力学实验

　a　pH=5磷酸盐缓冲溶液的配置

$Na_2HPO_4 \cdot 12H_2O$（0.05mol/L）：准确称取8.95g $Na_2HPO_4 \cdot 12H_2O$，溶解后定容于500mL容量瓶中。

$NaH_2PO_4 \cdot 2H_2O$（0.05mol/L）：准确称取15.6g $NaH_2PO_4 \cdot 2H_2O$，溶解后定容于2L容量瓶中。

pH=5磷酸盐缓冲溶液的配置：向$NaH_2PO_4 \cdot 2H_2O$（0.05mol/L）溶液中滴加$Na_2HPO_4 \cdot 12H_2O$（0.05mol/L），用pH计测其pH值，使其等于5.0。

　b　800μg/mL（pH=5）脂肪酶溶液的配置

称取一定量的脂肪酶粉末，用pH=5磷酸盐缓冲溶液溶解后定容于容量瓶中。

　c　脂肪酶吸附固定动力学实验

在10mL离心管中加入8mg样品颗粒，移液管移取8mL 800μg/mL（pH=5）的脂肪酶溶液，密封后于振荡器中震荡一定时间，分别于15min、30min、45min、60min取样（取样时间视吸附速度而定），10000r/min下离心5min后，测定脂肪酶的浓度。

　d　脂肪酶浓度测定

在10mL离心管中加入5mL考马斯亮蓝试剂，移取1mL离心后上清液加入其中，摇匀后静置2min，采用紫外可见分光光度计测其595nm下的吸光度值（扫描波段500～800nm），根据蛋白质标准工作曲线计算出吸附后脂肪酶浓度。

脂肪酶的吸附量（Q_e，μg/mg）可以根据下式进行计算：

$$Q_e = \frac{(c_0 - c_e) \times V}{m} \tag{8.4}$$

式中，c_0和c_e为脂肪酶的起始和平衡浓度，μg/mL；V为脂肪酶溶液的体积，mL；m为吸附剂的质量，mg。

8.2.4.6　自主设计实验即固定脂肪酶的活性研究

同学根据实验8.2.4.1～8.2.4.5的实验内容，变换其中某一个实验的实验参数，进行相应实验，并与本小组或其他小组实验结果进行对比，进一步了解影响样品结构或者实验条件与吸附活性及光催化降解性能的影响规律。

可查阅相关文献资料，拟定具体的实验方案，与指导教师讨论后，方可进行实验。也可以进一步研究固定酶的活性并与游离酶的活性进行对比。

8.2.5 结果与讨论

（1）所有试验过程的实验现象记录及原始数据整理，用 origin 软件作图。

（2）针对试验 8.2.4.2 热重曲线，分析目标产物的热化学性质，讨论样品可能发生的热力学变化，根据热重曲线选定热处理温度以及判断热处理后产物的结构。

（3）绘制 Mn^{2+} 工作曲线，计算 Mn^{2+} 的吸附率和洗脱率。对比平行小组间实验结果，讨论样品结构对于金属离子吸附活性的影响。

（4）绘制甲基橙的光催化降解动力学曲线，参考平行小组间实验结果对比，讨论样品结构对于光催化效率的影响。

（5）绘制脂肪酶的吸附动力学曲线，应用一级、二级动力学方程对于数据进行拟合，探讨吸附过程动力学特征；参考平行小组间实验结果对比，探讨结构对于酶固定效率的影响。

9 虚拟仿真实验[1]

9.1 水热法制备八面体结构的四氧化三铁

9.1.1 实验目的

（1）巩固分析天平的使用操作方法。

（2）练习使用磁力搅拌器、烘箱、离心机、水热反应釜等水热反应常用仪器。

（3）学习常用的洗涤、干燥等基本实验操作。

（4）学习水热法制备四氧化三铁的基本原理和实验方法。

9.1.2 实验原理

水热法最初用于地质研究中描述地壳中的水在温度和压力联合作用下的自然过程，后来被用于制备纳米陶瓷粉末。近年来被广泛应用于制备各种形貌的微纳米材料。水热法是在高温、高压反应环境中（通常是在水热合成釜中），采用水作为反应介质，使得通常溶或不溶的物质溶解并进行重结晶。水热法具有反应条件温和、污染小、成本较低、易于商业化、产物结晶好、纯度高等特点。

在常温常压下，一些从热力学角度分析可以进行的反应，往往因反应速率极慢，在实际应用中没有价值，但在水热条件下却可能使反应得以实现。这主要因为在水热条件下，与常温常压下的水相比，水的物理化学性质将发生下列变化：

（1）蒸气压升高；

（2）黏度和表面张力降低；

（3）介电常数降低；

（4）离子积增大；

（5）密度减小；

（6）热扩散系数升高等。

在水热反应中，水既可作为一种化学组分参与反应，又可作为溶剂和膨化促进剂；同时又是压力传递介质，通过加速渗透反应和控制其过程的物理化学因素，实现无机化合物的形成和改进。

---

[1] 通过国家虚拟仿真实验教学项目共享平台进入实验安全教育项目，让学生进行安全教育相关实验项目的学习和操作，并进行安全教育考核（需要使用360安全浏览器极速模式登录，并注册）。

项目网址：http://www.ilab-x.com/details? id = 3164&isView = true 或 http://39.107.64.153：8095/login? flag = false。

在校内的学生可登录东北大学虚拟仿真实验平台，选择相应的实验题目，自主完成实验操作。平台网址：http://202.118.30.191：8022/，学生登录名和密码预设为学号，教工登录名和密码均为五位工号。

　　本实验中，以亚铁氰化钾［$K_4Fe(CN)_6$］为铁源，氢氧化钠和硫代硫酸钠作为共同反应物，在水热反应条件下制备八面体结构的四氧化三铁。

9.1.3　预习与思考题

　　（1）本实验以亚铁氰化钾［$K_4Fe(CN)_6$］为铁源，加入氢氧化钠和硫代硫酸钠，为什么能得到四氧化三铁？

　　（2）装釜时，为什么溶液不能装满？

9.1.4　注意事项

　　（1）称量需在分析天平上进行，并做好记录。

　　（2）将反应釜内衬和不锈钢外壳标号，装釜时请"对号入座"。

　　（3）为保证安全性，聚四氟乙烯内衬的填充率不能过大，一般80%即可。

　　（4）反应釜装入烘箱前务必检查不锈钢外壳是否拧紧，必要时可借助工具。

　　（5）冷却至室温后，请将反应釜转移至通风橱，再打开反应釜。

9.1.5　实验步骤

　　（1）实验前准备工作。

　　1）点击水热反应釜，分别将两个水热反应釜的聚四氟乙烯内衬取出。

　　2）打开内衬盖子，分别将两个内衬连同盖子一起放在20%稀硝酸溶液中，浸泡12h。

　　3）点击内衬，取出两个内衬和盖子，用自来水冲洗干净。

　　4）拖拽洗瓶至内衬，用去离子水冲洗内衬和盖子。

　　5）拖拽两个内衬和盖子至恒温干燥箱，放在干燥箱中。

　　6）打开恒温干燥箱电源开关。

　　7）设置温度60℃，进行干燥。

　　8）打开恒温干燥箱箱门，取出两个内衬和盖子。

　　9）设置恒温干燥箱温度200℃，备用。

　　（2）反应液的配制。

　　1）打开分析天平电源开关。

　　2）拖拽称量纸至分析天平，取一张称量纸放在分析天平托盘上。

　　3）按分析天平置零键进行置零。

　　4）拖拽药匙至亚铁氰化钾试剂瓶，称取0.4220g亚铁氰化钾。

　　5）点击称量纸至干净的100mL烧杯，将亚铁氰化钾倒入烧杯中。

　　6）拖拽洗瓶至100mL烧杯，加入约30mL去离子水，用玻璃棒搅拌溶解。

　　7）打开电子天平电源开关。

　　8）拖拽25mL烧杯至电子天平，将烧杯放在电子天平托盘上。

　　9）按电子天平置零键进行置零。

　　10）拖拽药匙至氢氧化钠试剂瓶，称取0.40g。

　　11）拖拽25mL烧杯至100mL烧杯，将氢氧化钠转移到烧杯中，用玻璃棒搅拌溶解。

　　12）拖拽称量纸至分析天平，取一张称量纸放在分析天平托盘上。

13）按分析天平置零键进行置零。

14）拖拽药匙至硫代硫酸钠试剂瓶，称取 0.3720g 硫代硫酸钠。

15）点击称量纸至 100mL 烧杯，将硫代硫酸钠倒入烧杯中，用玻璃棒搅拌至溶解。

（3）装釜，进行反应。

1）拖拽 100mL 烧杯至聚四氟乙烯内衬，将配好的反应液分别装入 1 号和 2 号聚四氟乙烯内衬中。

2）点击内衬盖子，盖上两个盖子。

3）拖拽两个内衬至不锈钢外壳，将内衬放入不锈钢外壳，拧紧盖子。

4）拖拽两个反应釜至恒温干燥箱，放入已升温到 200℃ 的恒温干燥箱内，保温 90min。

5）关闭恒温干燥箱电源开关，进行冷却。

（4）收集产品。

1）打开恒温干燥箱箱门，取出两个反应釜，放在通风橱。

2）点击反应釜盖子，取下盖子。

3）点击内衬，将内衬取出。

4）点击内衬盖子，取下盖子。

5）拖拽内衬至废液瓶，将上层清液倾倒弃去。

6）拖拽洗瓶至内衬，分别加入 5mL 去离子水，用玻璃棒搅拌。

7）拖拽内衬至 10mL 离心管，分别将混合液转移到两个离心管中。

8）拖拽两个离心管至离心机，放在离心机中。

9）设置离心时间：3min，进行离心。

10）打开离心机盖子，取出两个离心管，放在离心管架上。

11）拖拽两个离心管至废液瓶，将离心管上清液弃去。

12）拖拽洗瓶至离心管，分别往两个离心管中加入 3mL 去离子水，振摇使沉淀分散。

13）拖拽两个离心管至离心机，放在离心机中。

14）设置离心时间：3min，进行离心。

15）打开离心机盖子，取出两个离心管，放在离心管架上。

16）拖拽两个离心管至废液瓶，将离心管上清液弃去。

17）拖拽两个离心试管至恒温干燥箱，放入恒温干燥箱中。

18）设置温度：60℃，干燥 6h。

（5）确定产物的物相。

1）进行 XRD 测试。

2）进行 SEM 测试。

3）结束实验。

9.2　硫酸亚铁铵的制备及组成测定

9.2.1　实验目的

（1）进一步练习水浴加热、蒸发、浓缩等基本实验操作。

（2）了解目视比色法检验产品中杂质含量的实验方法。

（3）掌握 $FeSO_4 \cdot (NH_4)_2SO_4 \cdot 6H_2O$ 含量的测定方法。

9.2.2 实验原理

铁屑与稀硫酸作用制得硫酸亚铁：

$$Fe + H_2SO_4 \longrightarrow FeSO_4 + H_2 \uparrow$$

然后硫酸亚铁与硫酸铵作用，生成溶解度较小的硫酸亚铁铵复盐：

$$FeSO_4 + (NH_4)_2SO_4 + 6H_2O \Longrightarrow FeSO_4 \cdot (NH_4)_2SO_4 \cdot 6H_2O$$

目视比色法是确定杂质含量的一种常用方法，在确定杂质含量后便能定出产品的级别。实验方法是：将产品配成溶液，与标准色阶进行比色，如果产品溶液的颜色比某一标准溶液的颜色浅，就确定杂质含量低于该标准溶液的含量，即低于某一规定的限度，所以这种方法又称为限量分析。

硫酸亚铁铵 $FeSO_4 \cdot (NH_4)_2SO_4 \cdot 6H_2O$ 商品名为摩尔盐，为浅蓝绿色单斜晶体，易溶于水，难溶于乙醇。一般亚铁盐在空气中易被氧化，而硫酸亚铁铵在空气中比一般亚铁盐要稳定，不易被氧化，而且价格低，制造工艺简单，容易得到较纯净的晶体，因此应用广泛。在定量分析中常用来配制亚铁离子的标准溶液。

和其他复盐一样，$FeSO_4 \cdot (NH_4)_2SO_4 \cdot 6H_2O$ 在水中的溶解度比组成它的每一组分（$FeSO_4$ 或 $(NH_4)_2SO_4$）的溶解度都要小。利用这一特点，可通过蒸发浓缩 $FeSO_4$ 与 $(NH_4)_2SO_4$ 溶于水所制得的浓混合溶液制取硫酸亚铁铵晶体。三种盐的溶解度数据列于表 9.1。

表 9.1　三种盐的溶解度　　　　　　　　　　　　　　　（g/100g H_2O）

温度/℃	$FeSO_4$	$(NH_4)_2SO_4$	$FeSO_4 \cdot (NH_4)_2SO_4 \cdot 6H_2O$
10	20.0	73	17.2
20	26.5	75.4	21.6
30	32.9	78	28.1

本实验产品的主要杂质是 Fe^{3+}，Fe^{3+} 与 KSCN 反应生成血红色配离子，用目视比色法比较颜色的深浅，可以确定其产品含铁的级别。

以 $K_2Cr_2O_7$ 为氧化剂，采用氧化还原法测定硫酸亚铁铵的含量。在酸性溶液中，Fe^{2+} 可以定量地被 $K_2Cr_2O_7$ 氧化成 Fe^{3+}，反应为：

$$6Fe^{2+} + Cr_2O_7^{2-} + 14H^+ \Longrightarrow 6Fe^{3+} + 2Cr^{3+} + 7H_2O$$

用二苯胺磺酸钠为指示剂，在硫酸-磷酸介质中滴定，测定产品中的 Fe^{2+} 的含量。

9.2.3 预习与思考题

（1）为什么硫酸亚铁和硫酸亚铁铵溶液都要保持较强的酸性？

（2）为什么硫酸亚铁制备实验在锥形瓶中进行？

（3）进行目视比色时，为什么要用煮沸冷却后的蒸馏水来配置溶液？

（4）制备硫酸亚铁铵时，为什么采用水浴加热法？

9.2.4　实验步骤

（1）硫酸亚铁溶液的制备。

1）打开恒温水浴锅开关。

2）调节温度为85℃。

3）打开电子天平开关。

4）拖拽称量纸至电子天平。

5）按置零键进行置零。

6）点击药匙，用药匙从铁粉试剂瓶取铁粉置于称量纸上，称取质量 m_1。

7）点击盛有称好铁粉的称量纸，将称量纸上的铁粉倒入锥形瓶中。

8）拖拽硫酸试剂瓶至1号25mL量筒，倒入15mL。

9）拖拽量筒至锥形瓶，倒入其中。

10）拖拽锥形瓶至水浴锅，放在水浴锅上。

11）拖拽滤纸至布氏漏斗。

12）打开循环水真空泵开关。

13）点击橡胶管，连接橡胶管至抽滤瓶。

14）拖拽洗瓶至布氏漏斗，加入少量水润湿滤纸。

15）待锥形瓶内不再有气泡冒出时，拖拽锥形瓶至布氏漏斗，在玻璃棒引流下趁热将溶液转移至布氏漏斗。

16）拖拽恒温水浴锅上的烧杯至布氏漏斗，加入少许蒸馏水，洗涤，抽干。

17）拔掉连接橡胶管。

18）关闭水循环式真空泵开关。

19）取下布氏漏斗。

20）点击抽滤瓶，将抽滤瓶中的液体倒入蒸发皿中。

21）取一张滤纸置于实验台上。

22）将留在锥形瓶内的残渣倒在滤纸上。

23）将布氏漏斗滤纸上的残渣倒在滤纸上，合并。

24）拖拽另一张滤纸将残渣吸干。

25）拖拽称量纸至电子天平。

26）按置零键进行置零。

27）将吸干后的残渣倒在称量纸上，称重。

（2）硫酸亚铁铵晶体的制备。

1）拖拽称量纸至电子天平。

2）按置零键置零。

3）点击药匙，用药匙从硫酸铵试剂瓶取硫酸铵置于称量纸上，称取质量 m_2。

4）点击盛有称好硫酸铵的称量纸，将称量纸上的硫酸铵倒入蒸发皿中。

5）点击蒸发皿，将蒸发皿置于水浴锅上，边加热边搅拌。

6）拖拽蒸馏水洗瓶至蒸发皿，加入少许蒸馏水。

7）点击蒸发皿，将蒸发皿置于三脚架上。

8）拖拽火柴至酒精灯，点燃酒精灯，加热。

9）熄灭酒精灯。

10）用坩埚钳将蒸发皿放在实验台的石棉网上，静置冷却。

11）拖拽滤纸至布氏漏斗。

12）点击橡胶管，连接橡胶管至抽滤瓶。

13）拖拽洗瓶至布氏漏斗，加入少量水润湿滤纸即可。

14）在玻璃棒引流下将蒸发皿中物质转移至布氏漏斗。

15）拔掉连接的橡胶管。

16）拖拽95%乙醇的滴管至布氏漏斗，加入少量乙醇，淋洗。

17）连接橡胶管，抽干。

18）拔掉连接抽滤瓶的橡胶管。

19）关闭循环水式真空泵开关。

20）拆除抽滤装置。

21）将布氏漏斗中的滤纸置于实验台上。

22）拖拽另一干净滤纸至该滤纸，轻压将晶体吸干。

23）拖拽称量纸至电子天平。

24）按置零键进行置零。

25）将滤纸上的晶体倒在称量纸上，称得质量为 m_3。

26）点击电子天平上的称量纸，将称量纸上的晶体倒入试剂瓶中，备用。

（3）Fe^{3+} 的限量分析。

1）拖拽称量纸至分析天平。

2）按置零键进行置零。

3）点击药匙，用药匙取已制得的硫酸亚铁铵至称量纸上，称取 1.00g。

4）点击电子天平上的称量纸，将称量纸上的药品倒入 25mL 烧杯中。

5）拖拽装有不含氧蒸馏水的烧杯至 1 号 25mL 量筒，量取 15mL。

6）拖拽量筒至 25mL 烧杯，倒入其中。

7）用玻璃棒搅拌溶解。

8）拖拽烧杯至 1 号 25mL 比色管，倒入其中。

9）拖拽 3mol/L HCl 试剂瓶至 1 号 5mL 量筒，倒入 2mL。

10）拖拽量筒至 1 号比色管，倒入其中。

11）拖拽 25% KSCN 试剂瓶至 2 号 5mL 量筒，倒入 1mL。

12）拖拽量筒至 1 号比色管，倒入其中。

13）拖拽装有不含氧蒸馏水的烧杯至比色管，加至接近刻度线，再用胶头滴管定容至刻度线，摇匀。

14）与 2~4 号比色管放在一起进行目视比色。

（4）配置 0.02mol/L 重铬酸钾。

1）打开分析天平开关。

2）点击重铬酸钾称量瓶，将重铬酸钾称量瓶放置于分析天平托盘上。

3）按置零键进行置零。

4）点击称量瓶，向 250mL 烧杯中倒入少许重铬酸钾。

5）点击称量瓶，将称量瓶置于分析天平托盘上，记录重铬酸钾质量 m。

6）拖拽蒸馏水洗瓶至 50mL 量筒，倒入 30mL。

7）拖拽量筒至 250mL 烧杯，倒入其中。

8）用玻璃棒搅拌，使其溶液。

9）拖拽烧杯至 150mL 容量瓶，在玻璃棒引流下倒入其中。

10）盖上瓶塞，旋摇溶液。

11）拖拽蒸馏水瓶至容量瓶，加入蒸馏水至接近刻度线。

12）拖拽胶头滴管至容量瓶，定容至刻度线，摇匀，计算并记录重铬酸钾的浓度。

（5）润洗滴定管。

1）从滴定台上取下酸式滴定管，稍微倾斜。

2）拖拽重铬酸钾标准溶液至酸式滴定管，倒入 10mL 左右。

3）水平旋转滴定管，使液体浸润内壁。

4）将滴定管垂直，下口对准废液瓶，旋转旋塞至垂直状态，弃去管内液体。

（6）装液，调零。

1）拖拽重铬酸钾标准溶液至酸式滴定管，倒入至 0 刻度线以上。

2）点击滴定管，将滴定管固定在滴定台。

3）拖拽 50mL 烧杯至滴定管下方。

4）旋转旋塞至垂直状态，放出液体至 0 刻度线附近。

5）从滴定台上取下酸式滴定管，读数，记录体积 $V_{初}$。

（7）硫酸亚铁铵含量的测定。

1）拖拽称量纸至分析天平。

2）按置零键进行置零。

3）点击药匙，用药匙取已制得的硫酸亚铁铵至称量纸上，记录质量 m_5。

4）点击称量纸，将称量纸上的药品倒入 250mL 锥形瓶中。

5）拖拽洗瓶至 100mL 量筒，倒入 100mL。

6）拖拽量筒至 250mL 锥形瓶，倒入其中。

7）拖拽硫酸试剂瓶至 2 号 25mL 量筒，倒入 20mL。

8）拖拽量筒至 250mL 锥形瓶，倒入其中。

9）拖拽二苯胺磺酸钠指示剂至锥形瓶，加入 6~8 滴。

10）拖拽锥形瓶至滴定管下方。

11）旋转旋塞，开始滴定，边滴边振摇锥形瓶。

12）拖拽磷酸溶液至 3 号 5mL 量筒，倒入 5mL。

13）拖拽量筒至上述锥形瓶，倒入其中。

14）拖拽锥形瓶至滴定管下方。

15）旋转旋塞，开始滴定，边滴边振摇锥形瓶，溶液逐渐变为蓝紫色。

16）从滴定台上取下滴定管，读数，记录体积 $V_{末}$。

17）整理实验台，实验结束。

9.3　磺基水杨酸和铁（Ⅲ）配合物的组成及稳定常数的测量

9.3.1　实验目的

（1）初步了解分光光度计法测定溶液中配合物的组成及其稳定常数的原理和实验方法。

（2）了解实验数据的处理方法。

（3）练习使用 722 分光光度计。

9.3.2　实验原理

本实验原理遵循朗伯-比尔定律，即当一束一定波长的单色光通过有色溶液时，有色物质对光的吸收与有色物质的浓度和光穿过的液层厚度成正比：

$$A = kcL \tag{9.1}$$

式中，A 为吸光度，或者消光度；c 为有色溶液的浓度，mol/L；L 为溶液的厚度，cm；k 为吸光系数。

磺基水杨酸（H_3R）与 Fe^{3+} 形成的配合物的组成和颜色因 pH 不同而异。当溶液的 pH<4 时，形成紫红色的配合物；pH 值在 4~10 间形成红色的配合物；在 pH 值为 10 左右时，生成黄色配合物。

本实验用等物质的量系列法测定 pH<2.5 时磺基水杨酸与铁离子形成的红褐色的磺基水杨酸合铁（Ⅲ）配离子的组成和稳定常数。等物质的量系列法要求溶液中的金属离子与配体都是无色的，形成的配合物是有色的。这样，溶液的吸光度只与配合物的浓度成正比。本实验中磺基水杨酸是无色的，Fe^{3+} 溶液的浓度很稀，也接近无色。

等物质的量系列法就是保持每份溶液中金属离子的浓度（c_M）与配体的浓度（c_B）之和不变（即总的物质的量不变）的前提下，改变这种溶液的相对量，配置一系列溶液并测定每份溶液的吸光度。若以不同的物质的量比 $\dfrac{n_M}{n_M + n_R}$ 对应的吸光度 A 作图得物质的量比-吸光度曲线，曲线上与吸光度极大值对应的物质的量比就是该有色配合物中金属离子与配体的组成之比。即：

$$n = \frac{c(H_3R)}{c(Fe^{3+})} = \frac{x(H_3R)}{1 - x(H_3R)} \tag{9.2}$$

图 9.1 表示一个典型的低稳定性的配合物 MR 的物质的量比与吸光度曲线，将两边直线部分延长相交于 A，A 点位于 50% 处，即金属离子与配体的物质的量比为 1:1。从图 9.1 可见，当完全以 MR 形式存在时，在 B 点 MR 的浓度最大，对应的吸光度（理论吸光度）对应于 E 点的 A_1，但由于配合物一部分解离，实验测得的最大吸光度对应于 E 点的 A_2。

若配合物的解离度为 α，则 $\alpha = \dfrac{A_1 - A_2}{A_1}$。1:1 型配合物的稳定常数 $K^{\ominus}$ 可由下列平衡关系导出：

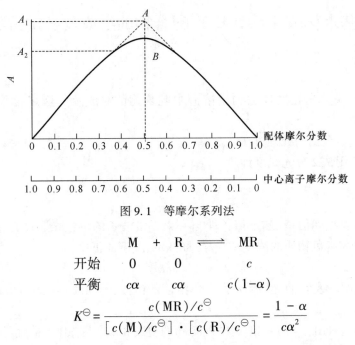

图 9.1　等摩尔系列法

$$M \quad + \quad R \quad \rightleftharpoons \quad MR$$

开始　　　　0　　　　0　　　　c

平衡　　　$c\alpha$　　　$c\alpha$　　　$c(1-\alpha)$

$$K^{\ominus} = \frac{c(\mathrm{MR})/c^{\ominus}}{[c(\mathrm{M})/c^{\ominus}] \cdot [c(\mathrm{R})/c^{\ominus}]} = \frac{1-\alpha}{c\alpha^2}$$

式中，$c^{\ominus}$ 为标准浓度，即 1mol/L。c 是溶液内 MR 的起始浓度，即当 $\dfrac{n_{\mathrm{M}}}{n_{\mathrm{M}}+n_{\mathrm{R}}}=50\%$ 时，其值相当于溶液中金属离子或配位体的起始浓度的一半，这样计算得到的稳定常数是表观稳定常数。如果要测定热力学常数，还要考虑弱酸的解离平衡，对"酸效应"进行校正。

9.3.3　数据处理

（1）以体积比 $\dfrac{V(\mathrm{Fe}^{3+})}{V(\mathrm{Fe}^{3+})+V(\mathrm{R})}$ 为横坐标，对应的吸光度 A 为纵坐标作图。

（2）从图上有关数据，确定在本实验条件下 Fe^{3+} 与磺基水杨酸形成的配合物组成。

（3）求出 α 和表观稳定常数 $K^{\ominus}$。

9.3.4　思考题

（1）用等物质的量系列法测定配合物组成时，为什么溶液中金属离子的物质的量与配体的物质的量正好与配合物组成相同时，配合物的浓度最大？

（2）本实验中，为何能用体积比代替物质的量比为横坐标作图？

（3）若入射光不是单色光，能否准确测出配合物的组成与稳定常数？

9.3.5　分光光度计使用注意事项

（1）测定前，比色皿要用待测液润洗 2~3 次，以避免被测液浓度改变。

（2）要用吸水纸将附着在比色皿外表面的溶液擦干。擦干时应注意保护其透光面，不要产生刮痕。拿比色皿时，手指只能接触毛玻璃的两面。

（3）为了防止光电管疲劳，在不测定时，应使暗箱盖处于开启位置。连续使用仪器的时间一般不应超过 2h，最好是间歇半小时后，再继续使用。

（4）比色皿用过后，要及时清洗，并用蒸馏水荡洗，倒置晾干后存放在比色皿盒内。

9.3.6 实验步骤

（1）溶液配制。

1）拖拽 1 号 10mL 吸量管至 0.0100mol/L 高氯酸试剂瓶，吸取 10mL，转移到 1 号 50mL 烧杯中。

2）拖拽 2 号 10mL 吸量管至 0.00100mol/L 高氯酸试硫酸铁铵剂瓶，吸取 10mL，转移到 1 号 50mL 烧杯中。

3）拖拽 3 号 10mL 吸量管至 0.00100mol/L 磺基水杨酸剂瓶，吸取 10mL，转移到 1 号 50mL 烧杯中，摇晃均匀。

（2）打开分光光度计电源开关，打开样品室盖，预热 30min。

（3）最大吸收波长的确定。

1）点击比色皿盒子，取出两只比色皿。

2）拖拽洗瓶至左边比色皿，倒入蒸馏水，重复洗涤多次。

3）拖拽洗瓶至左边比色皿，倒入蒸馏水至 2/3 高度。

4）拖拽滤纸条至比色皿，将比色皿毛面擦干。

5）拖拽镜头纸至比色皿，将比色皿光面擦干。

6）拖拽比色皿至光度计，放在样品架上，盖上样品室的盖子。

7）拖拽 6 号 50mL 烧杯至比色皿，倒入溶液，重复洗涤 3 次。

8）拖拽 6 号 50mL 烧杯至比色皿，倒入溶液至 2/3 高度。

9）拖拽滤纸条至比色皿，将比色皿毛面擦干。

10）拖拽镜头纸至比色皿，将比色皿光面擦干。

11）拖拽比色皿至光度计，放在样品架上，盖上样品室的盖子。

12）按模式键，切换到透射比模式。

13）打开样品室盖子。

14）关闭样品室盖子。

15）旋转旋钮，转到 400nm 波长处。

16）按模式键，切换到吸光度模式。

17）点击拉杆，往外拉动一格，显示吸光度。

18）点击拉杆，往里推动一格。

（4）测定系列溶液的吸光度。

1）旋转旋钮，转到 500nm 波长处。

2）打开样品室盖子，取出靠内侧的比色皿。

3）点击比色皿，将溶液弃去。

4）拖拽洗瓶至左边比色皿，倒入蒸馏水，重复洗涤多次。

5）拖拽 1 号 50mL 烧杯至比色皿，倒入溶液，重复洗涤 3 次。

6）拖拽 1 号 50mL 烧杯至比色皿，倒入溶液至 2/3 高度。

7）拖拽滤纸条至比色皿，将比色皿毛面擦干。

8）拖拽镜头纸至比色皿，将比色皿光面擦干。

9）拖拽比色皿至光度计，放在样品架上，盖上样品室的盖子。

10）点击拉杆，往外拉动一格，显示吸光度，记录。

11）点击拉杆，往里推动一格。

12）重复上述两个步骤测试系列溶液的吸光度。

（5）关机，结束实验。

1）打开样品室盖子，取出两只比色皿。

2）点击比色皿，将溶液弃去。

3）关闭分光光度计电源开关。

4）实验结束。

9.4　三草酸合铁（Ⅲ）酸钾的制备和组成测定

9.4.1　直接法制备三草酸合铁（Ⅲ）酸钾

9.4.1.1　实验目的

掌握合成三草酸合铁酸钾的基本原理和操作步骤。

9.4.1.2　实验原理

$K_3Fe[(C_2O_4)_3] \cdot 3H_2O$ 的制备可以采用铁盐如 $FeCl_3$ 或 $Fe_2(SO_4)_3$ 与草酸钾直接反应制备而成。反应方程式为：

$$FeCl_3 + 3K_2C_2O_4 \Longrightarrow K_3Fe[(C_2O_4)_3] + 3KCl$$

9.4.1.3　实验步骤

（1）制备粗品。

1）打开电子天平开关。

2）拖拽称量纸至电子天平，放在电子天平上。

3）按置零键进行置零。

4）拖拽药匙至草酸钾试剂瓶，称取约 8g，记录质量 m_1。

5）点击称量纸，将称量纸上药品倒入 100mL 烧杯中。

6）拖拽称量纸至电子天平，放在电子天平上。

7）按置零键进行清零。

8）拖拽药匙至六水合三氯化铁试剂瓶，称取约 3.0g，记录质量 m_2。

9）点击称量纸，将称量纸放在试验台上。

10）拖拽洗瓶至 25mL 量筒，倒入 20mL 蒸馏水。

11）拖拽量筒至烧杯，将量筒中蒸馏水倒入烧杯。

12）拖拽 100mL 烧杯至电炉，放置在电炉上。

13）旋转旋钮，开始加热。

14）待加热至近沸腾时，拖拽盛有六水合三氯化铁的称量纸至 10mL 烧杯，边搅拌边加入，使其溶解。

15）关闭电炉电源开关。

16）拖拽 100mL 烧杯至冷水槽，放入其中，冷却。

17）拖拽布氏漏斗至抽滤瓶，放在抽滤瓶上。

18）拖拽抽滤纸至布氏漏斗，放在布氏漏斗上。

19）打开循环水真空泵电源开关。

20）拖拽洗瓶至布氏漏斗，加入少量蒸馏水润湿滤纸。

21）连接橡胶管。

22）拖拽 100mL 烧杯至布氏漏斗，在玻璃棒引流下，转移到布氏漏斗，滤干。

23）拔掉橡胶管。

24）关闭循环水真空泵电源开关。

25）点击布氏漏斗，取下布氏漏斗并取出滤纸。

26）拖拽滤纸至 100mL 烧杯，倒入其中。

（2）重结晶，得到纯品。

1）拖拽盛有热水的烧杯至 10mL 量筒，倒入 10mL 热水。

2）拖拽量筒至 100mL 烧杯，倒入其中，搅拌使其溶解。

3）待冷却后，拖拽乙醇试剂瓶至 5mL 量筒，倒入 3mL 乙醇。

4）拖拽量筒至 100mL 烧杯，倒入其中。

5）拖拽 100mL 烧杯至冷水槽，放在冷水槽中冷却。

6）拖拽布氏漏斗至抽滤瓶，放在抽滤瓶上。

7）拖拽抽滤纸至布氏漏斗，放在布氏漏斗上。

8）打开循环水真空泵电源开关。

9）拖拽洗瓶至布氏漏斗，加入少量蒸馏水润湿滤纸。

10）连接橡胶管。

11）拖拽 100mL 烧杯至布氏漏斗，在玻璃棒引流下，转移到布氏漏斗，滤干。

12）拔掉橡胶管。

13）拖拽盛有冷水的烧杯至布氏漏斗，倒入少量冷水，用玻璃棒将晶体分散开。

14）连接橡胶管，抽干。

15）拔掉橡胶管。

16）关闭循环水真空泵电源开关。

17）点击布氏漏斗，取下布氏漏斗并取出滤纸。

18）拖拽滤纸至表面皿，将晶体用玻璃棒转移到表面皿上。

19）拖拽表面皿至干燥箱，将表面皿放在干燥箱中。

20）打开干燥箱电源开关。

21）设置温度：60℃，干燥 30min。

22）关闭干燥箱电源开关。

23）打开干燥箱箱门。

24）点击表面皿，将表面皿放在干燥器中，冷至室温。

25）拖拽称量纸至电子天平，放一张称量纸。

26）按置零键进行置零。

27）点击表面皿，将表面皿上固体转移到称量纸上，称重，记录质量 m_3。

28）点击称量纸，将称量纸上固体转移到称量瓶，并放在干燥器中避光保存。

29）整理试验台，实验结束。

9.4.2 间接法制备三草酸合铁（Ⅲ）酸钾

9.4.2.1 实验目的

（1）掌握合成三草酸合铁酸钾的基本原理和操作技术。

（2）加深对 Fe(Ⅲ)和 Fe(Ⅱ)化合物性质的了解。

9.4.2.2 实验原理

用硫酸亚铁铵为原料，与草酸在酸性溶液中先制得草酸亚铁沉淀，然后再用草酸亚铁在草酸钾和草酸的存在下，以过氧化氢为氧化剂，得到 Fe(Ⅲ)草酸配合物。主要反应为：

$$(NH_4)_2Fe(SO_4)_2 + H_2C_2O_4 + 2H_2O \Longrightarrow FeC_2O_4 \cdot 2H_2O \downarrow + (NH_4)_2SO_4 + H_2SO_4$$

$$2FeC_2O_4 \cdot 2H_2O + 2H_2O_2 + 3K_2C_2O_4 + H_2C_2O_4 \Longrightarrow 2K_3Fe[(C_2O_4)_3] \cdot 3H_2O$$

改变溶剂极性并加少量盐析剂，可析出绿色单斜晶体纯的三草酸合铁（Ⅲ）酸钾，通过化学分析确定配离子的组成。

9.4.2.3 实验步骤

（1）打开恒温水浴锅。

1）打开恒温水浴锅电源开关。

2）设置温度：40℃。

（2）草酸亚铁的制备。

1）打开电子天平开关。

2）拖拽称量纸至电子天平，放在电子天平上。

3）按置零键进行置零。

4）拖拽药匙至硫酸亚铁铵试剂瓶，称取约 5g，记录质量 m_1。

5）点击称量纸，将称量纸上药品倒入 100mL 烧杯中。

6）拖拽洗瓶至 1 号 25mL 量筒，倒入 15mL 蒸馏水。

7）拖拽 1 号 25mL 量筒至 100mL 烧杯，倒入烧杯中。

8）拖拽盛有硫酸溶液的滴瓶至 100mL 烧杯，滴加 5~6 滴。

9）拖拽石棉网至三脚架，放在三脚架上。

10）拖拽烧杯至石棉网，放在石棉网上。

11）点击火柴，用火柴点燃酒精灯，边加热边搅拌。

12）拖拽饱和草酸溶液试剂瓶至 2 号 25mL 量筒，倒入 25mL 溶液。

13）拖拽 2 号 25mL 量筒至 100mL 烧杯，倒入其中，继续加热至沸腾。

14）点击酒精灯帽，熄灭酒精灯，静置冷却。

15）拖拽 100mL 烧杯至废液瓶，倾去上层澄清液体。

16）拖拽洗瓶至 100mL 烧杯，加入约 20mL 蒸馏水。

17）拖拽 100mL 烧杯至恒温水浴锅，放在恒温水浴锅中温热，不断搅拌。

18）点击 100mL 烧杯，将烧杯取出，放在实验台上，静置。

19）拖拽 100mL 烧杯至废液瓶，倾去上层澄清液体。

（3）产物的制备。

1）拖拽饱和草酸钾溶液试剂瓶至 10mL 量筒，倒入 10mL 溶液。

2）拖拽量筒至 100mL 烧杯，倒入烧杯中。

3）拖拽烧杯至恒温水浴锅，放在恒温水浴锅中。

4）拖拽 3% 过氧化氢溶液至 3 号 25mL 量筒，倒入 20mL。

5）拖拽胶头滴管至 3 号 25mL 量筒，吸取过氧化氢溶液，逐滴加入 100mL 烧杯中，边滴加边搅拌。

6）关闭恒温水浴电源开关。

7）拖拽 100mL 烧杯至石棉网，放在石棉网上。

8）点击火柴，点燃酒精灯，加热至沸腾。

9）拖拽饱和草酸溶液至 4 号 25mL 量筒，倒入 20mL。

10）拖拽胶头滴管至 4 号 25mL 量筒，吸取饱和草酸溶液，逐滴加入 100mL 烧杯中，边滴加边搅拌。

11）点击酒精灯帽，熄灭酒精灯。

12）拖拽布氏漏斗至抽滤瓶，放在抽滤瓶上。

13）拖拽抽滤纸至布氏漏斗，放在布氏漏斗上。

14）打开循环水真空泵电源开关。

15）拖拽洗瓶至布氏漏斗，加入少量蒸馏水润湿滤纸。

16）连接橡胶管。

17）拖拽 100mL 烧杯至布氏漏斗，在玻璃棒引流下，转移到布氏漏斗，滤干。

18）拔掉橡胶管。

19）关闭循环水真空泵电源开关。

20）点击布氏漏斗，取下布氏漏斗，弃去滤纸。

21）拖拽抽滤瓶至 100mL 烧杯，倒入其中。

22）拖拽 100mL 烧杯至石棉网，放在石棉网上。

23）点击火柴，点燃酒精灯，加热浓缩至 30mL。

24）点击酒精灯帽，熄灭酒精灯。

25）拖拽 95% 乙醇至 5 号 25mL 量筒，倒入 25mL。

26）拖拽量筒至 100mL 烧杯，倒入其中，搅拌均匀，冷却。

27）打开循环水真空泵电源开关。

28）拖拽抽滤纸至布氏漏斗，放在布氏漏斗上。

29）拖拽洗瓶至布氏漏斗，加入少量蒸馏水润湿滤纸。

30）连接橡胶管。

31）拖拽 100mL 烧杯至布氏漏斗，在玻璃棒引流下，转移到布氏漏斗，滤干。

32）拔掉橡胶管。

33）关闭循环水真空泵电源开关。

（4）干燥、计算产率。

1）点击布氏漏斗，取下布氏漏斗取出滤纸。

2）拖拽滤纸至表面皿，将晶体用玻璃棒转移到表面皿上。

3）拖拽表面皿至干燥箱，将表面皿放在干燥箱中。

4）打开干燥箱电源开关。

5）设置温度：60℃，干燥 1h。

6）关闭干燥箱电源开关。

7）打开干燥箱箱门。

8）点击表面皿，将表面皿放在干燥器中，冷至室温。

9）拖拽称量纸至电子天平，放一张称量纸。

10）按置零键进行置零。

11）点击表面皿，将表面皿上固体转移到称量纸上，称重，记录质量 m_2。

12）点击称量纸，将称量纸上固体转移到称量瓶，并放在干燥器中保存。

13）整理试验台，实验结束。

9.4.3　三草酸合铁(Ⅲ)酸钾组成测定

9.4.3.1　实验目的

（1）加深对 Fe(Ⅲ)和 Fe(Ⅱ)离子化合物性质的了解。

（2）掌握容量分析等基本操作。

9.4.3.2　实验原理

用 $KMnO_4$ 标准溶液在酸性介质中滴定 $C_2O_4^{2-}$，由消耗的 $KMnO_4$ 的量求出 $C_2O_4^{2-}$ 含量。反应为：

$$5C_2O_4^{2-} + 2MnO_4^- + 16H^+ \longrightarrow 10CO_2 \uparrow + 2Mn^{2+} + 8H_2O$$

测定铁含量时，可先用过量锌粉将其还原为 Fe^{2+}，然后再用 $KMnO_4$ 标准溶液滴定而测得，其反应方程式为：

$$5Fe^{2+} + MnO_4^- + 8H^+ \longrightarrow 5Fe^{3+} + Mn^{2+} + 4H_2O$$

由消耗的 $KMnO_4$ 的量，计算出铁的含量。

9.4.3.3　实验步骤

（1）打开恒温水浴锅电源开关，设置温度为 80℃。

（2）润洗滴定管。

1）从滴定台上取下通用型滴定管，稍微倾斜。

2）拖拽高锰酸钾标准溶液至通用型滴定管，倒入 10mL 左右。

3）水平旋转滴定管，使液体浸润内壁。

4）将滴定管垂直，下口对准废液瓶，旋转旋塞，弃去管内液体。

（3）滴定管装液，调零。

1）拖拽高锰酸钾标准溶液至通用型滴定管，倒入至 0 刻度线以上。

2）拖拽滴定管至滴定台，固定在滴定台。

3）拖拽 50mL 烧杯至滴定管，放在滴定管下方。

4）旋转活塞，放出液体至 0 刻度线附近。

5）从滴定台上取下通用型滴定管，读数，记录体积 V_0。

（4）草酸跟和铁含量的测定。

1）打开分析天平电源开关。

2）点击三草酸和铁(Ⅲ)酸钾称量瓶，放在分析天平上。

3）按置零键进行置零。

4）点击称量瓶，将称量瓶中固体倒入锥形瓶少许。

5）点击称量瓶，将称量瓶放在分析天平上，记录准确质量 m。

6）拖拽洗瓶至 25mL 量筒，倒入 25mL 蒸馏水。

7）拖拽量筒至锥形瓶，倒入其中。

8）拖拽硫酸试剂瓶至 5mL 量筒，倒入 5mL。

9）拖拽量筒至锥形瓶，倒入其中。

10）拖拽锥形瓶至滴定管，放在滴定管下方。

11）旋转旋塞，滴加 8mL 左右。

12）拖拽锥形瓶至恒温水浴锅，放在水浴锅中加热。

13）拖拽锥形瓶至滴定管，放在滴定管下方。

14）旋转旋塞，开始滴定，边滴边振摇锥形瓶，滴定至溶液变为玫红色，30s 不褪色。

15）从滴定台上取下滴定管，读数，记录体积 V_1。

16）拖拽锌粉试剂瓶至锥形瓶，用药匙取锌粉，加入锥形瓶中，直至黄色消失。

17）拖拽锥形瓶至恒温水浴锅，放在水浴锅中，加热 3min。

18）拖拽布氏漏斗至抽滤瓶，放在抽滤瓶上。

19）拖拽抽滤纸至布氏漏斗，放在布氏漏斗上。

20）打开循环水真空泵电源开关。

21）拖拽洗瓶至布氏漏斗，加入少量蒸馏水润湿滤纸。

22）连接橡胶管。

23）点击锥形瓶，摇晃一下锥形瓶，将锥形瓶中的物质在玻璃棒引流下，转移到布氏漏斗，滤干。

24）拔掉橡胶管。

25）拖拽盛有温水的烧杯至布氏漏斗，倒入少量温水清洗沉淀。

26）连接橡胶管，滤干。

27）拔掉橡胶管。

28）关闭循环水真空泵电源开关。

29）点击布氏漏斗，取下布氏漏斗，弃去滤纸。

30）拖拽抽滤瓶至锥形瓶，倒入锥形瓶中。

31）拖拽高锰酸钾标准溶液至通用型滴定管，倒入至 0 刻度线以上。

32）拖拽滴定管至滴定台，固定在滴定台。

33）拖拽 50mL 烧杯至滴定管，放在滴定管下方。

34）旋转活塞，放出液体至 0 刻度线附近。

35）从滴定台上取下通用型滴定管，读数，记录体积 V_0。

36）拖拽锥形瓶至滴定管，放在滴定管下方。

37）旋转旋塞，开始滴定，边滴边振摇锥形瓶，滴定至溶液变为玫红色。

38）从滴定台取下滴定管，读数，记录体积 V_2。

39）整理实验台，实验结束。

附　　录

附表 1　常用元素的相对原子质量

元素名称	元素符号	相对原子质量	元素名称	元素符号	相对原子质量
氢	H	1.0079	钴	Co	58.9332
锂	Li	6.941	镍	Ni	58.70
铍	Be	9.01218	铜	Cu	63.546
硼	B	10.81	锌	Zn	65.38
碳	C	12.011	砷	As	74.9216
氮	N	14.0067	硒	Se	78.96
氧	O	15.9994	溴	Br	79.904
氟	F	18.995403	锶	Sr	87.62
钠	Na	22.98977	钼	Mo	95.94
镁	Mg	24.305	银	Ag	107.868
铝	Al	26.98154	镉	Cd	112.41
硅	Si	28.0855	锡	Sn	118.69
磷	P	30.97376	锑	Sb	121.75
硫	S	32.06	碘	I	126.9045
氯	Cl	35.453	钡	Ba	137.33
钾	K	39.0983	钨	W	183.85
钙	Ca	40.08	铂	Pt	195.09
钛	Ti	47.90	金	Au	196.9665
钒	V	50.9414	汞	Hg	200.59
铬	Cr	51.996	铅	Pb	207.2
锰	Mn	54.9380	铋	Bi	208.9804
铁	Fe	55.847			

附表 2 不同温度下水的饱和蒸气压

温度/℃	压力/kPa	温度/℃	压力/kPa	温度/℃	压力/kPa
0	0.6105	21	2.487	42	8.200
1	0.6568	22	2.644	43	8.640
2	0.7058	23	2.809	44	9.101
3	0.7580	24	2.985	45	9.584
4	0.8134	25	3.167	46	10.09
5	0.8724	26	3.361	47	10.61
6	0.9350	27	3.565	48	11.16
7	1.002	28	3.780	49	11.74
8	1.073	29	4.006	50	12.33
9	1.148	30	4.243	51	12.96
10	1.228	31	4.493	52	13.61
11	1.312	32	4.755	53	14.29
12	1.402	33	5.030	54	15.00
13	1.497	34	5.320	55	15.74
14	1.598	35	5.623	56	16.51
15	1.705	36	5.942	57	17.31
16	1.818	37	6.275	58	18.14
17	1.937	38	6.625	59	19.01
18	2.064	39	6.992	60	19.92
19	2.197	40	7.376	61	20.86
20	2.338	41	7.778	62	21.84

附表 3 实验室常用酸、碱的浓度

试剂名称	密度/g·mL^{-1}	质量分数/%	物质的量浓度/mol·L^{-1}
浓硫酸	1.84	98	18
稀硫酸	1.06	9	1
浓盐酸	1.19	38	12
稀盐酸	1.03	7	2
浓硝酸	1.40	67	15
稀硝酸	1.07	12	2
浓磷酸	1.70	85	15
稀磷酸	1.05	9	1
浓高氯酸	1.67	70	11.6
稀高氯酸	1.12	19	2
浓氢氟酸	1.13	40	23

续附表 3

试剂名称	密度/g·mL^{-1}	质量分数/%	物质的量浓度/mol·L^{-1}
氢溴酸	1.38	40	7
氢碘酸	1.70	57	7.5
冰醋酸	1.05	99~100	17.5
稀醋酸	1.04	30	5
稀醋酸	1.02	12	2
浓氢氧化钠	1.44	40	14.4
稀氢氧化钠	1.09	8	2
浓氨水	0.91	28	14.8
稀氨水	0.96	11	6
稀氨水	0.98	3.5	2

附表 4　酸碱指示剂

指示剂名称	变色范围 pH 值	颜色变化	溶液配制方法
茜素黄 R	1.9~3.3	红~黄	0.1%水溶液
甲基橙	3.1~4.4	红~橙黄	0.1%水溶液
溴酚蓝	3.0~4.6	黄~蓝	0.1g指示剂溶于100mL 20%乙醇中
刚果红	3.0~5.2	蓝紫·红	0.1%水溶液
茜素红 S	3.7~5.2	黄~紫	0.1%水溶液
溴甲酚绿	3.8~5.4	黄~蓝	0.1g指示剂溶于100mL 20%乙醇中
甲基红	4.4~6.2	红~黄	0.1g指示剂溶于100mL 60%乙醇中
溴百里酚蓝	6.0~7.6	黄~蓝	0.1g指示剂溶于100mL 20%乙醇中
酚红	6.8~8.0	黄~红	0.1g指示剂溶于100mL 20%乙醇中
甲酚红	7.2~8.8	亮黄~紫红	0.1g指示剂溶于100mL 50%乙醇中
百里酚蓝（麝香草酚蓝）	第一次变色 1.2~2.8	红~黄	0.1g指示剂溶于100mL 20%乙醇中
	第二次变色 8.0~9.6	黄蓝	
酚酞	8.2~10.0	无~红	0.1g指示剂溶于100mL 60%乙醇中
麝香草酚酞	9.4~10.6	无~蓝	0.1g指示剂溶于100mL 90%乙醇中

附表 5　弱酸、弱碱在水中的电离常数（298K）

物质	分子式	$K_i^{\ominus}$	$pK_i^{\ominus}$
砷酸	H_3AsO_4	$K_{a(1)}^{\ominus} = 6.3 \times 10^{-3}$	2.20
		$K_{a(2)}^{\ominus} = 1.0 \times 10^{-7}$	7.00
		$K_{a(3)}^{\ominus} = 3.2 \times 10^{-12}$	11.50
亚砷酸	$HAsO_2$	6.0×10^{-10}	9.22

物质	分子式	$K_i^{\ominus}$	$pK_i^{\ominus}$
硼酸	H_3BO_3	5.8×10^{-10}	9.24
碳酸	H_2CO_3	$K_{a(1)}^{\ominus} = 4.2 \times 10^{-7}$	6.38
		$K_{a(2)}^{\ominus} = 5.6 \times 10^{-11}$	10.25
次氯酸	HClO	2.9×10^{-8}	7.534
次溴酸	HBrO	2.8×10^{-9}	8.55
次碘酸	HIO	3.2×10^{-11}	10.5
碘酸	HIO_3	0.16	0.79
钼酸	H_2MoO_4	$K_{a(1)}^{\ominus} = 2.9 \times 10^{-3}$	2.54
		$K_{a(2)}^{\ominus} = 1.4 \times 10^{-4}$	3.86
锰酸	H_2MnO_4	$K_{a(1)}^{\ominus} = 0.1$	1
		$K_{a(2)}^{\ominus} = 7.1 \times 10^{-11}$	10.15
亚硝酸	HNO_2	5.1×10^{-4}	3.29
磷酸	H_3PO_4	$K_{a(1)}^{\ominus} = 7.6 \times 10^{-3}$	2.12
		$K_{a(2)}^{\ominus} = 6.3 \times 10^{-8}$	7.20
		$K_{a(3)}^{\ominus} = 4.4 \times 10^{-13}$	12.36
焦磷酸	$H_4P_2O_7$	$K_{a(1)}^{\ominus} = 3.0 \times 10^{-2}$	1.52
		$K_{a(2)}^{\ominus} = 4.4 \times 10^{-3}$	2.36
		$K_{a(3)}^{\ominus} = 2.5 \times 10^{-7}$	6.60
		$K_{a(4)}^{\ominus} = 5.6 \times 10^{-10}$	9.25
亚磷酸	H_3PO_3	$K_{a(1)}^{\ominus} = 5.0 \times 10^{-2}$	1.30
		$K_{a(2)}^{\ominus} = 2.5 \times 10^{-7}$	6.60
氢硫酸	H_2S	$K_{a(1)}^{\ominus} = 1.3 \times 10^{-7}$	6.88
		$K_{a(2)}^{\ominus} = 7.1 \times 10^{-15}$	14.15
硫酸	H_2SO_4	1.0×10^{-2}	1.99
亚硫酸	H_2SO_3	$K_{a(1)}^{\ominus} = 1.3 \times 10^{-2}$	1.90
		$K_{a(2)}^{\ominus} = 6.3 \times 10^{-8}$	7.20
硫代硫酸	$H_2S_2O_3$	$K_{a(1)}^{\ominus} = 0.25$	0.60
		$K_{a(2)}^{\ominus} = 0.02$	1.72
硫氰酸	HSCN	0.14	0.85
偏硅酸	H_2SiO_3	$K_{a(1)}^{\ominus} = 1.7 \times 10^{-10}$	9.77
		$K_{a(2)}^{\ominus} = 1.6 \times 10^{-12}$	11.8
钒酸	H_3VO_4	$K_{a(2)}^{\ominus} = 1.1 \times 10^{-9}$	8.95
		$K_{a(3)}^{\ominus} = 4.0 \times 10^{-15}$	14.4
钨酸	H_2WO_4	$K_{a(2)}^{\ominus} = 6.3 \times 10^{-5}$	4.2
甲酸	HCOOH	1.8×10^{-4}	3.74
乙酸	CH_3COOH	1.8×10^{-5}	4.74

物质	分子式	$K_i^{\ominus}$	$pK_i^{\ominus}$
乙二酸（草酸）	$H_2C_2O_4$	$K_{a(1)}^{\ominus} = 0.06$	1.25
		$K_{a(2)}^{\ominus} = 5.4\times10^{-5}$	4.27
乙二胺四乙酸 （EDTA）	H_6—EDTA^{2+}	0.1	0.9
	H_5—EDTA^{+}	3×10^{-2}	1.6
	H_4—EDTA	1×10^{-2}	1.99
	H_3—EDTA^{-}	2.1×10^{-3}	2.67
	H_2—EDTA^{2-}	6.9×10^{-7}	6.16
	H—EDTA^{3-}	5.5×10^{-11}	10.26
苯甲酸	C_5H_5COOH	6.2×10^{-5}	4.21
过氧水	H_2O_2	$K_{a(1)}^{\ominus} = 2.3\times10^{-12}$	11.64
氨水	NH_3	1.8×10^{-5}	4.74
甲胺	CH_3NH_2	4.2×10^{-4}	3.38
乙二胺	$H_2NCH_2CH_2NH_2$	$K_{b(1)}^{\ominus} = 8.5\times10^{-5}$	4.07
		$K_{b(2)}^{\ominus} = 7.1\times10^{-8}$	7.15

附表 6　常见配离子的稳定常数

配离子	$K_{稳}^{\ominus}$	$\lg K_{稳}^{\ominus}$	配离子	$K_{稳}^{\ominus}$	$\lg K_{稳}^{\ominus}$
$[Ag(CN)_2]^-$	1.0×10^{21}	21.0	$[Cu(NH_3)_2]^+$	1×10^{11}	11
$[Ag(NH_3)_2]^+$	1.7×10^{7}	7.2	$[Cu(NH_3)_4]^{2+}$	1.4×10^{13}	13.1
$[Ag(S_2O_3)_2]^{3-}$	1.0×10^{13}	13.0	$[Cu(CS(NH_2)_2)_2]^+$	2.51×10^{15}	15.4
$[AlF_6]^{3-}$	6×10^{19}	19.8	$[Fe(SCN)]^{2+}$	1.4×10^{2}	2.1
$[Al(OH)_4]^-$	1.07×10^{33}	33.03	$[Fe(SCN)_2]^+$	16	1.2
$[CaY]^{2-}$	3.7×10^{10}	10.56	$[Hg(CN)_4]^{2-}$	2.5×10^{41}	41.4
$[Cd(CN)_4]^{2-}$	7.1×10^{16}	16.9	$[HgCl_4]^{2-}$	1.7×10^{16}	16.2
$[CdI_4]^{2-}$	2×10^{6}	6.3	$[HgI_4]^{2-}$	2.0×10^{30}	30.3
$[Cd(NH_3)_4]^{2+}$	4.0×10^{6}	6.6	I_3^-	7.1×10^{2}	2.9
$[Co(NH_3)_6]^{2+}$	7.7×10^{4}	4.9	$[Ni(CN)_4]^{2-}$	1.995×10^{31}	31.3
$[Co(SCN)_4]^{2-}$	7.94×10^{29}	29.9	$[Ni(NH_3)_6]^{2+}$	4.8×10^{7}	7.7
$[Co(NH_3)_6]^{3+}$	4.5×10^{33}	33.7	$[Pb(OH)_3]^-$	50	1.7
$[Cr(OH)_4]^-$	1×10^{-2}	−2	$[Sn(OH)_6]^{2-}$	5×10^{3}	3.7
$[Cu(en)_2]^{2+}$	1×10^{20}	20	$[Zn(CN)_4]^{2-}$	5×10^{16}	16.7
$[Cu(CN)_4]^{3-}$	2.0×10^{27}	27.3	$[Zn(NH_3)_4]^{2+}$	3.8×10^{9}	9.6
$[Cu(OH)_4]^{2-}$	3.16×10^{18}	18.5	$[Zn(OH)_4]^{2-}$	3.98×10^{17}	17.6

附表7　溶度积常数

难溶电解质	$K_{sp}^{\ominus}$	难溶电解质	$K_{sp}^{\ominus}$
AgCl	1.77×10^{-10}	AgBr	5.35×10^{-13}
AgI	8.52×10^{-17}	AgOH	2.0×10^{-8}
Ag_2SO_4	1.2×10^{-5}	Ag_2SO_3	1.5×10^{-14}
Ag_2S	6.3×10^{-50}	Ag_2CO_3	8.46×10^{-12}
$Ag_2C_2O_4$	5.40×10^{-12}	Ag_2CrO_4	1.12×10^{-12}
$Ag_2Cr_2O_7$	2.0×10^{-7}	Ag_3PO_4	8.89×10^{-17}
$Al(OH)_3$	1.3×10^{-33}	$Ba(OH)_2 \cdot 8H_2O$	2.55×10^{-4}
$BaSO_4$	1.08×10^{-10}	$BaSO_3$	5.0×10^{-10}
$BaCO_3$	2.58×10^{-9}	BaC_2O_4	1.6×10^{-7}
$BaCrO_4$	1.17×10^{-10}	$Bi(OH)_3$	6.0×10^{-31}
BiOCl	1.8×10^{-31}	$BiO(NO_3)$	2.82×10^{-3}
$CaSO_4$	4.93×10^{-5}	$CaCO_3$	2.8×10^{-9}
$Ca(OH)_2$	5.5×10^{-6}	CaF_2	5.2×10^{-9}
$CaC_2O_4 \cdot H_2O$	2.32×10^{-9}	$Cd(OH)_2$	7.2×10^{-15}
CdS	8.0×10^{-27}	$Cr(OH)_3$	6.3×10^{-31}
$Co(OH)_2$	5.92×10^{-15}	$Co(OH)_3$	1.6×10^{-44}
$CoCO_3$	1.4×10^{-13}	$Cu(OH)_2$	2.2×10^{-20}
CuCl	1.72×10^{-7}	CuBr	6.27×10^{-9}
CuI	1.27×10^{-12}	Cu_2S	2.5×10^{-48}
CuS	6.3×10^{-36}	$CuCO_3$	1.4×10^{-10}
$Fe(OH)_2$	4.87×10^{-17}	$Fe(OH)_3$	2.79×10^{-39}
$FeCO_3$	3.13×10^{-11}	FeS	6.3×10^{-18}
$Hg(OH)_2$	3.0×10^{-26}	Hg_2Cl_2	1.43×10^{-18}
Hg_2Br_2	6.4×10^{-23}	Hg_2I_2	5.2×10^{-29}
Hg_2CO_3	3.6×10^{-17}	HgI_2	2.8×10^{-29}
HgS（红）	4×10^{-53}	HgS（黑）	1.6×10^{-52}
$K_2[PtCl_6]$	7.4×10^{-6}	$Mg(OH)_2$	5.61×10^{-12}
$MgCO_3$	6.82×10^{-6}	$Mn(OH)_2$	1.9×10^{-13}
MnS（无定形）	2.5×10^{-10}	MnS（结晶）	2.5×10^{-13}
$MnCO_3$	2.34×10^{-11}	$Ni(OH)_2$	5.5×10^{-16}
$NiCO_3$	1.42×10^{-7}	$\alpha-NiS$	3.2×10^{-19}
$Pb(OH)_2$	1.43×10^{-15}	$Pb(OH)_4$	3.2×10^{-66}
PbF_2	3.3×10^{-8}	$PbCl_2$	1.70×10^{-5}
$PbBr_2$	6.60×10^{-6}	PbI_2	9.8×10^{-9}
$PbSO_4$	2.53×10^{-8}	$PbCO_3$	7.4×10^{-14}
$PbCrO_4$	2.8×10^{-13}	PbS	8.0×10^{-28}
$Sn(OH)_2$	5.45×10^{-28}	$Sn(OH)_4$	1.0×10^{-56}
SnS	1.0×10^{-25}	$SrCO_3$	5.60×10^{-10}
$SrCrO_4$	2.2×10^{-5}	$Zn(OH)_2$	3.0×10^{-17}
$ZnCO_3$	1.46×10^{-10}	$\alpha-ZnS$	1.6×10^{-24}
$La(OH)_3$	2.0×10^{-19}	LiF	1.84×10^{-3}

附表 8　标准电极电势（298.15K）

1. 在酸性溶液中

电对	电极反应	$E^{\ominus}/V$
Li^+/Li	$Li^++e\rightleftharpoons Li$	-3.040
K^+/K	$K^++e\rightleftharpoons K$	-2.924
Na^+/Na	$Na^++e\rightleftharpoons Na$	-2.714
Mg^{2+}/Mg	$Mg^{2+}+2e\rightleftharpoons Mg$	-2.356
Al^{3+}/Al	$Al^{3+}+3e\rightleftharpoons Al$	-1.676
Zn^{2+}/Zn	$Zn^{2+}+2e\rightleftharpoons Zn$	-0.7626
Fe^{2+}/Fe	$Fe^{2+}+2e\rightleftharpoons Fe$	-0.44
$PbSO_4/Pb$	$PbSO_4+2e\rightleftharpoons Pb+SO_4^{2-}$	-0.356
Co^{2+}/Co	$Co^{2+}+2e\rightleftharpoons Co$	-0.277
Ni^{2+}/Ni	$Ni^{2+}+2e\rightleftharpoons Ni$	-0.257
AgI/Ag	$AgI+e\rightleftharpoons Ag+I^-$	-0.1522
Sn^{2+}/Sn	$Sn^{2+}+2e\rightleftharpoons Sn$	-0.136
Pb^{2+}/Pb	$Pb^{2+}+2e\rightleftharpoons Pb$	-0.126
H^+/H_2	$2H^++2e\rightleftharpoons H_2$	0.0
$AgBr/Ag$	$AgBr+e\rightleftharpoons Ag+Br^-$	0.0711
S/H_2S	$S+2H^++2e\rightleftharpoons H_2S$	0.144
Sn^{4+}/Sn^{2+}	$Sn^{4+}+2e\rightleftharpoons Sn^{2+}$	0.154
SO_4^{2-}/H_2SO_3	$SO_4^{2-}+4H^++2e\rightleftharpoons H_2SO_3+H_2O$	0.158
Cu^{2+}/Cu^+	$Cu^{2+}+e\rightleftharpoons Cu^+$	0.159
$AgCl/Ag$	$AgCl+e\rightleftharpoons Ag+Cl^-$	0.2223
Hg_2Cl_2/Hg	$Hg_2Cl_2+2e\rightleftharpoons 2Hg+2Cl^-$	0.2682
Cu^{2+}/Cu	$Cu^{2+}+2e\rightleftharpoons Cu$	0.340
$[Fe(CN)_6]^{3-}/[Fe(CN)_6]^{4-}$	$[Fe(CN)_6]^{3-}+e\rightleftharpoons [Fe(CN)_6]^{4-}$	0.361
Cu^+/Cu	$Cu^++e\rightleftharpoons Cu$	0.52
I_2/I^-	$I_2+2e\rightleftharpoons 2I^-$	0.5355
$Cu^{2+}/CuCl$	$Cu^{2+}+Cl^-+e\rightleftharpoons CuCl$	0.559
$H_3ASO_4/HAsO_2$	$H_3ASO_4+2H^++2e\rightleftharpoons HAsO_2+2H_2O$	0.560
$HgCl_2/Hg_2Cl_2$	$HgCl_2+2e\rightleftharpoons Hg_2Cl_2+2Cl^-$	0.63
O_2/H_2O_2	$O_2+2H^++2e\rightleftharpoons H_2O_2$	0.695
Fe^{3+}/Fe^{2+}	$Fe^{3+}+e\rightleftharpoons Fe^{2+}$	0.771
Hg_2^{2+}/Hg	$Hg_2^{2+}+2e\rightleftharpoons 2Hg$	0.7960
Ag^+/Ag	$Ag^++e\rightleftharpoons Ag$	0.7991
Hg^{2+}/Hg	$Hg^{2+}+2e\rightleftharpoons Hg$	0.8335
Cu^{2+}/CuI	$Cu^{2+}+I^-+e\rightleftharpoons CuI$	0.86
Hg^{2+}/Hg_2^{2+}	$2Hg^{2+}+2e\rightleftharpoons Hg_2^{2+}$	0.911

电对	电极反应	$E^{\ominus}/V$
NO_3^-/HNO_2	$NO_3^-+3H^++2e\rightleftharpoons HNO_2+H_2O$	0.94
HIO/I^-	$HIO+H^++2e\rightleftharpoons I^-+H_2O$	0.985
$Br_2(1)/Br^-$	$Br_2+2e\rightleftharpoons 2Br^-$	1.065
IO_3^-/HIO	$IO_3^-+5H^++4e\rightleftharpoons HIO+2H_2O$	1.14
IO_3^-/I_2	$IO_3^-+12H^++10e\rightleftharpoons I_2+3H_2O$	1.195
ClO_4^-/ClO_3^-	$ClO_4^-+2H^++2e\rightleftharpoons ClO_3^-+H_2O$	1.201
ClO_4^-/Cl_2	$2ClO_4^-+16H^++14e\rightleftharpoons Cl_2+8H_2O$	1.392
ClO_3^-/Cl^-	$ClO_3^-+6H^++6e\rightleftharpoons Cl^-+3H_2O$	1.45
PbO_2/Pb^{2+}	$PbO_2+4H^++2e\rightleftharpoons Pb^{2+}+2H_2O$	1.46
ClO_3^-/Cl_2	$2ClO_3^-+12H^++10e\rightleftharpoons Cl_2+6H_2O$	1.468
BrO_3^-/Br^-	$BrO_3^-+6H^++6e\rightleftharpoons Br^-+3H_2O$	1.478
MnO_4^{2-}/Mn^{2+}	$MnO_4^{2-}+8H^++5e\rightleftharpoons Mn^{2+}+4H_2O$	1.51
H_2O_2/H_2O	$H_2O_2+2H^++2e\rightleftharpoons 2H_2O$	1.763
$S_2O_8^{2-}/SO_4^{2-}$	$S_2O_8^{2-}+2e\rightleftharpoons 2SO_4^{2-}$	1.96
$F_2(g)/F^-$	$F_2(g)+2e\rightleftharpoons 2F^-$	2.87
$F_2(g)/HF(aq)$	$F_2(g)+2H^++2e\rightleftharpoons 2HF(aq)$	3.053
$XeF/Xe(g)$	$XeF+e\rightleftharpoons Xe(g)+F^-$	3.4

2. 在碱性溶液中

电对	电极电势	$E^{\ominus}/V$
$Ca(OH)_2/Ca$	$Ca(OH)_2+2e\rightleftharpoons Ca+2OH^-$	(−3.02)
$Mg(OH)_2/Mg$	$Mg(OH)_2+2e\rightleftharpoons Mg+2OH^-$	−2.687
$[Al(OH)_4]^-/Al$	$[Al(OH)_4]^-+3e\rightleftharpoons Al+4OH^-$	−2.310
$[Zn(OH)_4]^{2-}/Zn$	$[Zn(OH)_4]^{2-}+2e\rightleftharpoons Zn+4OH^-$	−1.285
H_2O/H_2	$2H_2O+2e\rightleftharpoons H_2+2OH^-$	−0.828
$Ni(OH)_2/Ni$	$Ni(OH)_2+2e\rightleftharpoons Ni+2OH^-$	−0.72
SO_3^{2-}/S	$SO_3^{2-}+3H_2O+4e\rightleftharpoons S+6OH^-$	−0.59
$SO_3^{2-}/S_2O_3^{2-}$	$2SO_3^{2-}+3H_2O+4e\rightleftharpoons S_2O_3^{2-}+6OH^-$	−0.576
S/S^{2-}	$S+2e\rightleftharpoons S^{2-}$	−0.407
$CrO_4^{2-}/[Cr(OH)_4]^-$	$CrO_4^{2-}+4H_2O+3e\rightleftharpoons [Cr(OH)_4]^-+4OH^-$	−0.13
$Co(OH)_3/Co(OH)_2$	$Co(OH)_3+e\rightleftharpoons Co(OH)_2+OH^-$	0.17
O_2/OH^-	$O_2+2H_2O+4e\rightleftharpoons 4OH^-$	0.401
ClO^-/Cl_2	$2ClO^-+2H_2O+2e\rightleftharpoons Cl_2+4OH^-$	0.421
MnO_4^-/MnO_4^{2-}	$MnO_4^-+e\rightleftharpoons MnO_4^{2-}$	0.56
MnO_4^-/MnO_2	$MnO_4^-+2H_2O+3e\rightleftharpoons MnO_2+4OH^-$	0.60
ClO^-/Cl^-	$ClO^-+H_2O+2e\rightleftharpoons Cl^-+2OH^-$	0.890
O_3/OH^-	$O_3+H_2O+2e\rightleftharpoons O_2+2OH^-$	1.246

附表 9 常见阳离子的鉴定方法

离子	鉴定方法	备 注
Ag^+	取 2 滴试液,加 2 滴 2mol/L HCl,若产生沉淀,离心分离,向沉淀中加入 6mol/L $NH_3 \cdot H_2O$ 使沉淀溶解,再加 6mol/L HNO_3 酸化,白色沉淀重又出现,说明 Ag^+ 的存在,$Ag^+ + Cl^- \longrightarrow AgCl \downarrow$ $AgCl + 2NH_3 \cdot H_2O \longrightarrow [Ag(NH_3)_2]^+ + Cl^- + 2H_2O$ $[Ag(NH_3)_2]^+ + 2H^+ + Cl^- \longrightarrow AgCl \downarrow + 2NH_4^+ + Cl^-$	
Al^{3+}	取 2 滴试液,加入 2 滴铝试剂,微热,有红色沉淀,示有 Al^{3+}。红色沉淀组成为: 	反应在微碱性下进行
Ba^{2+}	在试液中加入 0.2mol/L K_2CrO_4 溶液,生成黄色的 $BaCrO_4$ 沉淀,示有 Ba^{2+}	Pb^{2+} 与 K_2CrO_4 生成黄色的 $PbCrO_4$ 沉淀 Sr^{2+} 对 Ba^{2+} 的鉴定有干扰,但 $SrCrO_4$ 溶于乙酸
Bi^{3+}	$BiCl_3$ 溶液稀释,可生成白色 $BiOCl$ 沉淀,示有 Bi^{3+}。 取 2 滴试液,加入 2 滴 0.2mol/L $SnCl_2$ 溶液和数滴 2mol/L NaOH 溶液,使溶液显碱性。观察有无黑色金属 Bi 沉淀出现: $2Bi(OH)_3 + 3SnO_2^{2-} \longrightarrow 2Bi \downarrow + 3SnO_3^{2-} + 3H_2O$	
Ca^{2+}	试液中加入饱和 $(NH_4)_2C_2O_4$ 溶液,如有白色 CaC_2O_4 沉淀生成,示有 Ca^{2+}	中性或微碱性条件下 Sr^{2+}、Ba^{2+} 也有同样现象
Cd^{2+}	取 2 滴试液加入 Na_2S 溶液,产生黄色 CdS 沉淀,示有 Cd^{2+}	
Co^{2+}	取 5 滴试液,加入 0.5mL 丙酮,再加 1mol/L NH_4SCN,溶液显蓝色,示有 Co^{2+}	Fe^{3+} 干扰,可先加入 F^- 生成无色 $[FeF_6]^{3-}$
Cr^{3+}	(1) 取 2 滴试液,加入 4 滴 2mol/L NaOH 溶液和 2 滴 3% H_2O_2 溶液,加热,溶液颜色由绿变黄,示有 Cr^{3+}。继续加热,至过量的 H_2O_2 完全分解,冷却,用 6mol/L HOAc 酸化,再加 2 滴 0.1mol/L $Pb(NO_3)_2$ 溶液,生成黄色 $PbCrO_4$ 沉淀。 (2) 得到 CrO_4^{2-} 后赶去过量 H_2O_2,HNO_3 酸化,加入数滴乙醚和 3% H_2O_2,乙醚层显蓝色: $Cr_2O_7^{2-} + 4H_2O_2 + 2H^+ \longrightarrow 2CrO_5(蓝色) + 5H_2O$	
Cu^{2+}	(1) 取 1 滴试液放在点滴板上,加 1 滴 $K_4[Fe(CN)_6]$ 溶液,有红棕色沉淀出现,示有 Cu^{2+}。 (2) 取 5 滴试液,加入过量的 $NH_3 \cdot H_2O$,溶液变为深蓝色,示有 Cu^{2+}	沉淀不溶于稀酸,但溶于碱: $Cu_2[Fe(CN)_6] + 4OH^- \longrightarrow 2Cu(OH)_2 \downarrow + [Fe(CN)_6]^{4-}$

离子	鉴定方法	备　注
Fe^{3+}	(1) 2 滴试液加入 2 滴 NH_4SCN 溶液，生成血红色 $[Fe(SCN)_x]^{3-x}$，示有 Fe^{3+}。 (2) 取 1 滴试液放在点滴板上，加 1 滴 $K_4[Fe(CN)_6]$ 溶液，有蓝色沉淀出现，示有 Fe^{3+}	
Hg^{2+}	取 2 滴试液，加入过量的 $SnCl_2$ 溶液，首先生成白色 Hg_2Cl_2 沉淀，过量的 $SnCl_2$ 将 Hg_2Cl_2 进一步还原成黑色金属汞： $2HgCl_2 + Sn^{2+} \longrightarrow Sn^{4+} + Hg_2Cl_2 \downarrow + 2Cl^-$ $Hg_2Cl_2 + Sn^{2} \longrightarrow Sn^{4+} + 2Hg \downarrow + 2Cl^-$	
K^+	钴亚硝酸钠 $Na_3[Co(NO_2)_6]$ 与钾盐生成黄色 $K_2Na[Co(NO_2)_6]$ 沉淀，反应可在点滴板上进行	强碱可将试剂分解生成 $Co(OH)_3$ 沉淀，强酸促进沉淀溶解
Mg^{2+}	取 5 滴试液，加 2 滴镁试剂，再加入 NaOH 使溶液呈碱性，溶液颜色由红紫色变为蓝色或产生蓝色沉淀，示有 Mg^{2+}	镍、钴、镉的氢氧化物与镁试剂作用，干扰镁的鉴定
Mn^{2+}	(1) 取 1 滴试液，加入数滴 6mol/L HNO_3 溶液，再加入 $NaBiO_3$ 固体，若有 Mn^{2+} 存在，溶液应为紫红色。 (2) 取 5 滴试液，加入 0.1mol/L $[Ag(NH_3)_2]^+$，出现暗色沉淀，示有 Mn^{2+}	
Na^+	1 滴试液加 8 滴醋酸铀酰锌，用玻璃棒摩擦试管壁，淡黄色结晶状醋酸铀酰锌钠（$NaCH_3COO \cdot Zn(CH_3COO)_2 \cdot 3UO_2(CH_3COO)_2 \cdot 9H_2O$）沉淀出现，示有 Na^+	反应在中性或乙酸溶液中进行 大量 K^+ 存在，干扰测定，可将试液稀释 2~3 倍
NH_4^+	(1) 在表面皿上加 5 滴试液，再加 5 滴 6mol/L NaOH，立刻把另一凹面贴有湿润红色石蕊试纸或 pH 试纸的表面皿盖上，水浴加热，试纸显碱性，示有 NH_4^+。 (2) 取 1 滴试液放在点滴板上，加 2 滴奈斯特试剂（$K_2[HgI_4]$ 与 KOH 的混合物），若生成红棕色沉淀，示有 NH_4^+	NH_4^+ 含量少时，得到黄色溶液
Ni^{2+}	2 滴试液加入 2 滴丁二肟和 1 滴稀氨水，生成红色沉淀，证明 Ni^{2+} 的存在	溶液的 pH 值需为 5~10
Pb^{2+}	取 2 滴试液，加入 2 滴 0.1mol/L K_2CrO_4，有黄色 $PbCrO_4$ 生成，示有 Pb^{2+}	沉淀易溶于强碱，不溶于 HOAc 和氨水
Sb^{3+}	取数滴试液，加入 Sn 片一块，若 Sn 片上出现黑色斑点又经水冲洗后在新配制的 NaBrO 溶液中不褪色的示有 Sb^{3+}	
Sn^{4+} Sn^{2+}	(1) 在试液中加入铝丝或铁粉，稍加热，反应 2min，试液中若有 Sn^{4+}，则被还原为 Sn^{2+}，再加 2 滴 6mol/L HCl，鉴定按（2）进行。 (2) 取 2 滴 Sn^{2+} 试液，加 1 滴 0.1mol/L $HgCl_2$ 溶液，首先生成白色 Hg_2Cl_2 沉淀，继而生成黑色 Hg 沉淀，证明 Sn^{2+} 的存在	

离子	鉴定方法	备 注
Zn^{2+}	（1）取 1 滴试液，加入 1 滴二苯硫代卡巴腙（双硫腙）的四氯化碳溶液，震荡，溶液由绿色变为紫红色，示有 Zn^{2+}。 （2）取 3 滴试液，加 2mol/L HAc 酸化，再加入等体积 $(NH_4)_2[Hg(SCN)_4]$ 溶液，摩擦试管壁，有白色沉淀生成，示有 Zn^{2+}： $$Zn^{2+}+[Hg(SCN)_4]^{2-}\longrightarrow ZnHg(SCN)_4\downarrow$$	Ni^{2+} 和 Fe^{2+} 与试剂生成淡绿色沉淀；Fe^{3+} 与试剂产生紫色沉淀；Cu^{2+} 形成黄绿色沉淀，少量 Cu^{2+} 存在时，形成铜锌紫色混晶

附表 10　常见阴离子的鉴定方法

离子	鉴定方法	备 注
Br^-	取 2 滴试液，加入数滴 CCl_4 溶液，滴加氯水，震荡，有机层显红棕色，示有 Br^-	加氯水过量，生成 BrCl，使有机层显淡黄色
Cl^-	2 滴试液，加入 1 滴 2mol/L HNO_3 和 2 滴 0.1mol/L $AgNO_3$ 溶液，生成白色沉淀。沉淀溶于 6mol/L $NH_3\cdot H_2O$，再用 6mol/L HNO_3 酸化，白色沉淀又出现	
I^-	取 2 滴试液，加入数滴 CCl_4 溶液，滴加氯水，震荡，有机层显紫色，示有 Br^-	过量氯水将 I_2 氧化为 IO_3^-，有机层紫色褪去
S^{2-}	1 滴试液放在点滴板上，加 1 滴 $Na_2[Fe(CN)_5NO]$，由于生成 $Na_4[Fe(CN)_5NOS]$，而显红紫色	在酸性溶液中，$S^{2-}\rightarrow HS^-$，而不产生红紫色，应加碱液降低酸度
$S_2O_3^{2-}$	取 5 滴试液，加入 1mol/L HCl，微热，生成白色或淡黄色沉淀，示有 $S_2O_3^{2-}$	
SO_4^{2-}	取 3 滴试液，加 6mol/L HCl 酸化，再加入 0.1mol/L $BaCl_2$ 溶液，有白色 $BaSO_4$ 沉淀析出，示有 SO_4^{2-}	
SO_3^{2-}	（1）3 滴试液，加入数滴 2mol/L HCl 和 0.1mol/L $BaCl_2$，再滴加 3% H_2O_2，生成白色沉淀，示有 SO_3^{2-}。 （2）在点滴板上放 1 滴品红溶液，加 1 滴中性试液，SO_3^{2-} 可使溶液褪色。若试液为酸性，需先用 $NaHCO_3$ 中和，碱性试液可通入 CO_2	S^{2-} 也能使品红溶液褪色
NO_3^-	取 1 滴试液放在点滴板上，加 $FeSO_4$ 固体和浓硫酸，在 $FeSO_4$ 晶体周围出现棕色环，示有 NO_3^-	
NO_2^-	1 滴试液加几滴 6mol/L HOAc，再加 1 滴对氨基苯磺酸和 1 滴 α-萘胺，若溶液呈粉红色，示有 NO_2^-	
PO_4^{3-}	2 滴试液，加 5 滴浓硝酸，10 滴饱和钼酸铵，有黄色沉淀产生，示有 PO_4^{3-}	
$C_2O_4^{2-}$	取少量试液，若碱性条件下，加入 0.1mol/L $CaCl_2$，出现白色沉淀，示有 $C_2O_4^{2-}$	

附表 11　特殊试剂的配制

试剂名称	浓度	配 制 方 法
三氯化铋 $BiCl_3$	0.1mol/L	溶解 31.6g $BiCl_3$ 于 330mL 6mol/L HCl 中，加水稀释到 1L
三氯化锑 $SbCl_3$	0.1mol/L	溶解 22.8g $SbCl_3$ 于 330mL 6mol/L HCl 中，加水稀释到 1L
三氯化铁 $FeCl_3$	1mol/L	溶解 90g $FeCl_3 \cdot 6H_2O$ 于 80mL 6mol/L HCl 中，加水稀释到 1L
三氯化铬 $CrCl_3$	0.5mol/L	溶解 44.5g $CrCl_3 \cdot 6H_2O$ 于 40mL 6mol/L HCl 中，加水稀释到 1L
氯化亚锡 $SnCl_2$	0.1mol/L	溶解 22.6g $SnCl_2 \cdot 2H_2O$ 于 330mL 6mol/L HCl 中，加水稀释到 1L，加入数粒纯锡
氯化氧钒 VO_2Cl		将 1g 偏钒酸铵固体加入 20mL 6mol/L HCl 和 10mL 水中
硝酸汞 $Hg(NO_3)_2$	0.1mol/L	溶解 33.4g $Hg(NO_3)_2 \cdot 1/2H_2O$ 于 1mL 0.6mol/L HNO_3 中，用水稀释至 1L
硝酸亚汞 $Hg_2(NO_3)_2$	0.1mol/L	溶解 56.2g $Hg_2(NO_3)_2 \cdot 2H_2O$ 于 1mL 0.6mol/L HNO_3 中，并加入少许金属汞，用水稀释至 1L
硫化钠 Na_2S	2mol/L	溶解 240g $Na_2S \cdot 9H_2O$ 及 40g NaOH 于一定量水中，稀释至 1L
硫化铵 $(NH_4)_2S$	3mol/L	在 200mL 浓氨水中通入 H_2S，直至不再吸收为止。然后加入 200mL 浓氨水，稀释至 1L
硫酸氧钛 $TiSO_4$	0.1mol/L	溶解 19g 液态 $TiCl_4$ 于 220mL 1∶1H_2SO_4 中，在用水稀释至 1L（注意液态 $TiCl_4$ 在空气中强烈发烟，必须在通风橱内进行）
钼酸铵 $(NH_4)_6Mo_7O_{24}$	0.1mol/L	溶解 124g $(NH_4)_6Mo_7O_{24} \cdot 4H_2O$ 于 1L 水中。将所得溶液倒入 1mL 6mol/L HNO_3 中，放置 24h，取其澄清溶液
氯水		在水中通入氯气直至饱和
溴水		在水中通入液溴至饱和
碘水	0.01mol/L	溶解 2.5g 碘和 3g KI 于尽可能少量的水中，加水稀释至 1L
亚硝酰铁氰化钠 $Na_2[Fe(CN)_5NO]$	1%	溶解 1g 亚硝酰铁氰化钠于 100mL 水中（只能保存数天，如溶液变蓝，即需重新配制）
银氨溶液 $[Ag(NH_3)_2]NO_3$		溶解 1.7g $AgNO_3$ 于水中，加 17mL 浓氨水稀释至 1L
镁试剂		溶解 0.01g 对-硝基苯偶氮-间苯二酚于 1L 1mol/L NaOH 溶液中
淀粉溶液	1%	将 1g 淀粉和少量冷水调成糊状，倒入 100mL 沸水中，煮沸后，冷却
奈斯勒试剂		溶解 115g HgI_2 和 80g KI 于水中稀释至 500mL，加入 500mL 6mol/L NaOH 溶液，静置后，取其清液，保存在棕色瓶中
二苯硫脲		溶解 0.1g 二苯硫脲于 1mL CCl_4 或 $CHCl_3$ 水中
铬黑 T		将铬黑 T 和烘干的 NaCl 按 1∶100 的比例研细，均匀混合，储于棕色瓶中
钙指示剂		将钙指示剂和烘干的 NaCl 按 1∶50 比例研细，均匀混合，储于棕色瓶中
紫脲酸铵指示剂		1g 紫脲酸铵加 100g 氯化钠，研匀
甲基橙	0.1%	溶解 1g 甲基橙于 1L 热水中

试剂名称	浓度	配　制　方　法
石蕊	0.5%~0.1%	5~10g 石蕊溶于 1L 水中
酚酞	0.1%	溶解 1g 酚酞于 900mL 乙醇与 100mL 水的混合液中
淀粉-碘化钾		0.5%淀粉溶液中含 0.1mol/L 碘化钾
二乙酰二肟		取 1g 二乙酰二肟溶于 100mL 95%乙醇中
甲醛		1 份 40%甲醛与 7 份水混合

参 考 文 献

［1］ 大连理工大学无机化学教研室．无机化学实验［M］．3 版．北京：高等教育出版社，2014

［2］ 周旭光，许金霞，于泓．无机化学实验与学习指导［M］．北京：清华大学出版社，2013.

［3］ 北京大学化学与分子工程学院普通化学实验教学组．普通化学实验［M］．3 版．北京：北京大学出版社，2012.

［4］ 北京师范大学无机化学教研室．无机化学实验［M］．2 版．北京：高等教育出版社，1991.

［5］ 北京师范大学，东北师范大学，华中师范大学，等．无机化学实验［M］．4 版．北京：高等教育出版社，2014.

［6］ 孟长功．化学概论［M］．北京：高等教育出版社，2016.

［7］ 白广梅，任海荣．无机化学实验指导与拓展［M］．北京：化学工业出版社，2015.

［8］ 中山大学，等．无机化学实验［M］．3 版．北京：高等教育出版社，2015.

［9］ 南京大学《无机及分析化学实验》编写组．无机及分析化学实验［M］．5 版．北京：高等教育出版社，2015.

［10］ 武汉大学化学与分子科学学院实验中心．无机化学实验［M］．2 版．武汉：武汉大学出版社，2012.

［11］ 李厚金，石建新，邹小勇．基础化学实验［M］．2 版．北京：高等教育出版社，2015.

［12］ 张雷，刘松艳，李政，等．无机化学实验［M］．北京：科学出版社，2017.

［13］ 扬州大学，等．新编大学化学实验（二）——基本操作［M］．北京：化学工业出版社，2010.

［14］ 唐向阳，等．基础化学实验教程［M］．4 版．北京：科学出版社，2015.

［15］ 宋天佑．无机化学教程［M］．北京：高等教育出版社，2012.

［16］ 徐如人，庞文琴，霍启升，等．分子筛与多孔材料化学［M］．2 版．北京：科学出版社，2014.

［17］ Dyballa M, Obenaus U, Lang S, et al. Brønsted sites and structural stabilization effect of acidic low-silica zeolite A prepared by partial ammonium exchange［J］. Microporous and Mesoporous Materials, 2015, 212：110~116.

［18］ Fujishima A, Honda K. Electrochemical photolysis of water at a semiconductor electrode［J］. Nature, 1972, 238：37~38.

［19］ Yaghi O M, Li G M, Li H. Selective bingding and removal of guests in a microporous metal-organic framework［J］. Nature, 1995, 378：703~706.

［20］ Pisklak T J, Macías M, Coutinho D H, et al. Hybrid materials for immobilization of MP-11 catalyst［J］. Topics in Catalysis, 2006, 38：269.

［21］ Wang H T, Liu Y P, Zhang H, et al. Design and synthesis of porous C-ZnO/TiO$_2$@ZIF-8 multi-component nanosystem via pyrolysis strategy with high adsorption capacity and visible light photocatalytic activity［J］. Microporous and Mesoporous Materials, 2019, 288：109548.

［22］ Zhu F, Xu W, Li X, et al. Lipase immobilization on UiO-66/poly（vinylidene fluoride）hybrid membranes and active catalysis in the vegetable oil hydrolysis［J］. New Journal of Chemistry, 2020, 44：14379~14388.

冶金工业出版社部分图书推荐

书 名	作 者	定价(元)
大学化学（第 2 版）	牛 盾	43.00
大学化学实验	牛 盾	12.00
电化学基本原理及应用	代海宁	36.00
分析化学	张跃春	28.00
化学镀的物理化学基础与实验设计	李 钒	25.00
基础有机化学实验	段永正	28.00
勘查地球化学	罗先熔	34.00
勘查地球化学	罗先熔	39.80
矿物化学处理（第 2 版）	李正要	49.00
煤化学	邓基芹	25.00
水分析化学（第 2 版）	聂麦茜	17.00
天然药物化学实验指导	孙春龙	16.00
无机化学	邓基芹	36.00
无机化学	张跃春	38.00
无机化学实验	邓基芹	18.00
物理化学（第 2 版）	邓基芹	36.00
物理化学（第 4 版）	王淑兰	45.00
物理化学实验	邓基芹	19.00
冶金电化学	翟玉春	47.00
冶金物理化学	张家芸	49.00
冶金物理化学研究方法（第 4 版）	王常珍	69.00
有机化学（第 2 版）	聂麦茜	36.00